THE
FASHION
BRAND &
DESIGN
DIRECTORY

Marnie Fogg

时尚品牌图典

[英] 玛尼·弗格◎著

甄寒 江舒◎译

中国画报出版社·北京

封面图片： 第一行从左至右依次见本书第68、46、234、328、190、340页
第二行从左至右依次见本书第323、151、367、424、115、114页

扉前图片： 2020年巴黎时装周，约翰·加利亚诺的春夏系列

第8页图片： "老佛爷"卡尔·拉格斐与法国名模伊娜丝·德·拉·弗拉桑热

第11页图片： 从左至右依次见本书第194、98、234、364、348、166、210页

第13页图片： 从左至右依次见本书第236、101、250、367、294、126、53页

第14页图片： 法国模特西蒙尼·德艾伦卡特身着艾米里奥·普奇设计的卡弗坦袍（1967）

第15页图片： 伊夫·圣·洛朗设计的蒙德里安绘画风格的连衣裙（1965）

第36—37页图片： 纪录片《华伦天奴：最后的君王》（2008），马特·泰尔劳执导

第426页图片： 巴黎世家的晚礼服（1953）

第427页图片： 身着纪梵希褶皱连衣裙的奥黛丽·赫本（1955）

第394—395页图片： 从左至右依次见本书第89、101、213、149页

第440页图片： 让·保罗·高缇耶2012年秋冬高级定制系列

图书在版编目（CIP）数据

时尚品牌图典 / (英) 玛尼·弗格著；甄寒，江舒
译. -- 北京：中国画报出版社，2022.11
书名原文：The Fashion Brand & Design Directory
ISBN 978-7-5146-2114-3

Ⅰ.①时… Ⅱ.①玛…②甄…③江… Ⅲ.①服装设
计—世界—图集 Ⅳ.① TS941.2-64

中国版本图书馆 CIP 数据核字（2022）第 023745 号

北京市版权局著作权合同登记号：01-2022-0226

Original title: The Fashion Brand & Design Directory
© 2011, 2020 Quarto Publishing plc
Simplified Chinese translation edition © 2022 by YoYoYo iDearBook Company
Published by China Pictorial Press Co., Ltd.
All rights reserved
Printed in China

时尚品牌图典

[英] 玛尼·弗格（Marnie Fogg） 著

甄寒 江舒 译

出 版 人：方允仲
责任编辑：李 媛
责任印制：焦 洋
出版发行：中国画报出版社
　　　　　（中国北京市海淀区车公庄西路 33 号 邮编：100048）
开　　本：16 开（787mm×1092mm）
印　　张：27.5
字　　数：345 千字　　　　插　图：1087
版　　次：2022 年 11 月第 1 版　　2022 年 11 月第 1 次印刷
印　　刷：凸版艺彩（东莞）印刷有限公司
书　　号：ISBN 978-7-5146-2114-3
定　　价：198.00 元

总编室兼传真：010-88417359　　版权部：010-88417359
发　行　部：010-88417360　　010-68414683(传真)

目录

设计师与品牌（依西文字母顺序编排）

面料图录（依西文字母顺序编排）

第一版序

　　本书涵盖了125位（编注：第二版已增至143位）国际知名设计师（或时尚品牌）卓越不凡、新颖多样的时装作品和成就，也包括这些颇具代表性和影响力的品牌的历史，例如巴黎世家、香奈儿以及一些当代品牌。随着新兴人才的引进，高级时装定制店虽然不断地更新换代，但仍在21世纪继续引领时代潮流。时装的本质在于改变。当我在2003年推出自己的品牌时，颜色和印花还处于时尚的外围，而现在，它们却成了时尚主流。

　　时装的变化是由很多因素引起的，比如新科技的出现。然而对于我和其他很多设计师而言，创作过程植根于艺术——有些东西只能靠手工完成。能否将它与制造和销售的需求相结合，是对当代设计师提出的挑战。本书中涉及的这些品牌无一不是从成立之初一直到正式开展业务，都在时装界取得了成功。本书讲述了设计师们迄今为止具有重要历史意义和最具代表性的时尚服饰，也全面地展示了这个全球性重要行业的主要特征和重要人物。

乔纳森·桑德斯

第二版序

　　要为这本书提笔写序，我不禁回想起自己购买第一本时尚图书时的场景。那是我刚刚涉足设计领域的时候，我一遍又一遍地翻阅，沉迷于书中的图画和设计师。当时是互联网早期时代，智能手机尚未出现，时尚世界比今天更加神秘，更加隐蔽，更加利基（niche，商业术语，指针对企业的优势细分出来的市场）。

　　在我的成长过程中，我收藏的那些图书一直都是非常重要的。它们给了我启发和教育，打开穿透时光的窗户，引导我探索时尚、文化和艺术的时代精神。

　　能与如此众多的传奇设计师一起被世人关注，我感到非常自豪，他们中很多都是我非常敬佩的朋友。

　　时尚业更像是一个社区，到处都是构成设计师团队的庞大网络，每场时装秀背后都有一大群为之付出的人。诸如此类的书籍对于激发下一代设计师至关重要。希望您能像我年轻时那样，享受翻阅书页的时光，欣赏所有时装作品的细节、颜色和质地，乐于探索时尚和自我表达的意义。

　　时尚也是一种很好的媒介，因为它涵盖了技术、手工艺、传统、政治和人类的感情，就像一面镜子，反映了我们的时代，每年两次。

马蒂·博万

时装简史

如果将时装设计师置于文化和历史的背景中，那么首先需要定义"时装"的概念。自19世纪查尔斯·弗莱德里克·沃斯（1826—1895）将制衣从手工艺发展为商业起，巴黎便一直处于时尚的中心。沃斯使顾客们不再像以前那样在家口头吩咐裁缝们制作衣服，而是要她们前往设计师那里，从一系列设计中选出自己喜欢的款式，然后量体裁衣，做出符合她们身段的完美衣服。高级定制时装（Haute Couture，字面意思为"高品质的缝制"），指的就是这个定制的过程。沃斯在一系列的派对和活动中，让时装模特们演绎了新的成品，因此，他也是模特时装秀的先驱。

合格的高级时装，其整个制作过程必须由在法国高级时装协会注册的11家巴黎高级定制时装屋中的任一家来完成。而这些时装屋的工作坊必须雇用至少20人，每年必须展示至少75件新的设计。高级时装无论是面料还是内衬，都必须精致；并且从第一块面料到最后一块面料完成，每一个接缝都要完美校准，以符合顾客的身材。

T台上呈现的高级时装传递给人们一种极致的时尚观，而这是大众生产商的成衣所无法复制的。法国高级时装协会和高级成衣和设计师协会，又在高级定制之外列出了92个国际设计公司，以此彰显高级时装与大众服装的区别。制衣人的传统手艺推动了高级时装本身，因此，其名誉归为工作坊或工作室。在设计师设计好作品后，接下来的工作就由装饰师、羽毛工人、珠饰工、编制工、印花设计师和工人、缝制工、纺织工以及皮革工等来完成，其娴熟的手艺绝非大众市场所能够达到的。

► 奢华的荷叶边礼服展示了这个美好时代的S形紧身胸衣风格。

▲ 1911年，保罗·波烈的这条裙裤给当时社会带来了前卫风。

巴黎女装设计师保罗·波烈（1879—1944）用缤纷的异国情调代替了20世纪第一个十年流行的荷叶边和蕾丝。受俄罗斯芭蕾舞团夸张艳丽的色彩和魅力的影响，波烈在其极富影响力的"Directoire"系列作品中，运用了装饰华丽的面料和镶满宝石的头巾，也摆脱了紧身胸衣的束缚。极具东方色彩的芭蕾舞剧——尤其是在加吉列夫导演的《天方夜谭》（1910）中，莱昂·巴克斯特设计的服装和布景从根本上改变了西方世界的审美观。几乎在一夜之间，紧身胸衣消失了，直线形服装取代了女性们之前性感的着装。然而，女性们很快又被波烈的"霍步裙"（又名蹒跚裙）约束起来，穿上它走路只能迈出很小的步子。

可可·香奈儿（1883—1971）的天才创造力，将女性从20世纪早期的时装约束中解放出来，并带来了现代时装。通过英国"男孩"亚瑟·卡佩尔，香奈儿找到了对运动服的热情。在他的帮助下，香奈儿开了一家制衣店，并推出了自己的简约风格，颠覆了当时的时装理念。她在1914年宣称自己"出席了奢侈品的葬礼"，这无疑是暗示了一个美好时代的结束以及新世纪的真正开始。香奈儿采用以前仅用于男士内衣的单针织面料，设计出的三件开衫式套装——包括对襟衣、套衫和及膝裙——成为了女性衣橱中不可少的衣物。其简洁大方的线条，是对盛行的体育活动及战后身体崇拜的呼应。随着这个时期室内活动的减少，服饰上冗长的配饰也不再需要了。

第一次世界大战结束后，人们生活的各个方面都发生了翻天覆地的变化，也抛弃了战前无诚信的态度、等级制度以及偏见。文化革命宣言出现了，艺术影响着时装，前卫成为了时装主流。19世纪后期至20世纪前期，应用艺术蓬勃发展。在此期间，1903年至1932年的维也纳工作室对表面图案设计影响巨大。工作室根植于艺术和手工艺运动，从生产特殊装饰织物发展为逐渐引进时装面料。1907年丝网印刷工艺的发明更进一步促进了其发展，也为市场提供了大量的时装面料。印花图案与波西米亚长裙有着千丝万缕的联系，深受20世纪早期前卫艺术家、自由思想家和作家的喜爱，同时也体现了艺术、性解放和自由。长袍来源广泛，例如伦敦商店利伯蒂。它的出现替代了主流时装，无论是20世纪20年代的伦敦布卢姆斯伯里集团，还是20世纪60年代的嬉皮时装，它一直都是时装史上亘古不变的主题。

　　随着裙摆减短、领口降低，腰线也完全消失了，于是在20世纪20年代中期，出现了"女男孩"时装。现代主义的极简风格的出现发起了一场拒绝装饰物的运动。这在香奈儿1926年的"小黑裙"上体现得淋漓尽致，也体现在巴黎时装设计师让·巴杜（1880—1936）和让娜·朗万（1847—1946）的流线形设计上。20世纪20年代极简的服装给女性带来更大的自由运动，但是，为遮盖衬裙下的胸部，女性们还是戴着平胸式或压胸式文胸。衬衫连衣裙是直线低腰式的长裙，从肩膀上垂下来。裙子的长度也随着时代的发展日益变短，到了1927年，已经到了膝盖以上。从网球场和滑雪场练出的黝黑又健美的身材，也接受了这种近似裸露的风格。现代运动体现了对完美形式的追求，这不仅包括精简型的各类产品，例如汽车、建筑，也反映在女性的服饰上。于是，衬衫连衣裙以其宽松流动型的线条吸引了当时不拘传统的时髦少女——那些"臭名昭著"的早熟女子，她们藐视当时的传统着装和传统行为，她们化妆、抽烟，还用胭脂擦膝盖，后来，她们成为了迈克尔·阿伦的小说《绿帽子》（1924）中女主角埃利斯·斯托姆的原型。

　　中性化风格加上更大的自由运动导致了一些伟大的巴黎时装设计师的消亡，例如男爵克里斯托夫·唐·德雷科尔（1851—1939）和雅克·杜塞（1853—1929），甚至连波烈也发现自己已经跟不上时代的审美步伐了。时装从当初的服务于少数的富裕阶层，到现在已经发展成为一个行业。巴杜在意识到其潜在的商业价值之后，于1925年前往纽约，聘请了六名女

▼ 1928年，舞台明星阿黛尔·阿斯泰尔身着简单素净的"小黑裙"。

子返回巴黎，成为他的模特。这个广为宣传的行为引起了美国
时装精英们的关注。

这个时期的装饰和点缀反映了装饰艺术的风格，梯形、
阳光图案和"之"字形都被应用于刺绣、珠饰和缝饰中。装饰
艺术于20世纪初发源于欧洲，直到1925年巴黎举办现代工业
和装饰艺术国际博览会后才广为流行起来。同时也融合了众多
趋势：非洲、埃及和墨西哥的艺术，"速度时代"的流线型科
技，还包括现代化航空以及汽车的日益普及。1922年图坦卡蒙
墓的发掘，为这个时代的设计师提供了更多的元素。新闻媒体
对此进行了广泛的报道，包括考古发掘的新闻图片资料，还有
霍华德·卡特窥探坟墓时宣称能看到"奇妙东西"的言论，这
都预示着人们对埃及所有事物的兴趣和痴迷。从圣甲虫、蛇、
金字塔到象形文字、狮身人面像，这种风潮一直持续到20世纪
30年代。

机器时代带来了新的创造性材料。这些都无可避免地从建
筑或产品设计中渗透到时装中来。塑料是20世纪最重要的文化
现象之一，它改变了物体的生产、设计以及使用方式。其主要
特性是能在有压力和加热的情况下，被塑造成不同的形状。革
命性的注塑成型过程被用于手袋、按钮和胸针的生产中。

1929年，巴杜降低了裙边并提升了腰线，这在外观上是
一次突然而又巨大的改变，可可·香奈儿紧随其后。于是，过
去那些"明亮又年轻的事物"从眼前消失了，一起消失的还有
迷人的短裙以及时髦女孩们反复无常的喜好。美国设计师效仿
套装，只剩下之前的一些好莱坞电影里，那些女主人公还穿着
老式的小裙子。不过，下降的不只有裙摆，还有道琼斯指数。
华尔街经济的崩溃，以及欧洲政治的不确定性，使得文化生活
各个方面都紧缩起来，时装行业也包括在内。财富在一夜之间
消失了。在这段漫长而又萧条的艰难时期里，过去青春动感的
风格让位于突出女性曲线的剪裁。艾尔莎·夏帕瑞丽（1890—
1973）不仅倡导严格量身定制套装，还从达达主义获得灵感而

▲1925年，喜剧演员范妮·布赖
斯穿着装饰有现代艺术风格图案
的礼服。

▲ 1930年，夏帕瑞丽的蜡光缎低胸礼服展示了迷人的女性魅力。

► 1946年，克莱尔·麦卡德尔设计的夏季裙装是美国运动装的先驱。

创造出了错视画派蝴蝶纽扣毛衣。她设计的服装不仅是对穿着者的挑战，也结合了前卫和新颖。艾尔莎·夏帕瑞丽出生于富裕的知识分子家庭，是当时众多诗人、哲学家和艺术家——包括萨尔瓦多·达利、曼·雷和毕加索——的密友。1929年，夏帕瑞丽推出了她的第一个时装秀。

在股市崩盘期间，好莱坞却经历了一个"黄金时代"。电影屏幕上表现了对现实的逃避，也展现了一些魅力十足的明星，如卡罗尔·隆巴德和梅·韦斯特，她们身上的那些袒肩露背的晚礼服，得益于革命性的裁剪工艺，勾勒出了美好的身材线条。巴黎女时装设计师玛德琳·薇欧奈（1876—1975）舍弃了之前打版制样的裁缝传统，巧妙地直接将面料或垂挂或缠绕在身体上，根据面料的纹理进行斜裁（纹理指机织织物的经纱和纬纱的交叉点）。服装设计师吉尔伯特·艾德里安（1903—1959）将"斜裁"技术应用在了电影《晚宴》（1933）中，他为金发美女珍·哈露设计的斜裁露背礼服将巴黎高级时装引入大众市场，也把闺房中的白色丝绸和绸缎带入主流时装。艾德里安从20世纪20年代中期到1941年，任美国米高梅电影制片公司首席设计师，随后他离开了电影业，在洛杉矶开设了自己的时装经销店，出售高级成衣及定制衣。他运用几何编织面料来定制西装及简单大方的晚礼服，从而进一步促使好莱坞取代巴黎成为时装界的权威。

20世纪30年代末预示着新一波的浪漫主义即将诞生。宫廷服装师诺曼·哈特内尔（1901—1979）1938年为英国女王伊丽莎白二世出访巴黎时设计的带硬衬裙子，以及之后其在多部电影如《乱世佳人》（1939）中的服装设计，都表现出了女性时装的回归。然而，第二次世界大战的爆发也对时尚服饰产生了深远的影响，欧洲和美国的女兵招募政策使军装成为人们熟悉的"街景"，甚至连平民的日装也保留了军装的实用功能。短款合身的西装外套以及方形肩线和窄翻领，很好地勾勒出了倒三角身材，搭配刚刚过膝的窄裙，裙子后面还打了一个褶以便行动。英国贸易委员会于1942年颁布了"公民服装令"——禁止在服装上使用任何多余的细节，美国战时生产委员会也颁布了类似的"第85条例"。

美国时装界的发展较之法国，有着很大的不同。美国时装界没有传统的工作室，再加上20世纪40年代纳粹党占领巴黎，使巴黎时装发展停滞不前。于是，美国时装发展出了自己的风格，即"美国运动装"。美国本土一批极具创造力的天才设计师推动了这一风格的发展，例如克莱尔·麦卡德尔（1905—1958）和诺曼·诺莱尔（1900—1972），他们两人都曾为时装企业家哈蒂·卡内基（1889—1956）工作过，而哈蒂·卡内基同时也是"观众休闲运动服"的创始者。观众休闲运动服与运动服式服装不同，这些实用性的服装采用了新式面料，剪裁工艺也颇具创新，于是逐渐取代高级成衣，走在了时尚的最前沿，也成为战后欧洲时装节争相模仿的对象。尽管吕西安·勒隆（1889—1958）在1937年至1946年仍出任巴黎服装工会主席，但巴黎高级定制时装仍处于休眠状态。而美国设计师也抓住了这个机会，填补了高端时装的空白。专注于简单保守、优雅大方和极其昂贵的服装，曼波彻（Mainbocher，从原名Main Rousseau Bocher简化而来，1891—1976）作为第一位美国设计师，于1930年在巴黎开了一家制衣店，并于第二次世界大战爆发后回到美国。美国设计师查尔斯·詹姆斯（1906—1978）在时装界占有重要地位。1945年，他在纽约开始了自己的时装之路，他的设计同样奢华，称得上是时髦服装，更称得上是艺术作品。他那复杂而又设计精良的服装，与美国运动服精神截然相反，1953年的四片叶子三叶草礼服最具代表性，它由乳白色丝硬缎并使用硬性设备制作而成。

战后，虽然世界归于和平，但食物和衣物仍然限量供给。然而，巴黎时装设计师克里斯汀·迪奥（1905—1957）在纺织巨头马塞尔·布萨克的财政支持下，于1947年在他的首次个人展示会上推出了"花冠"系列时装，一鸣惊人。时任《时尚芭

▼ 1946年，艾德里安为电影演员琼·克劳馥设计的服饰剪裁自信而又独特。

▲ 1948年，迪奥的全裙式日装，是"二战"后"新风貌"系列的非正式版本。

莎》总编辑卡梅尔·斯诺称之为"新风貌"，意指带给女性一种全新的面貌。于是，此系列不仅被时尚媒体争相报道，也在更广泛的层面上被认为颇具新闻价值。迪奥多次改变了时尚风向，使得各类媒体持续关注，也坚定了其时尚权威的角色。在1957年出版的《迪奥自传》（*Dior By Dior*）中，迪奥写道："在当今世界上，高级时装是最后的奇妙宝库之一……高级时装不需要面向每一个人；只要人们感受到它存在于这个世界上即可。"

作为对战后限量供应的反抗，迪奥的"新风貌"展现了一种怀旧女人味，以及对回归奢华的庆祝。长及小腿的宽阔裙摆由硬挺的衬裙支撑起来，"腰带""束腰"也标志着沙漏型身材的回归。迪奥更是将以往填充在肩膀上的衬垫移到了臀部。服装的内部设计夸张地勾勒出女性身材。然而，一些批评者认为，这样的设计代表着保守而理想化的女性风格，更适合休闲生活，而不是工作。

"新风貌"在时装界产生了巨大的影响，使得巴黎再次成为时尚中心。而在美国，新风貌表现为甜美风，最名的当数服装设计师伊迪丝·赫德（1897—1981）为伊丽莎白·泰勒设计的服装，以及海伦·罗斯（1904—1985）为格蕾丝·凯利所作的设计。心形胸衣、紧身衣和伞裙成为一种时尚主流，几乎所有重要的舞会上都会出现这样的服饰，而棉质衬衫式连衣裙则成为了日装。

随着年代的发展，对身材轮廓的勾勒变得不那么极端，服装也不再是只为了勾勒出身材。1954年，香奈儿重返法国，东山再起。她并不欣赏迪奥本人，为反对迪奥，香奈儿推出了战前大受欢迎的套装，也再一次展现了轻松简洁的审美理念。套装简单的结构和形状使得制造商很容易复制，尽管细节和面料不如定制时装，但也为消费者带来了经济实惠的优雅。1957年，女装设计师克里斯托巴尔·巴伦西亚加（1895—1972）推出布袋裙，成为未来十年简洁风的先行者。1958年，衬衫式连衣裙将女性从压抑的紧身衣中进一步解放出来。20世纪50年代推崇大家闺秀风范的高级时装风格，但随着20世纪60年代年轻文化的出现，前者逐渐被推翻。第一个激动人心的变化是在1955年，玛莉官（1934—　　）在伦敦著名的英王大道开设了她的第一家巴萨百货。当时的大多数青年出生于1946年到1947年的战后生育高峰期，他们渴望加入到社会革命及性革命中来。而正是玛莉官为这年轻一代带来了新鲜和活力：服装缩短了，半统袜和背心裙出现了，超大的橄榄球衬衫被当作裙子穿，还将芥末色、紫色和姜黄色搭配在一起。

　　当时，以马龙·白兰度、詹姆斯·迪恩为代表的好莱坞影星在《飞车党》（1953）和《无因的反抗》（1955）等影片中重新阐释了男子的阳刚之气。这些银幕上的偶像换下了他们父亲穿过的双排扣西装，穿上白色T恤、皮夹克和牛仔裤。19世纪由李维·斯特劳斯发明的牛仔裤，起初被当作耐用的农村工作服使用，这个时候也成为了青春叛逆的年轻人、不合群的青少年以及之后的嬉皮士的象征。

　　沙漏型女性曲线的时代结束了，而只有被当时流行的英国期刊《衬裙》称之为"幸福的女孩和疯狂的洋娃娃"，穿上了20世纪60年代的紧身又现代感极强的服装。与迪奥"新风貌"的甲壳形象不同的是，这些服装没有将身体压迫成不自然的形状。20世纪60年代，随着裙摆越来越高，衬衫式连衣裙也进一步向前发展。高腰线突显了臀部的水平线条，通常借助于一根宽扣皮带，插入一组时而透明的不同面料也很是常见。

　　裸露元素越来越被大众所接受。享有美国最激进设计师声誉的鲁地·简雷齐（1922—1985）将身体从服装的束缚中解放了出来。1967年，他受到灵感的启发，尝试了不着内衣的游泳衣，由模特界缪斯女神佩吉·莫菲特展示。鲁地·简雷齐还大力倡导"无性别装"的理念，比如拖地土耳其式长衫和喇叭裤。

　　裤袜取代了长裤和吊带，也提升了衣裙下摆的高度。于

▼ 1967年，"假小子"模特穿着迷你裙和及膝靴，前面还印有玛莉官的雏菊标志。

是，20世纪50年代，女性胸衣的束缚也得到了新解放——尖尖的胸罩和束腰带展示了现代性，而非诱惑。这些全新的风貌甚至通过"年轻观念"版块主编马利特·艾伦出现在英国版《时尚》杂志当时以淑女风为主的页面上。青少年寻找的东西不仅仅关乎裙子长度，还包括时装民主化在内的新的社会秩序。在各主要城市周边，一间又一间时装店如雨后春笋般出现，开始从朋友们中间发展顾客。于是伦敦便出现了一个现象：顾客们不再去邦德街购物，而涌向了国王路和卡尔纳比街上的时装店。20世纪60年代的青年运动以及街上的时装风格不仅改变了时装的层次结构，也挑战了高级时装系统。当然，当时众多巴黎时装设计师，如皮尔·卡丹（1922—2020）、安德烈·库雷热（1923—2016）、伊曼纽尔·温加罗（1933—2019）和帕科·拉巴纳（1934—　　）等人，也通过推出极具未来主义感的时装来积极响应，其灵感来自太空第一人——苏联的尤里·加加林，而且采用了当时最新的高科技合成运动面料。卡丹作为先锋，于1964年率先推出了"太空时代"时装秀，其中包括颜色鲜艳的华达呢战袍：袖口很深，上衣露腰，里面搭配瘦版棱纹针织套衫和裤袜；库雷热也发布了他的"月亮女孩"系列：不再过分关注整个身体曲线的超短连衣裙下摆及至大腿，头戴宇航员头盔，还有掩盖头部轮廓的无边帽、特大号的白色太阳镜以及露出脚趾且及至小腿肚的中筒靴。

　　时装设计师引进成衣的决定进一步削弱了高级时装。伊夫·圣·洛朗（1936—2008），这位曾为迪奥工作过的设计师，于1962年开设了自己的"左岸"成衣品牌店，这家店代表了他与众不同又前卫的左岸风格。很快，欧洲时装界就迅速适应了美国大规模生产的商业模式，到20世纪60年代中期，成衣已经成为该行业的一个主要组成部分。它们统一按照标准尺寸生产，消费者可以直接在百货店或设计师的专卖店购买。定制时装不再具有影响力，甚至连吸引力也下降了，1967年巴伦西亚加退休以及1971年香奈儿的逝去进一步加剧了这种情况。

▲ 1968年，反传统偶像鲁地·简雷齐设计的泳装。

▲ 1969年，皮尔·卡丹将建筑风格和时尚混合在一起。

▼ 1974年，罗伊·候司顿设计的睡衣风套装带有波尔卡圆点，简洁大方，典型的城市风。

在此期间，巴黎高级定制时装也承受着来自意大利设计师的压力。当时，米兰已经取代罗马成为意大利时装中心，也是世界上第四个时尚之都，与巴黎、伦敦和纽约并称。1945年至1965年是意大利的重建时期，其间，这个国家开始发展足以影响世界的设计行业。一些标志性品牌如芬迪、古驰和普拉达等，也是在这个时期成名的。在战后这个充满再生性和创造性的时期，美国的经济援助鼓励了这些家族企业的发展，进一步增强了它们的设计和制造活力。意大利以纺织品的高质量而著名，包括丝绸印花公司，如科莫湖边上的蒙塔诺，以及针织时装公司，如克里琪亚和米索尼。乔治·阿玛尼于1975年开创了他的品牌，解构了男式西装，也将意大利男装品牌推向国际时尚的最前沿，同时也引领意大利女装行业追求并在适当的时候实现同样的名望。

20世纪70年代混合了多种风格，包括40年代怀旧风、新浪漫主义风、迪斯科热和朋克风，所有这些在70年代末形成了一种独特的审美：美国运动装的当代版本——为现代女性设计的实用主义时装、体现在女帽设计上的现代主义风格，以及后来的设计师罗伊·候司顿（1932—1990）代表的风格。20世纪70年代中期是候司顿事业的巅峰时期，他发布了极简主义，将奢华面料运用在简朴服装尤其是衬衫连衣裙的制作中。他的直接继承者——美国设计师卡尔文·克莱恩，在灰褐色、米黄色、象牙色和灰色等中性色调中延续了这种舒适及耐磨的传统，其独特卖点在于设计师能使一切成为可能。

美国成衣设计师，如卡尔文·克莱恩和黛安娜·冯·弗斯滕伯格继续生产出讨人喜欢又实用的时装，意大利品牌范思哲却在为"漂亮女性"生产服装，这类顾客体现出了撩人的魅力。同时，阿瑟丁·阿拉亚（1940—2017）用绷带式礼服塑造身材，英国的维维安·韦斯特伍德在其1981年"海盗"时装秀上所运用的18世纪剪裁技术及非洲印花的基础上，展示了拼装的风格和结构。20世纪80年代之前，只有小

部分人感兴趣的时尚成为了大多数人萦绕于心头的事物。在这个可支配收入丰沛的时代，每个主要的城市里都兴起许多由建筑师设计的零售商店，这些商店受到年轻的城市白领"雅皮士"（YUPPIE，"YUP"的昵称，源自young urban professional的首字母缩写）的青睐。

随着几十年来的朋克、权力着装、极简主义以及前卫时装的发展，高级定制时装也随着人们的年龄老去，还被认为是不再关乎时尚和过时的。直到1983年德国人卡尔·拉格菲尔德（1938—2019）应邀成为香奈儿高级时装屋艺术总监后，这种情况才有所改变。他为该品牌带来了新的活力，也吸引了一批年轻又前卫的顾客，最为突出的贡献是香奈儿2.55经典菱格纹链条包和著名的两件式斜纹软呢套装。

时装公司已经从定制服装供应商发展成为品牌产品批量生产的供应商（虽然水平有所提高），这也导致了全球性大企业在时装界日渐增强的垄断地位。1987年，酩悦·轩尼诗和路易·威登合并成立了路易·威登集团，成为世界上最大的奢侈品集团；也汇聚了香槟、烈酒和奢侈品皮具等部门，其中一些甚至成立于两个多世纪以前。这一合并又形成了目前的时装及配饰行业的两个跨国大集团。第一个当数法国路易·威登集团，旗下时尚品牌包括塞琳、唐娜·卡兰、芬迪、纪梵希、罗意威、马克·雅各布和璞琪，以及爱马仕的股份。其竞争对手古驰集团在奢饰品界也重回了霸主地位，旗下品牌有亚历山大·麦昆、巴黎世家、宝缇嘉、斯特拉·麦卡特尼和伊夫·圣·洛朗。

没有哪一个单一趋势能涵盖同一时间整个时装界的故事，但是在各式各样的风格中，某位设计师或某个趋势可能会在时尚媒体报道中一时占尽风头，它可能代表着一个转折点、一种反应，甚至是一个打破常规的时刻，正如垃圾摇滚标志着浮夸的20世纪80年代的结束。垃圾摇滚起源于西雅图青年文化，主要乐队有涅磐和珍珠果酱乐队，垃圾摇滚者的装扮是典型

▲ 漂亮女孩：1983年，演员波姬·小丝身穿范思哲礼服。

▼ 20世纪90年代，暴露的黑色蕾丝礼服，低胸领、超短裙，展示了古驰品牌当时的大胆性感风。

GUCCI

london • 33 old bond street • 18 sloane street • harrods • room of luxury

的街头风，包括超大格子花纹法兰绒衬衫、磨旧牛仔裤以及复古的碎花棉布服装，脚上搭配笨重的靴子。垃圾摇滚虽然流行时间不长，商业上也并不算成功，但却被美国设计师马克·雅各布运用到时装品牌派瑞·艾磊仕中，萧志美（安娜苏）也在1991年的设计中运用了垃圾摇滚元素。这也助长了摄影师科琳·戴伊和尤尔根·泰勒记录下的对新现实主义时尚的追求和欲望。时装超模凯特·莫斯也因此开始了她的职业生涯及其富有影响力的偶像风格。她被封以 "瘦削美学"的名号，不可避免地屈从于理想时尚的需要，20世纪90年代最让人渴望的品牌汤姆·福特的古驰也是如此。在此期间，约翰·加利亚诺先后在纪梵希和迪奥任职，高级时装在他的带领下获得了新的意义，也为之后时装业雇用更年轻、更新锐的设计师以振兴其品牌铺平了道路。

时装的客户群包括了俄罗斯人和中国人，虽然销售数量在不断增加，却仍然亏本。这些品牌的价值在于每年两次精彩的时装秀以及随之而来的全球媒体的广泛关注和其他魅力。这些坚定并支撑了真正的利润来源：品牌化妆品系列及配饰，特别是作为"必需品"的手袋。奢侈时装屋不再只提供定制的服装，也供应大规模生产的各种产品，通过消费者们购买的一条围巾、一支口红或一瓶香水也能够达到广泛宣传品牌意识的目的。这些产品对品牌的商业有效性来说至关重要，许可协议带来了丰厚的利润。

自19世纪大规模生产开始，就有了产品品牌。于是，正是这个市场体系，用商标、标识和包装让人们对产品产生关注，进而取代那些无名商品。也正是时装界的市场系统，开始涵盖了易于识别的审美中更难确定的质量。品牌是时装进入市场的推手，这也使得它成为了一种行之有效且人人渴望拥有的商品。它带来了战略家们精心策划的特质，用来吸引那些追求及时辨识度以及非凡优良标志的消费者。

20世纪80年代，经济全球化使得品牌成为一种有形资产。奢侈时装屋如古驰和普拉达，以及设计师保罗·史密斯和唐娜·卡兰急切地将自己的品牌拓展到配饰、香水、化妆品，以及包括家具、布艺家饰品、涂料和织物在内的各种生活产品的设计和开发。品牌的持续成功，一个至关重要的因素在于保护其免受其他不利因素的干扰。不明智的许可协议可能在刚开始的时候可行，最终却可能破坏品牌的声誉。皮尔·卡丹就是这样一个例子。20世纪60年代和70年代初，皮尔·卡丹站在了时尚前端。然而，随着一系列的全球许可协议，没有被设计师们直接控制的商品越来越多地出现在市场上，于是，品牌也就贬值了。而随后的设计和制造质量的退步也进一步损害了这个大品牌的独特品质。品牌所有者现在意识到了这个问题，也因此展开了名为"垂直化"的改革进程——接管生产过程，从而更好地驾驭其全球形象，维护产品质量。

时装设计不断受到了前卫设计师作品的挑战。自20世纪60年代以来，英国艺术学校通过平面艺术、造型艺术以及表演艺术的跨学科教育，将时装、街头文化和音乐结合在一起。伦敦中央圣马丁艺术与设计学院培养出了众多优秀的设计师，例如亚历山大·麦昆（1969－2010）、侯赛因·卡拉扬、约翰·加利亚诺、马修·威廉森和斯特拉·麦卡特尼。因此，在其毕业生时装秀上，世界各地急于招募新人才的媒体和时尚代表也都会来参加。在这个饱和的全球市场中，包括古驰在内的公司不得不继续扩大业务，招募新人才是确保品牌质量的主要方式。

激进时装绝对是向先入为主的观念发起挑战，这在日本设计师川久保玲的"像男孩一样"女装发布会中演绎得最为明显，另外两名日本设计师三宅一生、山本耀司也与她一道崛起于20世纪70年代。1983年的巴黎时装秀上，这些服装第一次使用了试验性的裁剪工艺和仿旧磨损的面料，在当时这样一个习惯了过度奢华和诱人时装的时代，这无疑是对时装的概念提出

▲ 2005年，香奈儿珍珠和白色山茶花出现在贺曼公司出品的香水广告中。

▲ 2007年，即时识别的LV标志出现在路易·威登广告中。

◀ 2006年，亚历山大·麦昆
演绎的凌乱脆弱之美。

了质疑。这些被美国记者称为"广岛时尚"的服装一直都处于主流时尚的边缘，直到20世纪80年代后期及20世纪90年代的极简主义和单色时代，情况才有所改变。

创新是一个非常神秘的过程，它的源泉可能来自设计师们脑海中那些纯粹的想法，也可能是外部力量推动的结果，总之是一个稍纵即逝的影像：展览中的一幅画或以前的一套裙子，更不用提过去几十年里那些被引用无数次的素材。投资者们不断尝试利用曾经没落的时装屋以及品牌过去的成功而乐此不疲。候司顿、奥西·克拉克（1942—1996）以及永恒不变的薇欧奈总是对时装的商业发展有所帮助。

而设计师的艺术则是将这些转瞬即逝之物转变成时尚，超越一切的时尚，从而让人们不管出于何种复杂而又相互矛盾的原因，依然想要穿这些服装：因为这能让他们觉得自己很漂亮、引人注意、不同寻常、富裕华贵、与他人相同或不同。于是，对于时装界来说，最为重要的就是把握时机。作为时装界的老牌公关以及拉克鲁瓦时装屋的共同创始人，让-雅克·皮亚曾对时装设计师说："时装就像是一根香蕉。当它是绿色的时候，还没有熟透；当它成黑色了，就是已经熟过的了。太早比太晚糟糕。技巧就在于把握合适的时机。"不仅需要合适的时机，也需要合适的服装以及穿着合适的人。时装销售是很受期待的，有多少销量预估压在了好莱坞明星造型师和明星的身上？利用名人来穿戴时装，省去用于宣传的百万美元。有时候，设计师和"缪斯"之间的关系是可以改变的。设计师可能会过于紧密地联系某一种特质，以至于公众们在演员或模特已不时新的情况下，还继续用固定的模式来看待这个品牌。

像让·保罗·高缇耶（1952— ）这类的设计师被称为"创造家"，而不是时装设计师，他们的设计和高级定制时装即便在3月和9月的成衣秀中展示，也一样有影响力，一样昂贵。在经济衰退时期，被称为"当代服装"的时装业还是有市场的，设计师服装的价格更为平易近人，例如品牌王大仁和塔库恩。

自20世纪20年代，体育锻炼的重要性日益彰显，时装与运动密切结合在一起。让·巴杜推出一系列网球风格的服装，瑞恩·拉克斯特于1927年在T恤左胸上放上了鳄鱼的标志——这是品牌的一个早期例子。20世纪80年代是前所未有的经济繁荣时期，此时体育也商业化了。全球性品牌以及其他知名大品牌，例如阿迪达斯和耐克，开始在运动服市场使用与时装相同的先进营销策略。城市运动装的出现，是对性能和实用性设计的尊重，同时也考虑了人们对追求名牌的渴望。随着斯特拉·麦卡特尼加盟阿迪达斯、侯赛因·卡拉扬加盟彪马，功能性运动服成为了主流时装的组成部分。

随着当代时装业对新科技的利用，营销策略和销售方式已经变得越来越激进。网络服装日记会每两个月向特定观众宣传产品。时装从来没有像现在一样被广泛记录。由于信息不再需要通过纸质媒体传播，时尚博主变得和时尚杂志编辑一样有影响力。在这拥挤的数字媒体环境中，众多品牌迫切希望吸引人们的注意，于是，"drop"式上新应运而生。作为一种销售策略，品牌方没有过多宣传，就在特定的零售地点发布限量版产品或少量收藏，进而给消费者营造一种紧迫感和商品的稀缺感。路易·威登、思琳、巴黎世家、芬迪、盟可睐、日默瓦和博柏利，都曾尝试这种新式饥饿营销模式。

如今，时装的季节性没有以往明显，而需求却比以往增多了。每年的时装秀也不再只有两场。秀前系列，有时也被称为度假系列，比起T台秀场，包含了更多的商业元素。进入商店的服装只私下接待喜欢的顾客以及小部分的摄影师和买家。这些系列往往会缩小秋季和春季的差距，同时也为主要的时装提供了试水和试验的机会，使品牌免于财政风险。虽然没有T台时装秀的新闻报道，这些"中间"系列却争取到了买家们越来

▲ 2010年，蒂塔·万提斯身着让·保罗·高缇耶的紧身胸衣。

◀ 2008年，山本耀司以其独特的审美，从根本上重新定义了西方服饰风格。

▲ 在2010年的伦敦时装周上，博柏利"珀松"时装秀采用了实时直播。

越多的预算。

　　全球范围内的即时传播，导致人们很难区分出：一季的奇迹，两年的媒体新宠儿，"下一件大事"，以及产生深远影响的设计师。21世纪见证了越来越多的"设计师流动"的现象。当全球知名品牌跨过国际文化壁垒，设计师们多种设计源泉的有效性也就增加了，无论是与生俱来的，还是后天培养的。国际联盟的成长显而易见。时尚一直是屈服于多样性的最后商业堡垒之一，然而，爱德华·恩宁弗在2017年被任命为英国《时尚》杂志总编辑时引入了包容性的概念，他认为，黑人设计师和模特与白人同等重要并具有同等意义。关于"文化挪用"也仍有争议。在对设计师以本土风格作为服装系列设计灵感的质疑声中，非洲设计师肯尼斯·伊兹提出了一个更周全的观点："我认为每个人都有去做他们想做的事的自由，但是我想知道的是他们来自哪里？他们为什么要这样做？他们是否已了解自己在做什么？这才是真正重要的。"

设计师的流行时长与商业顺应力息息相关，这是创造性顺应力和将个人愿景与特定市场相吻合的能力的结果，更是一门艺术，一种永远不应该被低估的技能。

本书展示了20世纪初以来众多国际公认的时装品牌和设计师，按字母顺序排列，借助大量图片，讲述每个品牌的历史，包括富有影响力的风格款式、主要时装秀及其发展中最具标志性的时刻。

▼ 设计师肯尼斯·伊兹和模特娜奥米·坎贝尔在2019年尼日利亚拉各斯"崛起"时装周上。

设计师与品牌

1017阿利克斯9SM
1017 Alyx 9SM

怀着对创新的承诺，2008年，当坎耶·韦斯特身着声控亮光夹克出现在格莱美颁奖典礼上，博学大师马修·威廉姆斯（1985— ）的这件作品首次亮相即惊艳了时装界。威廉姆斯在加利福尼亚长大，高中辍学后，他白天在洛杉矶唱片公司考普斯担任生产经理，晚上当DJ（英文disc jockey的缩写，迪厅、酒吧等场所的音响师），曾与嘎嘎小姐合作了歌曲《电话》的MV（英文music video的缩写，一种用动态画面配合歌曲演唱的艺术形式）和世界巡回演唱会。后来，威廉姆斯前往伦敦，为摄影师尼克·奈特工作，然后回到美国，与维吉尔·阿布洛和赫伦·普雷斯顿一起组成"Been Trill"团队。

在音乐界发展了长达十年后，出于对创新自主权的渴望，2015年，威廉姆斯决定与妻子兼商业伙伴珍妮弗·威廉姆斯一起，创立自己的品牌，以长女的名字命名为"阿利克斯"，并于2018年推出首次时装秀。该品牌具有实用性和军事风，采用了高性能的原料和技术，例如镭射裁切、黏合皮革、高强度尼龙凯夫拉尔纤维和摇粒绒，并用三层胶带状日本网丝黏合。金属硬件的设计为该品牌增添了街头服饰主题，其标志性的胸架和过山车皮带上采用了超大号的搭扣和粗犷的金属元素。该品牌还通过使用再生球衣、几乎无水的染色工艺和可生物降解的包装来探索可持续性发展。目前，这个风格鲜明的品牌已经与众多公司开展了合作，包括苏格兰公司麦金托什、盟可睐、耐克和意大利面料专家马约基氏。2016年，威廉姆斯成为路易·威登奖的八名决赛选手之一。

◀ 2020年春夏系列，采用棕色城市防弹衣风格。

2019

秋冬创新制造系列，被称为"无中生有"。

军绿迷彩用来制作了长绳夹克和相配的直腿长裤。威廉姆斯着眼于整个系列的制作，将皮革雕刻为机车夹克和裤装，并用磨边牛仔布条制成了裤子和无袖夹克。严格剪裁的细条纹套装外搭配一件漆皮蓬松夹克，同种布料也制成了合身的西服套装。该系列还搭配了同品牌首款女士手提包，即一款宽大的双手柄方形公文包。

2019

春夏系列，高科技街头服装。

淡蓝色连帽派克大衣，穿上去像防护服，下摆和脖子处有束带，搭配磨边有图案的白色丹尼牛仔裤。该系列融合了男女装系列，表现了该品牌标志性的工业风、街头风和军事风细节，也颠覆了以往捂得严严实实的概念，例如带有网状尼龙保护袋的背包。

2020

春夏街头服饰，融合精准技术与高性能。

面料光滑且有线条感的运动风夹克，配上出乎意料的薰衣草色调和袖口下摆处的魔术贴扣。复杂的领子层从前面的拉链上垂下来，下身搭配有缝单车运动裤，长度短至膝盖，其流线型与夹克形成了对比。一些工业元素，如膝盖处的拉链和锌合五金，精心融入拉绳派克大衣、防弹衣和无袖及膝连衣裙中。其他特点是袖子、腰身和裤子周围带有抛物线缝。单排扣夹克和圆角前摆用链子系紧，长及大腿的外套带腰省和简洁的后摆，都采用了经典剪裁。

菲利林3.1

3.1 Phillip Lim

　　含蓄、现代都市感、女性化的菲利林3.1每年都会推出五个服装系列。这些服装穿着方便且不事张扬，有些细节出乎意料，如手工缝制的翻领或缝贴装饰，而且通常都是高端时装。

　　华裔设计师林能平（1973—　　）出生于泰国，后随父母移居美国，在加州长大。他的母亲是位裁缝，在母亲的影响下，林能平也这样称呼自己。同时，这种天性在他那些裁剪娴熟的完美服装上体现得淋漓尽致。进入加州州立大学后，林能平放弃了自己的专业，转向时装界。最初，他在比弗利山庄的巴尼斯百货公司工作。在那里，他接触到卡塔杨·阿德利。他在该公司从实习生做起，后来成为了设计助理。2000年，在阿德利把生意迁至纽约后，林能平与朋友共同创立了他的第一个时装品牌"Development"，并在洛杉矶一直待到2004年。2005年，他和商业伙伴周绚文推出了自己的品牌。由于两人那年都刚好31岁，他们便把品牌命名为"菲利林3.1"。

　　2007年，菲利林3.1把业务拓展到了男装市场。他们提供量身定制的、吸收了海军制服元素的基础服装，例如水手短外套。林能平设计的服装物有所值，但他同时也重视质量与款式。2007年，他在美国时装设计师协会颁奖典礼上获得了"施华洛世奇最佳女装设计师新人奖"。同年，他的第一家专卖店也于纽约苏豪区开业。随后，洛杉矶、纽约、首尔和东京也先后有了菲利林3.1时装店。2012年，林能平获得"施华洛世奇男装奖"，2013年又获得"年度配饰设计师奖"。

◀ 2019年，极简主义都市套装，高扣夹克搭配修身长裤。

2008

高雅端庄的男女时装秀，剪裁简单，面料奢华。

裹裙的臀部位置带有扇形的褶皱（也被用于及膝连衣裙的领口），上身搭配水平褶皱雪纺上衣。在2008年秋冬系列中，林能平还展示了从领口处便开始褶皱的女式宽松白衬衫，他也因这种风格而出名。他在白衬衫上用黑色流苏代替了领带，搭配黑色长裤；还在花纹丰富的织锦和宝蓝色、银色色调的基础上进行了低调的裁剪。

2007

具有突破性的男女时装秀。

林能平钟爱彼得潘衬衫衣领。他在衣领下方和工装背带前设计了蝉翼纱层，给人以优雅的感觉。然而，本次时装秀大受欢迎的却是他和珂亦·苏万娜盖特合作设计的作品：一件简单的白色T恤裙，七分袖并装饰手工缝制的玫瑰花样。这件作品巩固了林能平在纽约时尚界新人中的地位。

2011

林能平延续了克莱尔·麦卡德尔引领的美国成衣传统：方便穿着、装饰极少。

收腰夹克、窄袖、装饰极少，里面是同样素雅的T恤，腰间随意搭配一条棕褐色皮革腰带，下身是裁剪合身的短裤。奢华的公爵夫人缎面大大地提高了品质感，使它异乎于寻常服装。黑色连身裙端庄稳重而又简洁，唯一的装饰是棕褐色皮革领。这一系列其他的服装还包括：黑色缎面卜衣，搭配剪裁合身的外裤；几何层次鲜明的条纹衬衫、精致的针织衫、黑色围裙风格的短裙。整个系列服装以棕褐色和灰褐色为基调，重点突出了暗青色。晚礼服中展示了裸色宽松直筒连衣裙，装饰一排排垂直珠片，透明的衣袖上绣有精美的黑色刺绣。

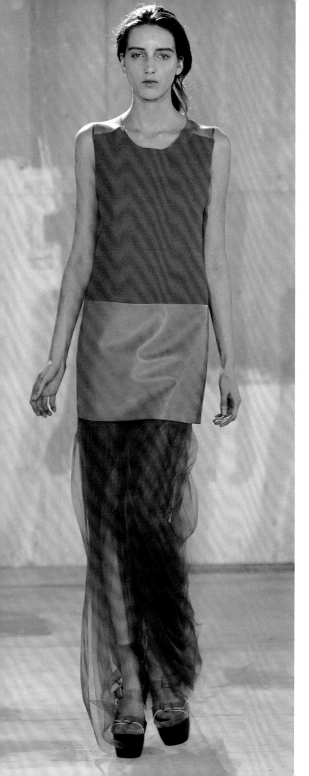

艾克妮

Acne

　　瑞典酷牌艾克妮在推崇简洁风的同时坚定地维护自己反时尚、反季节性的潮流趋势。艾克妮成立于1996年，最初是一家创意顾问公司，为时尚、娱乐及科技行业打造品牌。那时，它的全称是"创作新颖表达方式的野心"（Ambition to Create Novel Expressions），ACNE则是该全称的首字母缩写。1997年，艾克妮的设计师们突发奇想，将他们原创设计的一百条红色缝线的牛仔裤当作礼物送给身边的朋友，没想到大获成功。于是，在其创始人之一乔尼·约翰逊（1969—　　　）的带领下，艾克妮开始进入时尚界。由于"Acne"这个词也可以理解为一种皮肤状况——痤疮，导致供应商最初有一些犹豫，如英国精品百货店哈罗德、巴尼斯纽约精品店，甚至还要求在品牌上印上音调。1998年，设计师安–索菲·贝克加入艾克妮女装设计。后来她离开艾克妮，去了伦敦。今天的艾克妮是由弗里达·巴德领衔设计。约翰逊最初专注于男装设计，但后来这种情况随着中央圣马丁艺术与设计学院毕业的克里斯托弗·朗德曼的加入而有所改变。

　　艾克妮的电影部门曾与电影导演雷德利·斯科特在洛杉矶合作。同时他们也涉及其他行业，如艾克妮数字、艾克妮创意及艾克妮报业（该公司引以为豪的超大时尚杂志）。这些分公司都位于斯德哥尔摩市中心。艾克妮女装及男装在45个国家和地区的650家门店出售。此外，他们还拥有10家专卖店，其中两家分别位于纽约苏豪区和巴黎皇家宫殿花园。另外，位于伦敦多佛街的旗舰店出售艾克妮时装秀上的牛仔裤、成衣、家具、珠宝，以及浪凡旗下的各类产品。

◀ 2011年秋冬时装秀上艾克妮重复了以往的风格，并利用了交叉纹理面料。

2007

系列时装采用了完全暗淡的色调：黑色、炭色和深灰色。

　　本届时装秀主题是中性风格的男友式宽松服装，如开襟式衬衫连衣裙。其他的紧身衣、鞋和手袋也全部是黑色。本系列还包括：宽松的缎面皮大衣内搭拉链鸡尾酒会礼服，或是炭色斜纹软呢大衣内搭紧身毛衫。无论是裙子还是毛衫全是黑色，除了用来增加服装褶皱和开口的华丽金属拉链。

2010

第二季中，艾克妮的简洁风融合了浪凡的女性风。

　　精细的牛仔面料源于产自日本的传统靛蓝棉布，也被艾克妮的弗里达·巴德和浪凡的阿尔伯·艾尔巴茨演绎在了混合风格中。垂花饰品和褶皱会让人想到巴黎的传统服饰，而饰钉和双排明线褶边具有前卫的工装风格。颜色是牛仔蓝、黑色和灰色。裙摆及至大腿中部，突显了身材曲线。晚礼服还采用了金属螺柱，用来作为奢华的内置珠宝。

2009

20世纪80年代风格的复兴，不论是连身裤、细条牛仔布，还是T恤裙或分层大号外套。

　　20世纪80年代风格的陀螺裙，搭配斯泰森毡帽和绿色袜子。除此之外，直筒式连衣裙、布袋装、大号运动衫的线条宽松舒适，但在颜色上出现了变化——黑色、银灰色、桃红色、天蓝色和电光蓝色，配套的条纹袜套可以随心搭配。宽纹缎制成的紧身衣是透明与不透明间的黑色条纹，与拼接牛仔和薄纱哈伦裤产生同样的视觉效果。单色面料、褶皱、罗纹饰边以及纹理变化等细节，更加突显了重金属项链或磨旧的高顶宽边呢帽。

阿尼亚斯贝

Agnès B.

典型法式风格的阿尼亚斯贝吸收了城市风。该品牌设计师阿尼亚斯·特鲁布莱（1941—　　）出生于凡尔赛。20世纪60年代，她在巴黎跳蚤市场工作时，被著名的法国时装杂志《世界时装之苑》发掘。她曾与多罗蒂·比斯、VdeV 和皮埃尔·达乐比合作。1973年，她开创了自己的品牌阿尼亚斯贝，并用了她第一任丈夫克里斯坦·布尔古瓦的姓。两年后，她在巴黎的天街开了第一家专卖店。这家店从一开始便成了艺术交流之地，而她也成了乔纳斯·梅卡斯、小野洋子、吉尔伯特与乔治、路易斯·布尔乔亚的长期合作者。1984年，这位设计师在天街3号建立了一个艺术画廊，后来又创办了电影制作公司"爱的激流"，制作独立电影。

　　阿尼亚斯贝的灵感来自黑白电影、历史服装及对自己法国身份的认同感。英式橄榄球衬衫面料制成的珍珠波普尔开衫和长线条纹T恤是她的代表作。每年，她都会重新演绎这些经典，和她那些与众不同、印花端正的礼服或她最喜欢的红色礼服一起展示。

　　自从1984年与设计师铃木陆合作以来，阿尼亚斯贝在日本广受欢迎。她那标志性的感叹号标识，极为显眼，也用在了精工手表（1989）、行李箱和限量版Smart汽车上。1996年，她以波普尔开衫代表自己的现代法式风，参加了蓬皮杜艺术中心展览。2000年，她获得了法国荣誉军团骑士勋章。

◀ 2010年秋冬系列，闺房风格的多层荷叶边蕾丝鸡尾酒会礼服，搭配短裤。

1988

量身定制的连衣裙和外套、权力着装以及"身体意识"设计风格的休闲服。

带紧身胸衣的橙色连衣裙外搭夸张肩部的外套，反映出那个时代突出身材曲线的特点。向上挽起的袖口和前方的拉链也突显了品牌的精致细节。阿尼亚斯贝于1981在纽约苏豪区开设第一家美国精品店。在那里，她展示了自己品牌所有的女装、男装以及童装。1987年，她推出了一款香水（LEb.），随后又推出了一系列护肤品、化妆品及孕妇用品。

2011

该品牌系列服装主要为单色印花和条纹，简单而不复杂，成为了人们衣橱中的流行服饰。

本次时装秀为私人非预期展，秀上展出了这套严格定制的错列粗条纹裙装。除此之外，本系列还包括：带格纹里衬的棕褐色绒面双排纽式外套，内搭淡紫色轻薄的针织连衣裙；印有红色或黑色单色印花的及膝紧身裙；印有白色波尔卡圆点的黑色雪纺，展现了青春活力的身材；短款定制裤装，上身搭配短款T恤；还有粉红色毛巾面料制成的水兵短外衣，同样也让人称赞。

2007

针织分装系列，灵感来自20世纪60年代的撞色连衣裙及低调的细亚麻布裤装。

淡蓝色七分袖开衫搭配马德拉斯布纹及膝裙，展示了典型的法国风情。该系列服装还有：红色开衫搭配多皱边礼服；低圆领、领口处皱边、中袖的暗红色针织毛衣裙；俏皮的水手装，头戴无沿尖顶帽，身着丝带装饰的白色刺绣胸罩，外搭量身定制的海军夹克和荷叶边短裙；另外，灰色针织连衣裙大方端庄、王室高腰、贵格领、袖口带白色钩花，与前面的风格相反。

阿尔伯·艾尔巴茨
Alber Elbaz, 1961—

作为浪凡的创意总监，阿尔伯·艾尔巴茨不仅有着精湛的技术和非凡的眼光，还设计并生产出了精致迷人的服装。他出生于摩洛哥，在以色列长大，随后又在纽约住了十年。在纽约的时候，曾做过杰弗里·比尼（20世纪最受人尊敬的时装设计师之一，他的设计低调奢华、大方优雅）的助理。七年后，也就是1996年，阿尔伯·艾尔巴茨移居巴黎，成为巴黎老时装屋品牌姬龙雪的设计总监。1998年，他在伊夫·圣·洛朗做过一段时间的女装高级成衣设计总监。可惜三个时装秀后，该品牌就被古驰集团收购了，而阿尔伯·艾尔巴茨也被汤姆·福特取代。

2001年，浪凡时装屋没落。中国台湾的出版业巨头王效兰女士收购了浪凡，并任命阿尔伯·艾尔巴茨担任艺术总监。现如今，浪凡已发展成为世界最炙手可热、商业上最为成功的品牌之一。阿尔伯·艾尔巴茨运用自己之前学到的所有技术和技能，设计出女神礼服、轻便的双排纽大衣（如今已成为浪凡的标志性服装）及豪华面料制成的褶饰边礼服。在他的领衔设计下，这个小公司的知名度和影响力快速提升。他也得以进一步负责该品牌设计的所有细节。他在浪凡购物袋上印上了保罗·伊里贝1907年画有让娜·朗万和她的女儿玛格丽特的时装画。妮可·基德曼、凯特·莫斯和索菲亚·科波拉都是艾尔巴茨的忠实粉丝。2015年退出浪凡后，艾尔巴茨于2019年宣布，他将与瑞士奢侈品公司历峰集团推出自己的品牌"AZfashion"。

◀ 2010年，肩部带有折纸褶皱的浪凡羊绒大衣。

2000

阿尔伯·艾尔巴茨在伊夫·圣·洛朗的第三次也是最后一次时装秀。

衬衫用柔软的手套皮革制成，高褶领口，打结后收领，衬衫下摆塞进过膝铅笔裙里。这一系列设计精致，尤其是颈部的设计拉长了整体身材，也展示了现代的优雅风格。本系列还把伊夫·圣·洛朗的经典作品"吸烟装"重新设计为克龙比式宽松大衣，另外还有端庄的前门襟外套、带细腰带的飘逸雪纺长袖连衣裙。

1997

法国奢华时尚品牌姬龙雪时装秀。

整体外观：A字形八分之七双排扣夹克，下身搭配粗花呢喇叭裙，颈部装饰有大号蝴蝶结，头戴高圆顶帽子，帽沿上带面料花饰，手中搭配同样软呢面料的无带拎包。本次时装秀还有两件式西装，上身为收腰式休闲夹克，下身搭配铅笔裙或阔腿裤；奶油色两件套，搭配黑色的及踝长裙。

2007

作为浪凡的创意总监，阿尔伯·艾尔巴茨运用实用的现代面料，推出未来主义时装秀，反映了20世纪80年代的风格。

降落伞绸鸡尾酒会礼服巧妙地引用了20世纪80年代的风格，裙摆下端呈马勃菌状，前方领口高至脖颈处，后领却低至腰部。这次时装秀还包括浅灰色多口袋蜡光绸连身服，肩部夸张、臀部收紧的奶黄色双排扣外套。高领束腰上衣搭配奶黄色窄裤及带拉链和贴袋的袒肩露背裁剪式连衣裙，未来派的裤装展现了实用主义。晚装系列中，无肩带紧身胸衣式上衣上装饰有百褶雪纺，边上为磨损状，颜色为紫红色、黑色或金色；另外还有条纹全裙式鸡尾酒会礼服，该礼服上衣部分为胸罩款式。

阿尔伯特·菲尔蒂
Alberta Ferretti, 1950—

　　作为典型女人味的代名词，阿尔伯特·菲尔蒂设计出精美的串珠雪纺礼服，带来了浪漫、空灵与别致的感觉。阿尔伯特·菲尔蒂出生在卡托利卡的亚得里亚海岸。18岁的时候，她在家乡开设了第一家精品店，并于1974年推出了自己的品牌。1980年，她和她的哥哥马西莫一起成立了奢侈品公司"Aeffe"，为让·保罗·高缇耶、莫斯基诺、纳西索·罗德里格斯生产并销售服装。1981年，菲尔蒂在米兰举办了自己的第一场时装秀。1984年又推出了桥系列——"菲尔蒂牛仔裤哲学"，即后来的"阿尔伯特·菲尔蒂哲学"。

　　1998年，这位设计师在波道夫·古德曼百货内开设了一家专卖店，专门出售她的代表作品及"阿尔伯特·菲尔蒂哲学"系列产品。随后，她又在纽约苏豪区为"哲学"系列专门开设了一个独立店面，以较低的价格专门为年轻女性服务。和大多数设计师不同的是，阿尔伯特·菲尔蒂先是为她的二线产品开店，随后才为展出自己曼哈顿西百老汇时装秀上的代表作品而开设了一家旗舰店。

　　该品牌成功的力量源自设计师独特而又专注的精神。菲尔蒂设计的服装不在于展示成熟的魅力，也不是前卫的运动风，而是她最擅长的分层和褶皱雪纺晚礼服、公主外套和优雅的少女针织衫。2001年，该品牌增加了内衣和沙滩装系列，2010年又增加了婚纱礼服系列。

◀ 2010年时装秀，灵感来自20世纪20年代不拘传统的时髦少女风格，面料主要用斜裁的真丝缎。

2003

雪纺和钩花的搭配产生了良好的效果,成为本次时装秀的主题。

粉蓝色车缝褶雪纺裙的肩部和腹部都有钩花细节。本次时装秀上,还有暗青色、巧克力色、卡其色的带有垂褶、褶饰、百褶、褶皱细节的雪纺迷你连衣裙;受20世纪60年代灵感启发的浪漫风钩花连衣裙;两侧刺绣的露腰宽松针织裤搭配短款雪纺上衣;大圆领女背心或短至大腿根部的黑色无带连衣裙,外层也会覆盖有层次的透明雪纺。

2001

中性色调,女人味十足的雪纺和丝绸时装系列。

芭蕾装开衫搭配开扣门式裙子,再加上橙色透明三角布的装饰,更显青春活力。除此之外,性感的及膝裙和简单的A字裙也用到了橙色,菲尔蒂还喜欢用长春花蓝、巧克力色及其极具代表性的裸色雪纺。斜裁真丝缎从膝盖处垂顺下来,也用于衣领和袖子处。

2007

装饰巧妙、柔和印花的公主风衣和羽毛晚装系列。

鸽灰色A字雪纺裙,褶皱以臀部为中心组成同心圆形状,手感轻薄。裙子是典型的浪漫风,剪裁也极尽淑女风,外观简洁大方。本系列中,无论是鸡尾酒会礼服、日装,还是全扣式连衣裙和高腰公主外套,都用到了金属丝缕,很有20世纪60年代的感觉。除此之外,其余外套为落肩袖,袖口的车缝褶使得袖子膨胀成钟型,这个特点贯穿于这个系列之中。这个系列还包括豌豆绿和紫色马海毛制成的过膝紧身连衣裙和大裙摆风衣外套。鸡尾酒会礼服和晚礼服用到了羽毛装饰,营造出轻盈的感觉。

亚历山大·麦昆

Alexander McQueen, 1969—2010

  设计师亚历山大·麦昆在自己事业最高峰时悲剧性地结束了自己的生命。他的设计突破传统，通过明显而又夸张的文化理念，重塑了身体形态和身材之美。他那阴暗的想象力，通过广受赞誉的剪裁技术和缝纫工艺，创造出一系列作品，虽不奢华，但却精致耐磨。

  亚历山大·麦昆16岁便离开学校，成为了萨维尔街裁缝服装店"安德森与谢泼德"的学徒；随后进入了吉凡克斯时装公司；紧接着，他加入知名剧场服装品牌"安吉与博曼"，并在那里学习传统的经典裁剪技术。在考入中央圣马丁艺术与设计学院攻读时装设计艺术专业之前，他还先后跟随日本设计师立野浩二和意大利设计师罗密欧·纪礼工作过一段时间。在他的毕业设计发布会上，英国版《时尚》杂志的著名造型设计师、帽子女王伊莎贝拉·布罗被他折服，当场买下了他的整个毕业设计系列。1996年，麦昆取代约翰·加利亚诺成为纪梵希的首席设计师。2000年，古驰集团收购了麦昆自有品牌的多数股权，但仍然保留了他的创意总监职位。

  无数的奖项见证了麦昆的成就。1996年、1997年、2001年和2003年，他一共四次获得"年度最佳英国设计师"奖。他还获得了美国时装设计师协会的年度最佳国际设计师奖。现如今，该品牌的设计由麦昆的得意门生莎拉·伯顿继承。2011年，伯顿为威廉王子的新娘凯瑟琳·米德尔顿设计了婚纱礼服。

◀ 2010年秋冬时装秀上，麦昆的遗作引用了拜占庭艺术和宗教风格。

1995

"高地强暴"主题运用了当时最为流行的英国皇家斯图尔特格呢。

头发蓬乱的模特们，身着苏格兰格子呢，像是被粗暴地脱去了衣服——据说这是对英格兰征服苏格兰的隐喻控诉，因此，"高地强暴"系列虽然成功却也饱受争议。格子呢做成了紧身胸衣、喇叭型或铅笔型的裙子，长至腿肚。低腰裤搭配带格子呢高领的裁剪雪纺上衣。

1998

本次时装秀主题广泛，出现了绷带元素。

本次时装秀的特色是穿孔的皮革紧身礼服，透视、穿孔、定制或金属铸造的动物骨骼在本系列中展现得淋漓尽致；同时也表现了该系列精湛的剪裁技术，翻领一直垂挂至腰际，交切面料上刚硬的几何图案也配合了阴影的纹理。

1996

超低腰牛仔裤——设计师麦昆大胆的设计风格使得该品牌成为全球性的流行趋势，同时也表现了他在设计上的创新性和权威性。

麦昆的超低腰裤可以追溯到1992年，但直到1996年春夏"饥饿"系列时装秀，该系列才在时装界取得更大的成功。他在这些服装上绘上红色、黑色、深蓝色、白色和银灰色等充满异国情调的色彩，还用锋利的剪刀裁剪成各种款式。整套服装系列中用到了软缎、织锦缎、蕾丝、皮革、金属薄纱和亚麻布等材质，也装饰有羽毛、穗饰，以及少量的青鹊羽饰。金属薄纱包裹的椭圆形头骨面具，搭配精致透明、德沃尔羽毛印花的上衣。明暗色彩对比下张牙舞爪的雪豹，以及印有捕兽者雾网的礼服，表现了"掠食威胁"的主题。

1999

模拟外科手术的束缚——马勒、束腰、网箱和缰绳，亚历山大·麦昆在本系列中展示了一系列重要正式的服装。

工装外套、糖果条纹缎面七分裤、斜裁裹身裙都采用白色亚麻布精心制作而成，在纺织中也用到了暗流工艺。高档的纱罗帆布上印有粗缎纹花卉图案；轻薄的睡衣外套上装饰有光滑的白色提花织物绣成的孔雀图案；裙子和上衣上也有宽松自然的针织酒椰棕图案。定制的女式裙套装采用英国优质细亚麻布面料，给人耳目一新的感觉。女式衬衫上装饰有不对称的荷叶边形状的蕾丝花边，再加上鞍马带装饰，形成了强烈对比。除此之外，西班牙蕾丝花边扇也被用在了紧身胸衣上或是穿孔和分段的金发木制成的坚硬裙撑上。两台机器对着雪白的秋千裙喷墨，而穿着礼服的模特则被绑在转盘上，伸手欲挡却毫无抵抗之力，活像一只受惊的天鹅，直到演出结束后才逃脱。

2009

本次春夏时装秀的主题是"物竞天择，适者生存"，歌颂了原始动物、蔬菜和矿物质。

背后系扣的棕褐色鳄鱼皮紧身女上衣，内搭波浪形素缎印花连衣裙。本系列连衣裙或香烟裤装前方的中间部位装饰有木粒、骨骼以及千变万化的水晶图像。有的裙子在纱层之间装饰有压花，有的则镶有3D玫瑰花蕾。瘦腿裤搭配镶嵌有多色拉链的燕尾服西装，上面的蝴蝶图案会让人想起蝴蝶的粉色外衣。圆圈形状和渐变色的流苏让鸡尾酒会礼服更加具有灵动感。紧身胸衣由激光切割的马具皮革制成，实用耐穿，腰部还印有丰富精美的花卉图案。最后，多面五彩水晶装饰在了沙漏型礼服和紧身衣上，表达了对矿物的赞美。

2010

隆重推出实时互联网直播。

麦昆展示了未来主义时装，也带来了世界末日大片般的戏剧性效果和生产性价值。

2017

苏格兰高地系列，饰有精细的蕾丝和柔和的格子呢。

莎拉·伯顿的这个系列中，修长的刺绣蕾丝连衣裙上饰有镜面孔雀图案。紧身胸衣、羊腿袖和带颓废风格装饰的填充式领口，一如诸多荷叶边刺绣晚礼服。其他服饰，如日装以带有解构主义色彩和蕾丝花边的费尔毛衣为其特色。柔和的格子呢剪裁以朋克风的苏格兰短裙和西裤套装为代表。贴花薄纱搭配印花皮夹克。

王大仁

Alexander Wang, 1984—

典型纽约风格的设计师王大仁为顾客们带来了一个价格可以承受的设计师品牌。王大仁是出生于旧金山的华裔，18岁时搬去纽约并开始尝试服装设计。之后，他进入著名的帕森斯设计学院攻读设计专业，二年级时就在《少女时尚》杂志实习。2007年，王大仁建立了自己的品牌。他的招牌风格MOD（model off duty，意为下班后的模特）反映了城市低调而又冷酷的运动风，也带来了随意洒脱的精神风貌。比起普通T恤，王大仁的T恤在细节设计上有了一些变化，例如超大的领口和袖口以及精心缝制的小贴袋设计。最近，王大仁又在平纹针织布下垂的层次上增加了强大的裁剪元素，以此达到更为复杂而又精致的效果。

设计师王大仁是卡其裤和白T恤穿着的典型代表，同时也是美国时装设计师协会与《时尚》杂志联合基金的获得者，这些成就让他成为了与盖璞合作设计的不二人选。而王大仁的加入，也为盖璞品牌增加了新兴的美国元素。2010年，继"T"系列时装秀之后，王大仁推出了他的第一个完整的男装系列，其中的基础着装包括拉链连帽毛衣、无袖衫及经典衬衫。

2008年，王大仁赢得了美国时装设计师协会与《时尚》杂志联合设立的时尚基金；2009年，获得施华洛世奇女装年度设计师奖；2010年，成为施华洛世奇年度配饰设计师得主。2012年至2015年，王大仁担任巴黎世家的创意总监，负责监督男女配饰和服装。

◀ 2010年的轻便装取材自男式西装，领口处为内衣蕾丝边，还搭配有舞蹈保暖服。

2009

在其休闲时装系列中，王大仁将日装连衣裙元素加入到功能性运动服中。

2009年春夏时装秀上，为了让观众们联想到迈阿密南海滩炎热的天气，王大仁在模特身上洒上水滴，还用到了人造水珠装饰，以达到更为逼真的效果。该系列不仅使用了华丽的面料，也用到了简单中性色的细亚麻布、淡褐色和泥灰色平纹单面针织布以及纯黑色网眼布和皮革。连衣裙和泳装参考了露脐装的打结扭曲款式。健身房、街头服装和游泳服等这些看似漫不经心的混搭元素，更进一步升华了本次时装秀的假日活动主题。

2008

短款夹克，内搭露出下摆的衬衫，下身搭配短裤——再次重现了1984年的风格。

王大仁用短款夹克搭配衬衫和短裤，展示了MOD风格，再现了20世纪80年代中期后朋克风格的宽松舒适的夏装。除此之外，他还重新诠释了短款磨破牛仔服、低腰衬衫式连衣裙、骑车装以及《迈阿密风云》中手风琴式袖的夹克，配饰也并不复杂，如按扣、可随意选择的黑袜等。

2010

王大仁的运动日装展示了典型的美国橄榄球队前卫"作战服"的雕刻曲线。

混合隐喻是王大仁作品中最常用到的。他机智详细地分析了人们衣橱里已有的风格，以便于设计出人们能够接受并喜欢的服饰，这在本次春夏服装系列经典的美式橄榄球风中表现无疑。这40套服装从现代及复古校园橄榄球服中探寻了细节和面料的重新配比。卡其色斜纹布、羊毛内里材料、缝白花边的棕褐色皮革，与运动网眼布和内衣平纹单面针织布形成了鲜明的对比。通过引入非运动服装面料，王大仁将人们的重心从休闲日装转移到更为华丽考究的晚装上。

安娜苏
Anna Sui, 1952—

安娜苏（华裔美国人，中文名为萧志美）刚开始进入时尚界的时候，朋克风依然盛行于纽约，而复古服饰作为设计师设计灵感的重要来源，也重返时尚界。安娜苏正是在融合朋克的摇滚魅力以及旧式元素的浪漫怀旧风格的基础上，创造出颇具现代感的波西米亚风格。2006年，据《财富》杂志统计，安娜苏时装帝国的总价值已超过4亿美元。

安娜苏出生于美国密歇根州底特律市。自年幼起，她便梦想成为一名时装设计师，于是，她从为自己制作服装开始做起。后来，安娜苏在纽约帕森斯设计学院攻读学位。在那里，她认识了时尚摄影师史蒂文·梅塞。毕业后，安娜苏曾就职于多家运动服装公司，也设计了一些服装，供梅西和布鲁明戴尔等纽约商店零售。在模特朋友娜奥米·坎贝尔和琳达·伊万格丽斯塔的鼓励下，她于1991年推出了自己的首场时装秀，随后又在纽约城苏豪区开设了自己的第一家专卖店。

2004年，安娜苏发布了自己时装系列中颇具年轻活力的一套设计，名为"多利女孩"。2009年年初，安娜苏儿童系列"迷你安娜苏"首次亮相。在2009年秋冬时装发布会上，安娜苏的鞋品也崭露头角。2009年安娜苏荣获美国时装设计师杰里·比尼终身成就奖。同年，她与塔吉特合作设计新款，设计灵感来自当时风靡全球的电视节目《绯闻女孩》。

◀ 2020年，安娜苏服饰系列采用复古朋克风的大千鸟格格纹。

1992

第一次时装秀，安娜苏用复古面料演绎了复古风。

大号方格棉布斜裁成的紧身上衣，搭配及至大腿中部的郁金香形短裙；带抹胸的开襟衬衫，搭配过膝短裙，这样的服饰搭配显得甜美中不失性感，更是复古时尚与后朋克风的完美融合。配件也颇有特色，例如尖顶草帽、粗项链等。

2008

色彩千变万化，纹理和图案也点缀得华丽非凡。

其灵感来自装饰派艺术，天鹅绒裁剪的夹克套在四分之三长的束腰衣上，领子是印有20世纪20年代风格图案的大软盘领。雪纺束腰衣也印有花卉图案，下面搭配佩斯利纹样的性感短裙。整个系列颜色和纹理层次丰富、排列有序，吸收了文艺复兴时期的服装风格和20世纪20年代的时髦少女风。

2001

宽横条纹的彩色毛衣连衣裙、窗玻璃状的格子衣，与染色羊皮的颜色搭配起来，让人可以很快从娴静转向另类。

苹果绿和卡其色的宽横条纹针织裙，外搭卡其色的漆皮外套，紫色羊皮里衬翻过来形成翻领。类似的条纹风格也被用于带圆滚边口袋的黑白简易两件式套装。整个时装系列都应用了不同比例的窗玻璃状条纹，服装主要是两件式或三件式套装和套裙，基本都是橙色和棕色，并印有颇具风格的花卉图案。小山羊皮夹克和外套有时会搭配精心染色的羊皮里衬。受20世纪60年代甜美风的启发，其灵感转向粉色、淡黄绿色和杏色，下摆和领口装饰有花边，与胸花相呼应。配饰也很个性，例如作为颈饰的双层毛毡花。

安蒂克巴蒂克

Antik Batik

　　加布里埃拉·科蒂斯（1965—　　）是意大利籍设计师，对波西米亚风非常敏感，其灵感来自她那优雅的祖母及她自己对俄罗斯前卫绘画艺术的独特品位。1992年，科蒂斯开创了品牌安蒂克巴蒂克（意思是古董蜡染布）。20世纪80年代初，科蒂斯18岁时，离开了都灵的家，前往巴黎学习法语语言和文学，后来也曾游历过中国西藏、印度尼西亚巴厘岛、印度和秘鲁。回到巴黎的时候，她带回了一堆缠腰式长裙（纱笼）、凉鞋和围巾，向身边的熟人兜售。她也引入了一些特殊面料制作的服装，甚至还在上面设计了各种装饰。随后，她又将范围扩大到其他的各式服装。

　　刚开始，她与旅伴克里斯托弗·索瓦合作，做起了服装批发生意。1999年，科蒂斯和索瓦合伙在巴黎开了第一家安蒂克巴蒂克精品店，就此，安蒂克巴蒂克的波希米亚折中主义诞生了。现如今，安蒂克巴蒂克已发展成为全球著名品牌，并通过众多零售商销往各地，尽管如此，该品牌却始终保留着传统的手工制作工艺，继续与科蒂斯在世界各地培养的民间工作坊密切合作。她在印度、印度尼西亚和秘鲁雇用了数百名技艺娴熟的手工工人，制作出既有巴黎时装般精致时髦又有祖传遗物般典雅的服饰。

　　安蒂克巴蒂克系列服装细节精致、图案丰富、色彩绚丽，能够满足不同文化的需求，这些都让该品牌充满生命力，也拥有了一批令人羡慕的客户，如卡梅隆·迪亚兹、希拉里·达芙、爱娃·赫兹高娃、凡妮莎·帕拉迪丝与卡拉·布吕尼-萨科齐。

◀ 2010年奢华嬉皮风，厚缎低裆裤和带图案的薄纱上衣。

2009

宽腰带装饰的轻薄夏季面料。

凹纹腰带突显了这件开扣门式露肩连衣裙。这种循环的标点符号图案也用在了紧身衣、蝙蝠袖棉针织衫或是荷叶边印花雪纺无肩带裙上。高腰式育克土耳其式长衫和摩洛哥雪纺宽长袍的精美面料上有着很多羽毛形状的印花。

2010

从遥远的安第斯山脉到城市复古装饰，展示了全球范围内文化的交融。

科蒂斯与摄影师蒂埃里·勒古合作，让其在秘鲁拍摄制作了一组该品牌服饰的图片，以此来突显其产品的原创性，也进一步确定了其产品的手工制作工艺以及她长期以来对产品原料的支持。科蒂斯把这些照片卖给了巴黎一家画廊，用来资助秘鲁洪灾援救工作。奥拓普莱诺刺绣的形式和颜色在此系列中虽然影响不算太大，但已表现得很是明显。其他的款式引用自20世纪20年代那些闪闪发亮的串珠刺绣，或是索尼娅·德劳内的野兽派色彩。该系列最后部分很是豪华，带图案的蒙古羔羊披肩和黑色皮裤，都展示了女性风和摇滚风。

2009

运用了深色调，同时也保留了兼收并蓄的作坊式手工生产的感觉。

皮草边装饰的马甲背心演绎了自我放纵的风格，黑色羊绒毛衣、皮短裙和高跟凉鞋的搭配也进一步加强了这种风格。本次秋冬系列的细节设计带有方向性引导：深V荷叶边及膝套头毛衣的高领设计将人们的注意力吸引到头部；同样，黑色宽袖的库尔塔束腰外衣，也在平行条纹上装饰了可吸引注意力的小金属片。

安东尼奥·贝拉尔迪

Antonio Berardi, 1968—

品牌安东尼奥·贝拉尔迪结合了意大利和英国的传统和工艺，设计出了一系列有吸引力的产品。不少名人对该品牌青睐有加，陶醉于其混合传统的风格。品牌设计师安东尼奥·贝拉尔迪出生于英国，由于父母是意大利西西里岛人，在他设计的时装系列中很好地吸收了地中海风格的精髓。他曾在就读于中央圣马丁艺术与设计学院期间，成为约翰·加利亚诺的助理，跟随后者一起工作。1994年，安东尼奥·贝拉尔迪的毕业展吸引了众多英国高端时装店的买家。紧接着，在下一季度，他就正式推出了自己的第一个专业服装系列。

作为20世纪90年代类似亚历山大·麦昆和侯赛因·卡拉扬的反传统设计师之一，贝拉尔迪趋向于设计精心剪裁的颇具女人味的服装，而不是制造轰动效应。1999年，他从米兰搬到了伦敦，并在2000年被EXTE任命为首席设计师，开始制作与自己同名的服装系列。参加过几年米兰和巴黎时装秀之后，贝拉尔迪于2009年9月重返伦敦时装秀。

贝拉尔迪非常明智地选用了创新性的材料，在及膝沙漏款式服装的变化处理方面更是得心应手。同时，贝拉尔迪也是完全自主的国际设计师之一。

◀ 贝拉尔迪的2009年春夏时装秀中展示了轻薄透明的内搭定制内衣、和服袖款式的连衣裙。

1997

秋冬时装秀上展示了黑白"巫毒教"系列服装。

领口处下垂的血色羽毛为这套干练的定制礼服增加了邪恶的感觉。除此之外，本系列中的火红色皮革也为开叉至大腿的紧身连衣裙和紧身裤装增添了时尚感。透明雪纺晚礼服的腰间做了立体剪裁，还装饰有刺绣花朵和皇冠般的烛台。

2009

胸罩款式的红毯礼服。

大胆修身的紧身裙上，镶嵌有错视画派的黑色蕾丝，这套服装深受电影女演员格温妮丝·帕特洛的喜欢，也被《时尚芭莎》英国版的编辑露西·约曼斯选为"年度礼服"。除此之外，该系列将性感内衣风格和精心缝制工艺结合在一起，做出了精美出众的服装，例如紫红色半透明的光滑缎面礼服。

2005

借用了17世纪骑士的军装和历史细节，并在单色调的基础上做了大量剪裁。

收腰尖肩上衣，内搭双褶皱高立领衬衫，下身搭配马裤风带珠女士直筒裤——现代版的半正式晚礼服。本系列其他服装中，下降的肩缝一直延伸至带多层花边的袖子上，同时衣领上也装饰有多层垂饰，给人军装的感觉。轮状皱领延续了历史风格，褶边淡色印花连身裙让人想起诗人罗伯特·赫里克的"有一种美好的边幅不修"。长而窄的裤子搭配瘦版夹克，内搭衬衫的　侧衣领上缝有大号蝴蝶结，另一则有夸张的滚边襟贴，典型的20世纪70年代的花花公子风格。裙子上的设计经常使用四等分图案，还在左上角使用了不同的面料。

阿玛尼

Armani

　　乔治·阿玛尼（1934—　　）不追随潮流，坚持日复一日地发展自己的现代极简主义风格。20世纪80年代，这位意大利籍设计师挑战了传统的英式裁剪技术，从而彻底改变了男装。他除去了上衣里死板的里衬和贴边，扩宽并降低了肩线，给当时的男式正装带来了宽松随意的新感觉。他还重新定义了时尚女性的概念，运用非结构化的剪裁和柔和质地的面料，灰褐色、米色和海军色的色调，悬挂或包裹在身上。此外，他也采用自然褶皱的夏季亚麻布制成了阿玛尼轻薄运动夹克衫、宽松抽绳长裤和折裥短裙。

　　阿玛尼最先从事医药方面的工作，后转行进入时装界。他先是在米兰一家百货公司做男装买手。20世纪60年代进入切瑞蒂集团工作。1975年，阿玛尼建立了自己的品牌，如今已成为该企业唯一股东，身价大约70亿美元。旗下国际知名系列包括乔治·阿玛尼、安普里奥·阿玛尼、阿玛尼牛仔和阿玛尼休闲。经常出现在红地毯上的是阿玛尼高级定制服，是新晋高级时装。其面料精致奢华，纯手工精心制作，专为名人定制，如詹妮弗·洛佩兹、克里斯汀·斯科特·托马斯和约旦王后拉尼娅。阿玛尼的品牌还包括阿玛尼家具、家居用品、太阳镜和香水。最近他又涉足连锁酒店，其中一家在迪拜，另一家在米兰。

◀ 2020年阿玛尼高定系列，粉彩褶边和鹳羽毛带来了浪漫幻想。

2002 阿玛尼继续使用柔软而又奢华的面料和简洁的风格。

　　长裤前方的褶皱形成了宽布腰带的款式，宽松的裤腿垂至脚踝处，上身搭配合身的斜纹针织上衣，肩上披着柔软的皮革或绉纹呢制成的夹克外套。本系列服饰肩线线脚工整，剪裁细节精细，印花图案与服装纹理搭配完美，颜色主要为海军色和黑色、贝红色、冰蓝色和灰褐色。同样低调的黑白横纹或斜纹晚装装饰有小金属片。

1980 理查德·基尔在《美国舞男》（1980）中身着阿玛尼设计的服装。

　　《美国舞男》成功地展示了阿玛尼服饰柔软舒适的剪裁和低调的魅力，也为其男装赢得了全球性的赞誉。电影反映了那个时代丰富的物质和众多的选择，以及自恋的健身文化和身体崇拜与遏制不住的消费主义的结合。基尔漫不经心地摆弄着他那些阿玛尼服饰的那一刻，成为了该电影很有名的一个画面。窄领衬衫搭配印花图案的领带，是最完美不过的了。

2010 本系列阿玛尼高级定制服装的灵感来自月亮，缝制出如珍珠般光泽的礼服。

　　高级定制晚礼服腰间饰有不对称的褶边，淡蓝色。该系列颜色单一，银锦缎制成的泡泡袖无领夹克衫，很有未来主义前卫色彩，前方中央的滚边一直延伸至肩膀，有种科幻小说中枝叶的感觉。本系列上衣纽扣为大号月亮状。单肩女神式紧身衣由闪闪发亮的蚀刻绸缎制成。

阿施施

Ashish

阿施施与其20世纪70年代及80年代的前辈高田贤三、关西和克里琪亚一样，在服装设计上追求装饰性，其各式手工亮片已经垄断了21世纪的装扮市场。阿施施·古普塔（1973—   ）出生、成长于印度新德里。他在伦敦有一间工作室，在印度也拥有生产车间和工匠。2000年，从中央圣马丁艺术与设计学院获得硕士学位后，他便开始为私人客户和朋友制作他那标志性的绣花服装；第二年，他从伦敦买手店布朗斯百货那里接到了第一批零售订单；三年后，又在伦敦时装周期间推出了自己的首次时装秀。

一季又一季，古普塔的亮片主题也在不断地变化，但始终都带有丰富明亮的色彩。他的作品从微生物彩色图像和非洲面料，到耐克的对勾标志和迪士尼卡通人物，再到粗花呢和融入金属片图案的孟菲斯风格抽象画，阿施施始终都保持着对手工绘画的热情。到目前为止，阿施施已经获得了三次新生代设计师奖，并与英国高街零售商顶店合作过六次服装系列的设计。

在后期的时装秀中，古普塔增加了男装、牛仔元素及配饰，风格也日渐成熟，成为新兴高端品牌。他继续使用适量的亮片，以此来留住那些追求这种效果的的名流，例如麦当娜、玛丽娜·迪曼蒂斯、M.I.A、帕洛玛·菲丝、莎拉·杰西卡·帕克和多莉·艾莫丝。

◄ 2016年秋冬系列，有装饰缎带的长裤和上衣上带有其标志性的亮片。

2005

简单的服装上运用了色彩鲜艳的装饰和复杂的印花面料。

稀疏图案的灵感来自非洲及和服风格，给人混乱而又朴素的感觉，服装耐磨易穿，例如经典的风衣和一件式轻便装。此外，扎染面料的紧身衣上印有复杂的亮片印花，更是对含蓄的耐磨性的大挑战。金色鞋的搭配更是为本系列增添了生活乐趣。

2010

宽松的粗花呢外套，头戴套穿帽，还装饰有奢华的亮片刺绣。

该品牌本系列颇具代表性的图案刺绣品结合了男性化的花呢面料和密实的针织，也进行了跨文化探索。错视画派的板球毛衣针织衫，通过手工制作达到了闪亮的效果，与大十字针法、基里姆地毯主题以及巴尔杰洛怪物图案产生相反的效果。这表明，在整件衣服上布满亮片是没有必要也没有意义的，阿施服装单品一样可以达到想要的效果，而且不会像红毯那样鲜艳俗气。

2010

本系列超脱自然、兼收并蓄，代表作是这件开缝打结的贴身裙。

回顾20世纪80年代的"身体意识"绷带礼服，阿施施在本次春夏系列中增加了纱笼、短裤、半长裤和T恤换装。这些服装在阿施施手中，似乎变成了可作图的画布。火烈鸟巢和芙蓉花环，再加上轻松幽默的文字和霸气的广告口号，很容易吸引人家的注意。这些系列服饰引用了漫画和流行艺术，包括旅游地图、明信片和游客照片。为了防止视觉误会，阿施施还在包括自行车牛仔夹克在内的几件服饰中，加入了令人吃惊的锥形钉饰。

阿瑟丁·阿拉亚

Azzedine Alaïa

　　出生于突尼斯的设计师阿瑟丁·阿拉亚（1935—2017）曾被20世纪80年代的时尚媒体誉为"超紧身之王"，也正是因为他，弹力被引入了主流时尚。1985年，阿拉亚推出了自己的代表作——饰边礼服，这套服装紧贴身体，就好像"第二层肌肤"。他设计的服装看起来似乎是遵循身体曲线的，但其实有着自己的形状，而且服装表面没有一处是多余的或是有褶皱的。

　　阿瑟丁·阿拉亚曾在突尼斯美术学院学习雕塑，在20世纪50年代移居法国。他做过迪奥的短期学徒，也曾在姬龙雪时装屋待过两季，并在那里精通了剪裁技术。1980年，阿拉亚推出自己的第一个"身体意识"紧身衣系列，并一直私底下为个别客户制作，直到20世纪80年代中期。1987年，他推出了长袖低圆领礼服，上身为黑色不透明紧身衣，引起了长期的时尚风潮。湿滑后梳的头发、红色唇膏——这样的装扮非常性感，也展现了那个时代的魅力。

　　阿拉亚喜欢尝试不同的面料，例如，具有天鹅绒特性的纤维胶绳绒纱线生产出的面料不仅具有机织布的密度，还能保持柔软性。1994年，他在"Houpette"系列服饰中用到了一种极其塑形的弹性面料。1995年，他又在设计中采用了一种防电磁波的浸碳纤维抗压面料，这种面料穿在身上不能使人"放松"。

◀ 1991年秋冬高级时装，极具女性风的豹纹针织服饰。

1986

模特、女演员格蕾丝·琼斯身着阿拉亚的代表作饰边礼服。

莱卡弹力连衣裙采用十字形的卷边缝合，拉长了腿部线条，突显了胸部和臀部，也展示了健美的身材。1985年，阿拉亚被法国文化部誉为"年度最佳设计师"。1986年，他继续推出紧身的美人鱼礼服，该礼服采用人造针织制成，曲边缝中设计有螺旋拉链。

2007

突显腰部是本系列的重点，紧身胸衣腰带和褶裥面料展示了女性化的三角状廓型。

高腰裙搭配剪裁合宜的外套，展示出棱角分明的身材，A字百褶短裙面料为倒V形三角布，在腹部收紧，达到紧身胸衣的效果。外套背部也有同样的丰满效果，前方巧妙地采用公主线缝制。同款灰色西装只在细节上有所不同：裙腰和外袖接缝处有穗带装饰。其他的裙装则采用穿孔带垫布边的毡制羊毛制成，花边宽领，还有硬挺的荷叶边。除此之外，白色短裙也采用了泡泡皱边，上身搭配单面针织紧身衣或带褶皱的针织开襟衫，下身搭配短裙。

2003

春夏高级时装采用皮革和雪纺面料，并有流苏装饰。

链环装饰和无缝成型的皮革材质勾勒出身材曲线，褶裥和塔克薄纱裙更进一步突显了沙漏型身材。日装系列中，合身的黑色皮衣搭配带流苏的皮短裙；下摆装饰有不对称流苏的上衣更为整个羊毛瘦腿裤装增添了活力。鳄鱼皮印花无纽开襟短上衣，前方交叉系结，类似芭蕾舞开衫，搭配长及小腿中部的芭蕾舞裙。

巴黎世家

Balenciaga

　　1937年至1967年的30年间，克里斯托巴尔·巴伦西亚加（1895—1972）被尊称为"设计师中的设计师"。他的时装屋——巴黎世家，也是世界上最受尊敬的时装屋之一，拥有一批高雅忠诚的顾客，1968年，巴伦西亚加在大家毫无心理准备的情况下，将时装屋关闭，以至于很多顾客无法接受，有的甚至还跑去时装屋门口哀悼。最初，克里斯托巴尔·巴伦西亚加只是在西班牙圣塞瓦斯蒂安开设了一间小工作坊，1937年才在乔治五世大街上成立了自己的巴黎时装屋。"二战"后，巴伦西亚加发展起自己独特的个人风格，他在剪裁和缝制上进行了激进的尝试，并参考了一些艺术家的风格，如弗朗西斯科·戈雅，以及弗朗西斯科·德·苏巴朗。

　　简朴的建筑质感也影响了巴黎世家的戏剧化风格：衣领被裁剪，袖子缩短至七八分长，面料质地厚实，剪裁形成简单宁静的线条，接缝极小不明显。20世纪50年代，他放宽了女性服装的肩部线条，拿掉了腰线，设计出一种新的服装款式，即著名的"布袋裙"。

　　1972年，巴伦西亚加去世，自那以后，巴黎世家时装屋就一直处于停滞状态；1986年，雅克·博加特公司收购了该公司股权；1992年，约瑟夫·提米斯特接替米歇尔·戈马，成为该时装屋设计师；1997年，尼古拉·盖斯奇埃尔成为巴黎世家首席设计师；2001年，古驰集团收购了巴黎世家，同年，盖斯奇埃尔受摩托车启发，推出铆钉和流苏装饰的手提包，一经推出，立即成为最畅销的单品，并在当时掀起一股痴迷配饰的风潮。2012年，他的15年任期结束，由王大仁接任。三年后，德姆娜·格瓦萨利亚出任艺术总监。如今，该品牌归法国跨国公司开云集团所有。

◀ 2008年春夏时装秀，华丽锦缎制成的盔甲礼服。

1951

巴黎世家摒弃了沙漏型服饰，转向更为简洁的风格。

　　巴伦西亚加与勒萨热刺绣工坊合作，推出一款黑白竖条纹露肩礼服，礼服上还装饰有非常精致的掐丝刺绣。在不断发展与改进面料的过程中，巴伦西亚加又与瑞士亚伯拉罕纺织屋合作，发明了透明丝织物，并将这款面料广泛用于之后的服饰设计中。"二战"后，在巴伦西亚加的带领下，巴黎世家发展成为与迪奥和香奈儿享有同等声誉的国际著名奢侈品牌。

1938

巴黎世家在本系列中引用本国民族风。

　　腰间褶皱的连衣裙庄重严肃，外搭装饰有蝴蝶结的披风，类似斗牛士披肩。巴伦西亚加在他一生的时装生涯中，演绎了众多历史风格，例如，著名的公主长袍，其灵感采自巴洛克艺术家迭戈·委拉斯开兹为玛丽亚·玛格丽塔公主所画的一幅肖像画。

1959

巴伦西亚加的代表作——悬臂式礼服，该裙子前面被裁短，后面则拖至地面。

　　受西班牙弗拉门戈礼服的线条和运动潜力的启发，巴伦西亚加设计出这件颜色明亮的粉红色悬臂式鸡尾酒会礼服。裙子的上半部分裁剪贴身，下摆带大荷叶边装饰，内衬为粉色羽毛。悬臂式剪裁因其贴身合适而大获好评，穿上它能显瘦，也能突显身材。20世纪50年代，鸡尾酒会属于正式的娱乐活动，到20世纪50年代后期，晚上八点前不能露胳膊的规矩也被取缔，于是，很多无袖和露肩服饰应运而生。图片中这件绿色礼服为纪梵希设计。

1998 尼古拉·盖斯奇埃尔开创了最小化裁剪，将几何织物和皮革面料立体剪裁悬垂在身上。

本次时装秀主要采用了柔软的黑色皮革面料，强调剪裁，将脖子在内的整个上半身都围裹起来，一侧肩膀上还有褶饰。本系列的其他服饰中，露肩上衣和宽身束腰上衣运用了方形等基本的几何形状，窄肩带，面料为羊毛、绒面革和皮革。波浪形拖地长裙，没有明显的褶皱，却有一种僧侣修行的感觉，皮头巾的装饰更加突显了这一点。羊毛绉布大衣的拴扣设计隐蔽，细节巧妙，从腰间的宽腰带处平滑地垂至脚踝处。黑色套装端庄大方，上衣夹克敞开，露出一截窄裙。

1995 这款服饰由艺术总监约瑟夫·提米斯特设计。

出生于比利时的提米斯特，设计风格极具现代主义，这件拖地紫色绉纱长裙就是他的代表作品。裙子从肩线处开始褶皱，顺着身体垂顺下来，形成瀑布一样的绉边，腰间搭配一根腰带。

2011

风靡一时的摇滚风：荧光色蕾丝和黑色皮革。

秋冬系列的宽松未来主义甲壳型大衣，面料为经过裂纹处理的皮革，印有红黑相间的千鸟格纹图案，套袖，彼得潘领上带有铆钉装饰。本系列中，千鸟格纹也用在柔软的粗花呢上，或是整件闪光饰片连衣裙上。嵌料饰条装饰的上衣，或印花荧光色无袖花边衬衫，搭配不对称前开口的短裙或裤子。

2006

巴黎世家外套和夹克的特点：不贴颈衣领、八分袖、大号宽松。

方格粗花呢茧型衣的设计灵感来自20世纪50年代，蝙蝠袖和不贴颈衣领处的外缝线不仅能够突显脸部，也能拉长脖子，巴伦西亚加在其设计中很喜欢使用这种风格。圆顶帽和松糕鞋的搭配能起到拉长身高的效果。窗玻璃状方格上衣也采用了同样的风格，搭配箱形褶裥的迷你裙。本系列的其他服装中，塔夫绸开襟明细女式长服从肩膀上垂下来，外搭披肩；合身的无袖上衣，高腰处装饰有皮质蝴蝶结，搭配瘦版低腰裤；斜裁镶嵌装饰的方格礼服，或是简单的白色紧身裙，颈部搭配一条粉红色围巾。这些服饰都能使头重脚轻的轮廓变得长、瘦、窄。

2019

德姆娜·格瓦萨利亚采用可控式剪裁和极简化细节。

宽大的洛登毛呢绿色大衣采用暗门襟侧开扣设计，翻过来可形成小西装领。胳膊袖孔向前伸以强调圆肩线并形成管状袖子。红色、黄色和青绿色等亮色块点缀着这些黑色为主的服装系列，做成宽松的双排扣夹克和棉衣。

巴尔曼

Balmain

　　作为时装界最为昂贵的品牌之一，法国时装屋巴尔曼以其售价1000英镑的牛仔裤而被人们熟知。在克里斯托弗·狄卡宁极富创造力的领衔设计下，巴尔曼的品牌影响力不断上升，在顾客中大受欢迎，以至于由品牌名衍生出了新词汇"Balmania"。不仅如此，巴尔曼的经典代表作也总是能同时调动起顾客和时尚媒体的兴趣。

　　1945年，皮埃尔·亚历山大·克劳迪亚斯·巴尔曼（1914—1982）成立了巴尔曼时装屋，并与克里斯汀·迪奥、巴伦西亚加和纪梵希一起，成为战后法国高级时装业复兴的中坚力量。20世纪50年代，巴尔曼设计出简洁且优雅的服饰，尤其是为欧洲王室和好莱坞明星（例如艾娃·加德纳和凯瑟琳·赫本等）设计的衫裤连衣，以及垂褶晚装。巴尔曼去世后，他的助手、丹麦设计师埃里克·莫滕森接任，一直为该品牌效力，直到1990年丹麦设计师马克吉特·勃兰特接替他的职位。两年后，奥斯卡·德拉伦塔加入巴尔曼。2003年，就在新任设计师劳伦特·梅西耶上任不久，巴尔曼时装屋就陷入了财政危机，被迫申请破产。

　　2005年，巴尔曼在投资的刺激下重新复活，克里斯托弗·狄卡宁接替了帕科·拉巴纳，成为该品牌的设计师。巴尔曼董事、法国商人阿兰·伊夫林认为，巴尔曼在商业和市场上的成功完全归功于狄卡宁的创造性才能。2011年，法籍设计师奥利弗·鲁斯汀成为创意总监之后，巴尔曼的品牌更是跨入了一个新时代。

◀ 2009年，超短迷你连衣裙上镶嵌有黑色皮革，并装饰有施华洛世奇水晶。

1954

皮埃尔·巴尔曼决心为女性设计日装，于是，在用于隆重社交场合的奢华礼服之外，他又设计出裁剪低调的日装。

　　奢华的舞会礼袍，去骨紧身衣，下半身是层次分明的裙子，裙子正前方垂直装饰有一列黑色细窄缎带制成的蝴蝶结。这件礼服意味着巴尔曼也加入了20世纪50年代奢华的"新风貌"风格，当时的典型造型是肩膀向前拱起，形成类似于"发夹"的轮廓。而巴尔曼设计的华丽晚礼服显然是追随了当时修身的时尚风格：低领、长桶手套，再加上完美的妆容和重要的珠宝配饰，穿着它出席各种正式场合再合适不过了。那一时期，正是巴尔曼在高级定制时装行业蓬勃发展的黄金时期。到1956年，在著名的女董事吉内特·斯帕尼尔的支持下，巴尔曼已拥有600名员工和12个高级定制时装工作室。巴尔曼并不一味地追求创新，而是坚定地追随主流时尚，他设计的服装时髦、高雅且耐穿。

1961

巴尔曼的设计不仅展现了巴黎的魅力，也助其达到了事业最高峰。图为约翰·弗伦奇在特洛卡德罗广场，以埃菲尔铁塔为背景，拍摄的一张巴尔曼晚礼服照片。

　　该图片摄于法国的标志性建筑前，再现了20世纪50年代的沙漏型身材。这件带褶皱的晚礼服勾勒出胸部的心形轮廓，腰间系有黑色宽丝绒带。模特极具性感诱惑的姿势不仅符合当时更为开放的社会风气，也让身材曲线在礼服的包裹下更好地突显出来，头发凌乱蓬松，颈上用天鹅绒丝带代替了高级珠宝首饰。20世纪60年代，成衣市场和年轻时尚的发展，影响并使得高级定制时装系统得以重新调整。然而，巴尔曼却与当时使用突破传统、极具未来主义风格材料的温加罗和库雷热不同，他继续为保守的社会名流和欧洲王室提供奢华的面料和传统工艺。

1993 奥斯卡·德拉伦塔设计的秋冬高级时装。

作为第一位进入法国高级时装屋的美国设计师，德拉伦塔在当时垃圾摇滚风进入成衣风格的背景下，依然继续坚持该品牌简洁精致的传统品质，以满足老顾客的期待。多尼戈尔花呢套装，包括及至小腿的铅笔裙和带贴袋和宽翻领的双排纽外套。

2006 巴尔曼时装屋在克里斯托弗·狄卡宁的领衔下，发展到了一个新的高度。

白色塔夫绸连衣裙上覆盖质地完全不同的黑色蕾丝，从手肘部分开始，黑色蕾丝变成了灯笼袖。裁剪合宜的锦缎礼服、金属装饰的裤装搭配带肩饰的简单针织T恤，都体现了低调时尚的奢侈品风格。带黑色镂空花边的无纽短上衣强调了肩部线条，可搭配背心和窄裤。

2003 奥斯卡·德拉伦塔在其设计的春夏高级时装中，运用自己最擅长的褶裥饰边，让人联想到威尼斯狂欢节，以及戴着皮埃罗面膜和兜帽的性感女人。

硬质塔夫绸面料制成的连身服裁剪巧妙，V形领口形成了轮状皱领，衣袖很短，腰间配有蜜粉色绸缎扭结而成的腰带。颈部后方也有轮状透明皱饰，形成圆形领，与及至腰间的黑色丝绸上衣尺寸相宜，背部裸露。如果搭配前面不打褶皱的带侧紧固带的淡紫色长裤，以及扭结的紫色腰带，则更是完美。其他服装中，黑色无纽短上衣上饰有红色双皱褶，黑色裤子剪裁合身，前方中央的接缝更能勾勒出腿部曲线。粉红色绸缎制成的褶裥上衣，搭配米色窄裙。米色裤装上装饰有黑色斜皱饰，从背部到下腰形成倒U形。

2016 超有质感的花边和浮雕修身剪裁。

花边织成的修身连衣裙是奥利弗·鲁斯汀的修身剪影系列的代表作，还加入了镂空和透视元素。色调以棕色、绿色、棕黄色和中性色等为主，棕褐色绒面革制成前拉链束带的紧身胸衣，外搭圆角礼服和紧身长裤。其他服饰还有带茧型袖子的迷你连衣裙。

2009 世界上最为独特的摇滚女孩风。

漂白破洞的紧身牛仔裤搭配一件打褶T恤，外搭饰有施华洛世奇水晶的军用夹克。

2010 夸张的肩膀、军装细节和超酷的鞋。

本款礼服为超低V领，带有金属亮片装饰，裙子下摆开叉直到臀部，腰间用三扣皮带固定。

百索与布郎蔻

Basso & Brooke

　　作为第一个支持并充分利用了数字印染技术的品牌，百索与布郎蔻不断地为顾客带来万花筒般的图案和颜色组合。2005年，巴西籍设计师布鲁诺·百索（1978—　　）和英国籍设计师克里斯托弗·布郎蔻（1974—　　）在伦敦时装周上首次发布了他们的时装系列。百索先是在巴西做了三年的广告艺术总监，随后前往伦敦学习影视人类学，两周后，他在那里遇到了布郎蔻。布郎蔻本科在金士顿大学修读时装专业，毕业后在中央圣马丁艺术与设计学院继续攻读硕士学位。巴索是印染制作大师，而布郎蔻则负责设计这些印染材料。2004年，他们获得著名的伦敦时装边缘大奖。该奖项的设立是为了发掘和推广像他们这样有前途的新晋设计师。

　　多年来，百索与布郎蔻运用复杂的开创性技术发展了本品牌，比如在亮片上印花，以达到3D般闪亮的效果。他们也会在外观和设计都很简单的服装上，印有大量的拼贴图像，从而产生颜色多样的效果。2005年，百索与布郎蔻将数码印花技术创造性地运用于一件饰有施华洛世奇水晶的服装上，大获成功，这件衣服也被大都会艺术博物馆收藏。2009年5月，米歇尔·奥巴马在白宫非正式"诗歌、音乐和吟诵之夜"晚会上，身着百索与布郎蔻2009年春夏时装系列中的礼服。

◀ 2010年春夏系列，紧身连衣裙上饰有亚洲风的彩色数字拼接图案。

2005

高雅礼服上印有极具性感、极具颠覆性的图案。

本次百索与布郎蔻小型时装秀，设计轮廓鲜明，将20世纪80年代的服装风格重新阐释得更为前卫、时尚，该品牌也因此获得了时装边缘奖以及10万英镑的奖金。两位设计师在设计过程中分工合作，百索设计出重重叠叠、层次合理的图案并进行数码印花，布郎蔻则负责礼服和外套外观的设计。如今，数码印花仍然是两人的标志性工艺。

2010

杰夫·昆斯风格再度流行，条纹状便装礼服的翻领下方印有旋涡状花纹，内搭胸罩内衣。

布郎蔻的设计与及至大腿中部的高腰礼服类似（臀部上有一点点褶皱），他就像是在为自己的搭档准备一张大画布，以方便百索施展数码印花技术。这套服饰独具创新之处在于内搭胸罩内衣，使得整套服装层次分明。这些带有青灰色光泽的印染，标志着本品牌将在下个季度发展为"高度水光泽"。整套服装上的部分旋涡印花和生动形象的彩虹色裂缝，体现了百索印染图案高度的锋刃派写实主义，也赋予其作品生命力。他将印染局限在轻薄面料和众多"身体意识"的紧身风格中，进而影响和改变印染的饱和度。

2009

裁剪合宜的裤装，宽腰带装饰，整套服装上全部使用了数码印花技术，印有大量印花。

本次春夏"高科技浪漫主义"时装系列，灵感来自日本传统服饰的风格和图案。通过主要的配饰，展示了日本艺伎文化。也引用了高跟木屐凉鞋、宽腰带和传统发饰，并在上面进行更多的印花。本次混合主题运用了深红色、青绿色、紫色和黄色色调下的硬边花朵图案、江户时代画家葛饰北斋的风格以及日本漫画中的暗色调。

BCBG麦克斯阿兹利亚

BCBG Maxazria

　　颜色鲜艳带褶饰的鸡尾酒会礼服、迷嬉装和日装是BCBG品牌的主要作品，也是红毯女星们的最爱。该品牌的名字取自巴黎俚语"Bon Chic, Bon Genre"，意为"好风格、好姿态"。1989年，巴黎设计师麦克斯·阿兹利亚（1949—　　）创立了BCBG麦克斯阿兹利亚品牌，从此，他以加州为中心，建立起涵盖众多服装、配饰和香水的时尚帝国，并快速发展起来。1996年纽约时装秀的成功，进一步巩固了阿兹利亚的平价时装设计师地位。2004年，他首次推出了麦克斯阿兹利亚系列，优雅的晚礼服上，垂褶和褶裥的装饰很好地展示了好莱坞魅力。2006年纽约时装秀，阿兹利亚与妻子卢博夫合作设计并推出了第一个成衣系列。

　　同时，阿兹利亚也是BCBG麦克斯阿兹利亚集团的董事长兼首席执行官，并于1998年收购了以绷带礼服著名的法国时装屋荷芙·妮格。2008年，他重新推出该品牌，并在第33届达拉斯年度时尚颁奖典礼上获得"杰出时尚大奖"。同年，他又推出了现代年轻副线品牌"BCBGeneration"。阿兹利亚在其设计生涯中，还获得了其他很多奖项，例如"加利福尼亚年度设计师"（1995）、"亚特兰大年度设计师"（1996）、"时尚表现奖"（1997）、"好莱坞生活突破奖"（2004），以及洛杉矶时尚大典颁发的"富国银行世纪时尚成就奖"（2007）。

◀ 2009年春夏系列，本系列的聚焦点是立体裁剪以及鲜艳颜色的大胆使用。

2000 秋冬成衣系列剪裁完美，主要材质为柔和清淡的花呢、棕褐色皮革、毛皮以及金属装饰的蛇皮。

定制外套的金属螺纹花呢材质增添了现代都市魅力，贴袋和领带也有明线细节。金色皮靴和金银锦缎制成的裤装更为本系列注入了更多闪亮的魅力。及膝晚礼服和剪裁外套由拼缝面料制成，带有装饰间线。外套为粉色格纹或是苹果绿粗花呢制成，搭配爬行动物皮制成的金属装饰的裙子。褐色皮革面料制成了裤子、斜裁回曲状卷边的无袖连衣裙或是及小腿中的短裙。晚装系列包括粉色的雪纺连衣裙，外搭奢华的白色蒙古羊毛全长大衣，或是饰满水钻刺绣的透明裸色雪纺上衣。

2011 本系列时装秀与主流时尚风格迥异。

舒适的泡泡褶裙子由裸色真丝缎制成，上衣是飘逸的雪纺，搭配有薄纱巾，细节精致、低调含蓄，展示出轻柔婉转的魅力。在其他的服装中，轻薄的斜领宽松上衣，内搭粉红色及踝缎纹吊带裙或是开叉撩人的白色泳衣，还有梯形乔其纱礼服。

2006 BCBG 麦克斯阿兹利亚在本次春夏系列中，采用了柔和淡雅的颜色，如淡紫色、浅灰褐、绿色。

淡绿色及踝晚礼服，系带绕颈，胸部的褶饰丝绸做成了花环款式。除此之外，印有抽象叶子图案的娃娃装上衣，散发出青春的气息，搭配臀部系有蝴蝶结的褶皱短裤，或是半定制的夹克外套。乔其纱面料制成的服装上，装饰有竖条褶皱，并搭配宝石腰带。宽松的露肩礼服颜色柔和，印有水平宽条纹。

贝拉·弗洛伊德

Bella Freud

　　2003年，凯特·莫斯身着印有"Ginsberg is God"（金斯伯格是神）字样的黑色羊绒套衫，这件衣服从此一炮而红，成为时尚必备单品。2007年，英国设计师贝拉·弗洛伊德（1961—　　　　）再次推出这款设计。这位设计师在其1990年引进的针织系列中，保留了前品牌所有的特质和风格。弗洛伊德出生于欧洲著名的大家族，她的曾祖父西格蒙德·弗洛伊德是著名的心理学大师，父亲则是著名画家卢西安·弗洛伊德，正是他，帮助女儿设计出了自己的品牌标志。1977年，弗洛伊德16岁时来到维维安·韦斯特伍德的"世界末日"（后来改名"煽动者"）商店工作。从此，她开始了与英国前卫时尚的不解之缘。

　　后来，弗洛伊德前往罗马服装设计学院攻读时装专业，随后又在马里奥蒂研究所学习缝制。1980年到1983年，她回到英国，继续在维维安·韦斯特伍德手下学习，随后推出了自己的同名针织定制系列，该系列裁剪经典而又新奇，引用了校服和军装的风格。1991年10月，她首次在伦敦设计师展览上推出自己的设计作品，大获成功和肯定。同月，她在英国时尚大奖颁奖礼上被提名为"年度最具创新青年时装设计师"。2000年，在该公司投标重新定位为现代品牌之际，弗洛伊德成为了耶格公司的时装设计师。她设计的针织装继承了混合朋克风及香奈儿等巴黎时装的风格。2010年，弗洛伊德与苏西·比克合作设计了针织服装和毛衣精华系列。她在伦敦奇尔特街开设的第一家独立精品店，使得她的作品广受追捧。

◀ 1996年，带斗篷裙腰的格子花呢宽身束腰上衣，很好地展现了棱角形状，下身搭配箍边长裤。

1997

弗洛伊德举办了一场新奇怪异但也符合当时文化和传统的服装盛会。

该系列针织服将一些特别服饰的元素随机拼接在一起，轻松幽默又独特怪异，装饰有黑白两色的绒球、小花边，下摆处装饰有蝴蝶结。除此之外，本系列还有白色水手服和西班牙骑车服。盖有英国国旗的独眼狗出现在嵌花针织衫上，还有骷髅头和十字骨图案。另外还有传统的织锦缎旗袍、网眼针织贴身连衣裤，仿貂皮镶边的贵气斗篷，以及印花裤子。

2011

"英国男孩"春季针织系列采用了大卫·鲍伊的风格。

继2003年完美简单的"金斯伯格"套衫大获成功之后，这件印有"Star Man"（外星人）字样的长版针织套衫又一次赢得了大众的肯定，下身搭配20世纪70年代风格的条纹袜。他设计的五件式系列服装中，最主要的是简单针织衫，上面印的基本图案，例如波普艺术化的闪电、戏谑文字及令人困惑的劝告，都展现了20世纪70年代的风格。这些图案也会出现在传统的黑色圆领毛衣或扣开襟羊毛衫上。

2007

在弗洛伊德重新推出的服装系列中，采用了已停业的品牌——彼芭的图案。

星星图案的热裤、亮片装饰的高腰背心、绿色天鹅绒的报童帽子，再搭配印有彼芭（芭芭拉·胡兰妮奇的上一个品牌）品牌标志的T恤衫。本次时装秀主打复古风，例如带褶饰的紧身胸衣、带有彼芭滚边圈状栓扣的褶皱缎面外套，以及同样的横条纹T恤式连衣裙。及至小腿中部的喇叭裙为20世纪70年代中期的风格，印花连衣裙也颇具复古魅力。此系列的很多服饰上都装饰有雏菊印花：白色雏菊印花出现在衬衫式A字连衣裙上，黑色雏菊印花则出现在及踝无袖连衣裙上。

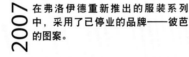

保拉·阿克苏

Bora Aksu

  土耳其籍设计师保拉·阿克苏（1969— ）主要运用复杂精细的混合面料，以及传统纺织工艺技术制成的手工装饰。阿克苏在中央圣马丁艺术与设计学院完成了自己的学士和硕士学位，并在2002年的硕士生毕业大秀上崭露头角，赢得了顶店颁发的"新生代设计师奖"，这为他在2003年推出同名品牌奠定了良好的基础。之后，他又与别的公司和品牌开展过几次令人瞩目的合作，例如匡威、现代舞团凯茜马斯顿项目，以及曾为电影《特洛伊》《亚历山大》《亚瑟王》制作道具的工匠盔甲公司。舞蹈服对阿克苏来说是一个重大的挑战，因为这些服装不仅要求实用，还要能够增强舞蹈表演的效果。

  阿克苏的2005年春夏系列"生命之水"系列，借用了20世纪70年代的魅力风格，并得到歌手多莉·艾莫丝的喜爱，她将整个系列都买了下来，作为自己"养蜂人"世界巡回演唱会的舞蹈服。阿克苏的审美观建立在工艺的基础之上，这使得他成为了法国慈善环保服装品牌"People Tree"合作的不二人选。合作中，他设计出小型时装系列，以此来提高人们对公平贸易研讨会的认识。"People Tree"由萨菲亚·明尼创立，他重视培训发展中国家的生产商，利用本地传统工艺，生产出具有商业价值的服装。更重要的是，该品牌采用有机面料和染料，尽量减少对环境的影响。

  保拉·阿克苏遍布全球15个国家，众多明星如弗洛伦斯·韦尔奇、皮克茜·洛特、帕洛玛·菲丝和蕾哈娜都是它的追随者。

◀ 2020年春夏系列，由淡紫色真丝雪纺制成的迷你蓬裙和飘逸的披肩。

2005

果冻色雪纺上衣和侧面打结的头巾再次采用了20世纪70年代的风格。

多莉·艾莫丝身着侧拉链高腰热裤，上身搭配钩针纹上衣和嬉皮式头巾。手工单肩包，外层桃红色，内衬为薄荷绿，也可搭配针织短裤和厚绉纱面料的橙色垂褶上衣。飘逸不对称的橙色和柠檬色雪纺应用于高腰连衣裙上，其中一件为短喇叭袖和钥匙孔开扣，另一件的灵感则来自20世纪70年代美国设计师候司顿的立体裁剪——阔腿裤在高腰处剪裁。

2004

伦敦时装秀上的中性色作品。

中性色调的雪纺和针织混纺，身上搭配缠绕的皮革带子。本系列以深浅不一的米色和棕色为代表，并带有绿色色调的层次感。其他作品中，醒目的绿色连衣裙层叠在中性化内衣上，配以战士式的胸带和深棕色靴子。钩编上衣和连衣裙为层叠的单色服装增加了有趣的图案。

2008

秋冬系列中，宽松连衣裙系列细节精致复杂：褶裥饰边、瀑布般的褶边、蕾丝、荷叶边。

斗篷外套袖口宽松飘逸，领口和颈部有织纹状饰面的漆皮，套在层次丰富的短裙和镶有黑色珠宝的紧身衣外面，散发出哥特式魅力。整个系列，从服装的领口处到下摆，都装饰有瀑布般的雪纺饰边，也为轻如空气的雪纺连衣裙增加了分量。黑色小礼服上的环状饰边形成波浪状的短裙。颜色除黑色之外，还有彼芭风格的其他颜色：暗紫红色、灰粉红色、姜黄色和卡其色。真丝护胸和带子搭配在一起，形成了轻柔飘逸的轮廓，颈部和臀部盘绕着圆形软穗带，也系着一排纽扣垂饰。

宝缇嘉

Bottega Veneta

　　奢侈品品牌宝缇嘉（意大利文"威尼斯工作坊"的意思）现今在创意总监托马斯·迈尔的带领下，以其低调的优雅和精湛的技艺享誉世界。1966年，米歇尔·塔代伊和伦佐·曾吉亚罗在意大利东北部威尼托区创建了该品牌。为了回应当时用户对名牌标识的过度迷恋，宝缇嘉以"你的姓氏足以说明身份"为口号，表明该品牌不需要浮夸装饰，足以表明穿者的外在身份。宝缇嘉手袋，用一种名叫"好奇"（Intrecciato）的独特皮革条手工编织而成，上面没有可识别的标识花样，堪称"看不见的奢侈"代表作。

　　如同许多经典老牌都会遭遇的困境，时过境迁，宝缇嘉的声势日渐下滑。到20世纪90年代，它不得不放弃以往低调的风格，试图追随当时的潮流审美风格，却未获成功。为拯救该品牌，1998年，英国设计师贾尔斯·迪肯和时尚造型师凯蒂·格兰德加入该品牌，再次树立起更为独特的时尚风格。2001年，该公司被古驰集团收购后，汤姆·福特让迪肯与自己共同设计古驰女装，而启用托马斯·迈尔担任宝缇嘉创意总监。迈尔有着在索尼亚·里基尔和爱马仕工作的经历，他将宝缇嘉原来的风格又带了回来。2005年，宝缇嘉推出了第一场女装成衣秀。2006年，又推出了男装成衣秀。该品牌产品还涵盖高级珠宝、眼镜、香水、配饰、箱包和家具。2018年，毕业于英国中央圣马丁艺术与设计学院并担任过思琳成衣总监的丹尼尔·李，接替了已任职17年的创意总监托马斯·迈尔。

◀ 2019年秋冬系列，丹尼尔·李为宝缇嘉设计的激光剪裁皮革和合身针织连衣裙。

2000

贾尔斯·迪肯运用了"好奇"编织工艺。

迪肯的这套两件式套装，采用了该品牌通常用于手袋的独特编制技术，略具颠覆性，但也具有高度的时尚美感。合身的窄翻领单粒扣外套，搭配罗纹针织铅笔裙。宽边软帽和没指尖手套更为本系列增加了现代感。

2011

托马斯·迈尔用黑色、浅灰褐色及淡褐色做成低调优雅的服饰。

双色礼服，搭配缎纹贴袋，丝滑的绸缎从高腰线上如瀑布般垂到地面。春夏系列的日装包括黑色的梯形宽松式及膝礼服，搭配宽松版的真丝裤装。裁剪至膝盖的连衣裤，带有流苏毛边、臀部接缝处也装饰有宽松的横袋，展示了前卫时尚的魅力。

2005

托马斯·迈尔设计的本次男女秋冬系列，由色调丰富的丝绒制成，并装饰有平粗花呢、皮革和红色狐狸皮。

橘红色夹克衫，搭配阔腿裤，脚踝处打褶收紧——本系列的动感元素也出现在了双排扣公主线外套、剪裁合宜的黑色风衣、米色或豆绿色的皮革连衣裙、流线型的平纹针织连衣裙，或是豆绿色和橘色的围裹式上衣上。本系列的"Cabat"编织手袋，形状如同一个方方正正的篮子，由超软的羊皮纯手工穿梭编织而成，包的内袋有一个带编号的饰板，没有品牌标识。这款手袋的广告宣传异常低调，但仍然是该品牌的标志性单品。该手袋产于意大利维罗纳市，皮革的柔韧性经过了严格的测试。其编织工艺仍然是商业秘密，只知道使用了传统工艺：皮革裁剪师先将刀具在石棒上磨得锋利，然后再将皮革裁剪出手袋的形状。

博柏利

Burberry

　　作为博柏利2001年至2008年的创意总监，英国设计师克里斯托弗·贝利（1971—　　）将该品牌从英国最古老的服装制造商之一，发展为最著名的国际时尚品牌之一。进入21世纪，贝利已经达到了令很多英国品牌垂涎不已的成就。这个传统品牌的复兴，不仅保留了典型的英国风，更代表了现代时尚。

　　这位在约克郡出生的设计师，1994年从伦敦皇家艺术学院毕业后，先后跟随唐娜·卡兰和古驰的汤姆·福特工作，直到后来被当时的行政总裁罗斯·玛丽·布拉沃看中，担任博柏利的创意总监。贝利负责该公司的整体形象，包括所有广告宣传、公司艺术指导、店面设计和视觉效果，以及博柏利所有时装秀和产品线。作为创意总监，他每年负责监督设计约60款不同的男装和女装服饰系列，包括珀松（Prorsum）系列、布里特（Brit）系列、伦敦系列和运动系列，还包括童装、牛仔、内衣、香水、化妆品、家居用品，以及所有的配件（包、鞋、眼镜和饰品）。另外，他还负责精品店的设计，其中有119家零售店、253家特许经销商、47家奥特莱斯品牌折扣店及全球81家专营店。

　　2004年，贝利获得伦敦皇家艺术学院荣誉奖学金。2009年，他被英国时尚大奖授予"年度设计师"荣誉，同时也被列入英女皇寿辰授勋名单，获得了员佐勋章，以表彰他对英国时尚界所做的贡献。2018年，纪梵希的里卡多·提西接替了贝利的位置，他在专注于常见的博柏利风格的同时（包括风衣），还引入了新主题，以增强其品牌愿景。

◀ 2010年，风衣再次出现，长度缩短至大腿中部，肩部用褶饰代替了肩章。

1970

高端杂志上的一系列广告宣传，标志着博柏利再次复兴，深受更为年轻时尚的顾客青睐。

1924年，被称为干草格纹或博柏利经典格纹的黑色、浅驼色和红色图案，最初被用作风衣的里衬。里衬的主要功能是用来确保外面的华达呢面料为博柏利专利。直到1967年，博柏利格纹，也就是如今的注册商标，才被广泛独立应用于大衣之外的配饰，如雨伞、围巾、箱包等。这件经典风衣在市场上售价很高，也在很多高端时尚杂志上刊登广告，如《女王》杂志，很多名人在上面为其宣传。接下来的几十年里，博柏利重新设计过好几次格纹图案，以便区分市场中那些盗用其格纹图案作为商标的品牌，尤其在品牌意识加强的20世纪90年代。

1930

自成立以来，风衣搭配合适的帽子，成为了人们衣橱中必不可少的服饰，"博柏利"也成为了雨衣的代名词。

该品牌的创建者托马斯·博柏利（1835—1926）曾给面料商做过学徒。1856年，他在汉普夏郡的贝辛斯托克开办了自己的布店，出售户外服装，博柏利品牌也就此建立了起来。1880年，博柏利发明了一种结实耐用、防水又透气面料——华达呢，并于1888年申请了专利。1914年，英国战争办公室委以其重任，为军官制造外衣，以适应当时的战争条件，于是，风衣就此诞生了。这款经典的时尚风衣在款式上仍然有着军装的细节特点，包括肩章（用来固定折叠帽）、袖子上带有防止水流进胳膊的带子，以及可放置大量东西的口袋。双排扣可以保暖，也可以为身上的主要部位增加一层面料，用来防水。风衣还带有绗缝里衬，可在气温升高时随时拆卸。

2003 克里斯托弗·贝利第一次推出珀松女装系列，包括嵌花图案的针织衫，搭配平纹针织窄裤，以及印花打底裤、撞色大衣。

　　特定的针织形状、嵌花图案、硬币大小的圆点图案、长高领——这款经典的单色V领毛衣是本系列的基础单品，另外还有其他耐穿的单品，比如褶皱打结的雪纺，表明了设计师下一步的设计方向。除了平纹针织窄裤和膝上直筒裙，这款前方带大贴袋的翠绿缎裙也参考了经典的风衣风格。整个系列都采用了绿色色系，无论是淡绿色雪纺，还是柔和的卡其色针织衫。明黄色大衣套在品蓝色或紫色的雪纺连身裙外面，形成颜色上的对比，也为整体的暗色系增加了光彩。

2006 金属亮片是本次绸缎装饰的主题，闪闪发光的亮片和铜片被运用在高腰线礼服和大扣子大衣上。

　　为了表达对20世纪60年代初时尚风格的敬意，本次时装系列采用了裁剪裙摆，青春活力的娃娃装，胸部下面还绑有丝带蝴蝶结。裹身裙和外套上有超大软盘领。未来主义色彩的罗锦缎、丝硬缎和金线锦缎，被制成了郁金香型超短裙，有的还带有翻边袖。双排扣衬衫式连衣裙，肩膀上带有防风雨前片门襟。为了看起来更显柔和，针织蕾丝上衣搭配了性感短裙和瘦版的亮片开襟衫，颜色都为棕色和黄色色调，例如杏色、黄灰色、焦糖色、米色。其他双排或单排扣男装或经典米色风衣也用到了这些颜色。

2010

裁剪大气的飞行员夹克，内搭褶皱雪纺，形成对比。

本系列将硬朗和柔情很好地结合在了一起：精致的蕾丝礼服上饰有耐用的拉链；飞行员夹克上的柔软羊皮也做了些许变化，有的长度及膝，有皮带和带扣；带有金色纽扣的军事战斗服夹克，搭配勾勒出身材曲线的褶皱真丝雪纺。贝利的代表作多用柔和的绿色和棕色色系，而天鹅绒、皮草、雪纺和缎面等质感面料的运用，使其更添活力。

2020

博柏利融入了里卡多·提西的标志性美学。

风衣正面裁开，露出带拉链及垫料的紧身胸衣，搭配改良的印花迷你半身裙。本系列色调及剪裁以单色变化为主，短裙套装主打灰色和卡其黄色。

麦洛尼·博克尔
By Malene Birger

作为为数不多的丹麦品牌之一，麦洛尼·博克尔已发展成为全球知名品牌，其作品极具女人味，涵盖各种细节精致的礼服以及装饰巧妙的单品。该品牌背后的推动力量，正是设计师麦洛尼·博克尔，她于1989年毕业于哥本哈根的丹麦设计学院，先是在服装公司卡里·格瑞为杰克波特（Jackpot）品牌做设计，随后在1992年至1997年，出任瑞典公司马可波罗女装首席设计师。回到丹麦后，博克尔成立了自己的第一家公司博克尔与米克尔森（Day Birger et Mikkelsen），之后她离开了该公司，成为各大时尚品牌的自由设计师。

2003年，由丹麦时装公司IC投资，麦洛尼·博克尔在哥本哈根成立了自己的品牌，并持有49%的股份。2006年，她在哥本哈根的中心地段开了一家旗舰店。另外，在位于哥本哈根城市主要商业区的依路姆百货商场里，她也有着自己的时装店。博克尔获得过很多奖项，如2004年由《扫描》杂志颁发的"斯堪的纳维亚设计大奖"，以及2008年挪威《时装》杂志授予的"年度最佳品牌"称号。

作为丹麦联合国儿童基金会的大使，博克尔每年都会设计T恤和购物网袋，并将所获利润捐献给联合国儿童基金会。麦洛尼·博克尔品牌在全球超过950家商店销售，在迪拜和科威特市也有特许专卖店。

◀ 2010年春夏系列，水平或是斜列的黑白宽条纹。

2005 春夏系列中，宽松随意的单品巩固了该品牌的发展。

束带领牛仔骑士夹克，搭配印花棉布短裤，典型的20世纪50年代风格。该系列还包括长至大腿处的浅绿色镂空长衫，戴有彩色串珠装饰，内搭橘红色条纹雪纺衬衫，腰部周围有花边装饰，碎褶袖。柠檬色雪纺裙，上半身为紧身胸衣款式，高腰，衣领处缀满珠宝，延伸至肩膀。

2011 哥本哈根时装秀：中性色的奢华运动装。

宽松的长裤，腰间打褶并系有大蝴蝶结，搭配绉缎制成的垂褶领宽松上衣。本系列还包括狩猎夹克、带绒球的亚麻长衫、铅笔裙和轻便工作服，而布雷顿条纹T恤、上宽下窄的长裤和垂褶连衣裙的加入，也带来了运动色彩。亮片装饰也为T恤和背心增添了几许魅力。

2008 人造豹纹皮草制成的定制大衣和夹克上饰有其品牌颇具代表性的金属装饰，与裹身裙装和铅笔裙形成对比。

腰间的三扣方形腰带为这款豹纹连帽斗篷增加了硬朗的色彩。豹纹应用在裹身裙上，可外搭男友式羊毛开衫和过膝靴；也可应用于简单的带皮扣的单排扣及膝大衣上。长流苏针织围巾、包和铅笔裙使用了翠绿色、紫色和苦柠檬色等明亮的色彩，搭配原本暗淡的色彩，更显突出。不透明的裤袜、过膝袜和过肘手套都采用灰色或黑色。宽肩窄下摆的郁金香型上衣，搭配金属线装饰的针织套裤。黑色缎面晚礼服也使用了金属线装饰，还戴有方形珠宝饰品。运动粉的露肩舞会礼服腰部带有褶皱。

卡尔文·克莱恩

Calvin Klein

  该品牌以其极简风格闻名世界，主要颜色为白色、灰色、米色、海军色和黑色，内敛而又低调。然而，矛盾的是，正是该品牌设计师卡尔文·克莱恩（1942—　　），在其系列产品中推出了性感主义，如牛仔裤、内衣、香水等。

  克莱恩于20世纪60年代初就读于著名的美国纽约时装学院，并于1968年推出了自己的同名品牌，最初主推大衣。到1971年嬉皮时代末期，考虑到新兴职业女性们的真正需要，克莱恩转向并设计出方便人们更换的服饰，例如奢华面料制成的裤子、褶皱裙和丝绸衬衫。

  1980年，作为第一个推出原创牛仔装系列的品牌，CK邀请年轻女演员波姬·小丝为代言人，她在电视广告上说："想知道我在我的克莱恩牛仔裤里穿着什么吗？什么都没有！"这些极具挑逗性的话语，立即刺激销量提升，远远领先于其竞争对手。随后在1982年，布鲁斯·韦伯塑造了只穿着CK内裤的形象，表现出20世纪80年代对健美身材的追求。在这十年间，克莱恩避开了当时的时尚着装，转而推出了简单大方却又不失精致完美的服装系列，包括他的代表作——无袖吊带裙，以及简单的黑色平纹针织上衣。

  2002年，CK将经营权正式出售给菲力士集团。该品牌奢华性感、极简主义的设计重任则交至极具创造力的女装设计总监弗朗西斯科·科斯塔。自2016年到2018年，比利时设计师拉夫·西蒙担任该品牌创意总监，并于2017年和2018年获得美国时装设计师协会颁发的女装奖，2017年还获得男装奖。

◀ 2018年秋冬系列，拉夫·西蒙从色彩柔和的方格布料中裁剪出"草原大长裙"。

1999

中性色的简单剪裁，成为都市职业女性钟爱的奢侈品。

两件式裤装搭配简单的白T恤，为职业女性带来了典型的都市风，柔和的剪裁与那个年代的强势肩线形成鲜明的对比。CK继承了低调美国风先驱——克莱尔·麦卡德尔和候司顿等人的传统，追求都市精英们钟爱的美国式简洁风。针对大众市场的内衣、香水和运动服饰为品牌带来良好的经济效益。

1980

波姬·小丝身着刻有CK字母标志的蓝色设计师牛仔布，该平面广告由理查德·埃夫登拍摄。

这些牛仔裤的典型标志为带铜铆钉的环缝后口袋和拉链。蓝色牛仔裤最初是法国尼姆市的工作服（尼姆市在法语中是Nimes，牛仔裤"Denim"就是由De Nimes演变而来），由耐磨的靛蓝染色棉制成，李维·斯特劳斯生产制作，再加上铆钉装饰，更为耐穿。作为首个"设计师牛仔裤"，CK深受反传统人物加詹姆斯·迪恩等的喜爱，也符合20世纪60年代的嬉皮文化，于是，到70年代末，CK已发展成为高级时装。设计师牛仔裤专为女性身材设计，而在这之前，都是采用通用裁剪和制造。如今，牛仔裤款式设计多样，带有各种标志，并采用不同的水洗工艺，成为了时装的主要产品之一。

2008

弗朗西斯科·科斯塔极具代表的极简柔和剪裁。

整个系列几乎都是长及脚踝的连衣裙或半裙，丝绸制成的连衣裙斜裁露肩，腰间缝有简单的腰线或系有腰带，展现了纤长苗条的身材。除此之外，斜肩夹克完全没有任何造型线或装饰，搭配高腰窄裤和柔软的白色衬衫。珍珠灰真丝衬衫塞进阔腿裤。

卡罗琳娜·埃莱拉
Carolina Herrera

　　卡罗琳娜·埃莱拉独特的品牌风格，使其一直荣登美国最佳女性穿着排行榜。设计师卡罗琳娜·埃莱拉于1939年出生在委内瑞拉，全名是玛丽亚·卡罗琳·约瑟芬娜·帕卡宁思·尼诺（Maria Carolina Josefina Pacaninsy Nino）。13岁时，在贝棱希阿戈，她和崇尚时尚的祖母一起出席了人生中第一次时装秀——巴黎世家时装秀。作为20世纪70年代的纽约社交名媛，她晚上总爱和朋友比安卡·贾格尔和安迪·沃霍尔一起，待在Studio 54俱乐部。1980年，在朋友兼时尚编辑戴安娜·弗里兰的鼓励下，她成立了卡罗琳娜·埃莱拉公司，制作出面料豪华的优雅服饰，展现低调的都市现代魅力。

　　1984年，该品牌第一家时装旗舰店在纽约麦迪逊大道开业。1987年，埃莱拉又推出了新娘装系列。2000年，她在麦迪逊大道开设了自己的旗舰店，随后又在美国推出了价位更能被接受的服装系列，并于2002年推出了CH系列，该系列涵盖了香水、男装、手袋和鞋子。1988年，卡罗琳娜·埃莱拉香水问世，随后又于1991年推出了卡罗琳娜·埃莱拉男装系列。2008年，她在英国推出了CH服装系列，该系列作品扩大到男式成衣、童装及家居饰品。该公司归普伊格所有。埃莱拉曾经荣获纽约国际中心颁发的卓越设计奖，和西班牙艺术功绩勋章。1997年，她还获得西班牙索菲亚女王学院颁发的金质奖章。

◀ 2010年，耐用硬质提花面料制成的单肩裹身长裙。

1988

尖肩套服成为20世纪80年代权力套装的代表服饰。

中性色粗花呢阔腿裤，搭配长款夹克。本系列其他服饰风格也都干净整洁，例如棕色帽子、麂皮高跟鞋和手套。外套立领上方的白色耳环闪闪发光，再搭配一个随意的同色系条纹皮毛包。

2010

茧型大衣、灰鼠毛皮和飘逸的雪纺衫展示了优雅的魅力。

面料上覆盖有层层叠叠、柔软的鳍状灰色透明硬纱，礼服的折边和下摆处点缀着鱼尾状串珠。日装包括阔腿裤、束带夹衣，外面再搭配低调的狐毛领大衣。无袖连衣裙的设计细节有：对角缝或活力四射的印花图案。

2005

秋冬系列，精致优雅的礼服剪裁端庄，由柔软的花呢制成。日装和宝石色绸缎晚装上都用到了皮草装饰。

奢华的横条纹灰鼠毛皮，下身搭配带金线的花呢短裙，前后都有暗褶，整套服饰为"有钱的时髦妇人（不必担心生活，只和圈内人午餐）"穿着的高端时装。这款短裙也可用柔和色的平纹粗花呢制成，搭配端庄合身的外套。衬衫裙、阔腿裤，搭配印花雪纺衫，或是严实的上衣，适合会议装扮。晚装可长可短；无袖及膝礼服有的带有荷叶边，有的下摆褶皱，还带有精致时尚的印花。长及脚踝的栗棕色钟形裙由丝塔夫绸缎制成，上身搭配带滚边的白色衬衫，颇具埃莱拉风格。而这款拖地围领紫色缎面长袍也很受红毯明星喜欢，短裙的宽松位拉至臀部。

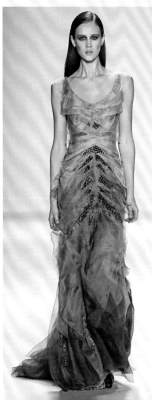

思琳

Céline

　　2008年，英国设计师菲比·菲洛出任法国时装品牌思琳的创意总监后，一改该品牌多年不确定的时装风格，成功地将其重塑为最具影响力的时装公司之一。

　　1945年，女设计师思琳·薇琵娜在巴黎开设了第一间思琳店铺，以售卖高级男童皮鞋起家，随后又扩展到女装市场。在美国设计师迈克·高仕极富创造力的引领下，思琳经历了一段短暂的盈利时期。2004年，高仕离任，前博柏利设计师罗伯托·麦尼切蒂和伊娃娜·欧马奇科接任，该品牌没有受到太多关注，市场表现不佳。2008年9月，该品牌所在的路易·威登集团，经过和菲比·菲洛几个月的洽谈，宣布这位蔻依前领导人成为新的创意总监，并着手负责2009年秋冬系列。

　　出生于巴黎的菲洛，1996年毕业于中央圣马丁艺术与设计学院。她先是加入蔻依，担任其创意总监斯特拉·麦卡特尼的助手。2001年，斯特拉·麦卡特尼离开后自创品牌，菲洛顺理成章地接过创意总监一职，继续为蔻依卖力。她用了五年的时间，成功将蔻依打造成为著名时尚品牌，后于2006年离开。在为思琳效力期间，菲洛率先发起简约主义和女性友好型服装的运动，风靡一时。2018年，路易·威登集团任命艾迪·斯理曼为思琳的艺术、创意和形象总监，负责女装、男装、高级时装和香水的设计。

◀ 2020年，艾迪·斯理曼复兴了20世纪70年代的粗花呢。

1998

美国设计师迈克·高仕推出首次时装秀。

迈克·高仕的这条及至小腿中部的铅笔裙，臀部有竖口袋，前方拉链便于穿着，典型的优雅风。同色的厚毛衣，带有深罗纹高翻领和同样罗纹的下摆，外搭中长款的开衫，开衫衣领上装饰有红色狐狸皮草，整个两件套装设计经典，奢华讲究。

2008

伊娃娜·欧马奇科将高级定制时装与运动风融合在一起。

橘红色高腰连衣裙腰间的纵横交错带让裙子下摆显得非常丰满，也勾勒出整个系列都在着力表现的三角形身材轮廓，而双层宽裙摆不仅进一步强调了这一点，也使得裙子变得硬挺。百褶裙搭配瘦版V领开襟衫及露肩风衣。垂褶晚礼服从亚光银项圈上披散下来。

2005

罗伯托·麦尼切蒂受20世纪60年代的极简装饰启发，推出两次成衣秀。

品蓝色勾领真丝针织上衣，双色拼接袖，背部带纽扣装饰和水滴形挖空图案，松散地垂在背部。下身搭配点缀有施华洛世奇水晶的A字裙。该系列主要颜色为棕色和紫色，并搭配有柑橘黄色、青绿色和草莓红色，主要面料为平纹针织布和塔夫绸。除此之外，球状紧身裙和短裙上印有单色印花，偶尔也会印有多层几何印花以及断断续续的水平或垂直条纹，简单的针织上衣领口周围带有孔眼装饰，高腰宽褶及膝裙或过膝宽松男式裤，可搭配深浅不一的粉红色平纹针织外套。

香奈儿
Chanel

  可可·香奈儿（1883—1971）是20世纪最有影响力的设计师之一，她的设计简洁低调，彻底改变了女性的生活，也使得时尚平民化。其设计理念起源于实用的运动装和休闲服，简洁优雅。在"男孩"卡佩尔的帮助下，香奈儿在多维尔开了一家小店，开始制作现成的服装。1928年，她的高级时装店在康朋街开张。受英国贵族情人——威斯敏斯特公爵的运动着装影响，香奈儿采用单针织面料，设计出三件开衫式套装。这款设计很快就流行起来，成为20世纪20年代和30年代女性代表性日装。

  第二次世界大战的爆发也使得香奈儿经历了一段沉寂的岁月。1954年，香奈儿时装店重新开张，并特意推出了裁剪简单、轻松易穿的两件式套装，与当时正流行的设计师克里斯汀·迪奥的丰胸细腰肥臀型女装完全相反。在香奈儿看来，迪奥的设计完全是紧身胸衣的死灰复燃，时装行业的倒退。于是，香奈儿继续推出自己的设计，直到1971年去世。1983年，应香奈儿老板杰拉德和阿兰·韦特海默的邀请，卡尔·拉格菲尔德成为该品牌艺术总监。他的加入，不仅重振了该品牌，也吸引了一群前卫又年轻的顾客。卡尔·拉格菲尔德在香奈儿经典单品中加入颠覆性元素：放大了2.55经典菱格纹链条包上的香奈儿标识，运用多种多样的面料、尺寸和装饰在经典套装上加以改进。于是，香奈儿再次成为全球公认的奢侈品牌，为全球顾客提供各类高级定制时装、成衣、手袋、香水以及化妆品。2019年，卡尔·拉格菲尔德逝世后，其三十多年来最亲密的合作者维珍妮·维亚德继任香奈儿时尚创意工作室总监。

◀ 2011年，凸纹斯宾塞外套，胸部和袖口带花边装饰，下身搭配陀螺型裙。

1956

可可·香奈儿推出经典的两件开衫套装，并在巴黎丽兹酒店的套房中拍照。

1954年，随着自己时装店的重新开张，香奈儿推出了经典的两件式羊毛套装，其成为了20世纪中叶别致易穿的代表作，因为在这之前，时装主要突显沙漏型身材。舒适的对襟外套，搭配微喇A字及膝裙，为现代女性带来了优雅的套装，也表现了她们对现代生活的追求。外套裁剪简单合体，高袖隆，窄袖孔。只有水平口袋、袖口、下摆和外套边上带有少量装饰。香奈儿还在外套和裙子的边缘处都做了处理，以确保平整。另外，香奈儿也彻底改变了珠宝装饰，用假的装饰首饰取代真正的珠宝，并与珠宝设计师佛杜拉合作设计出装饰性首饰。

1926

小黑裙展现了精妙的魅力，成为永恒的经典。

设计简单、百搭易穿成就了这款经典的小黑裙，也成为时装史中永恒的经典。美国的《时尚》杂志用最好卖的美国汽车的名字来称呼它，叫它"福特裙"，而黑色其实是诠释优雅的词汇，这款小黑裙也使得优雅进一步民主化了。其线条设计很容易被市场化，成为了现代时尚优雅的代表。

1984

卡尔·拉格菲尔德为该品牌注入了新的活力，但也保留了香奈儿的一些关键性细节。

香奈儿时装店在1971年香奈儿去世后一蹶不振。于是，从1983年开始，德籍设计师卡尔·拉格菲尔德接手负责该品牌成衣系列，法国设计师荷芙·帆格负责高级定制时装。拉格菲尔德很快就掌控了该品牌，他用牛仔布和皮革取代了羊毛呢面料，也进一步改进了香奈儿的经典配件，如大串珍珠，从而颠覆了香奈儿之前的标志性形象。

香奈儿2.55的命名源于它的诞生日1955年2月，2.55现已成为20世纪最重要的时尚标志之一。香奈儿在绗缝织物或皮革制成的包上加了一根长长的金色皮串链。当时，女性出席社交场合时人人手中捏着自己的坤包，体重不大，东西不重，却极不方便，因此香奈儿2.55菱格纹链条包的出现创新地将人们的手解放了出来。开口处用镀边的四边形扣加固。为了兼顾实用和美观，2.55手袋共设置了三个内层口袋，最小的为管状，专门用来放口红；第二个为拉链袋；第三个用来放文件和信件。

2001

秋冬成衣系列，裁剪夹克搭配简洁的A字裙，提花针织衫和迷你毛衣裙。

裁剪方正的夹克上装饰有淡灰褐色漆皮，以及香奈儿经典口袋。链条暖手筒取代了单肩包，正面印有香奈儿的双C标识和兔子图案，整个系列也都印有兔子和小鹿的图案。本系列其他服饰中，微微展开的A字裙搭配短夹克衫，V领上衣搭配短裙，突显了腰线。带贴袋的柔软定制外套风格类似，斜纹软呢或平纹针织拉拉队裙搭配横纹毛衣。粉色绗缝丝绸和斜裁软呢制成了上紧下松的外套。另外，褶皱雪纺裙也展现了夜晚的魅力。

2006

秋冬成衣继续沿袭了香奈儿的经典风格。

脚趾处为黑色漆皮的过膝白靴，还有两件式套装的短裙镶边，都会让人想起香奈儿标志性的双色鞋。小版小黑裙和外套上反复用到了马耳他十字别针——一种以前医院骑士团佩戴的古老饰物。这款设计是佛杜拉为香奈儿设计的，最初用于袖环装饰。

2011

成衣系列：斜纹软呢、带金属装饰、生动的印花和原边纺织。

本次春夏系列中，黑色、白色和红色窗玻璃状格纹软呢制成的外套带有毛边袖口。上衣前方裁剪成圆角的燕尾服款式，宽翻领，下身搭配简洁利索的短裤，内搭活泼的印花衬衫。其他服装中，磨边丝带支撑了黑色皮夹克的翻领，裙子下方还有飘逸的松卷须。晚礼服由毛边雪纺制成，或是在白色或黑色的蕾丝上镶嵌珠宝。

2019

卡尔·拉格菲尔德的遗作系列进一步诠释了香奈儿风格。

在本次卡尔·拉格菲尔德与其长期搭档维珍妮·维亚德合作的系列中，带双C标志的亮红色针织衫，搭配腰带和褶边叠层裙摆。该秀场以人造高山旅馆、冰雪覆盖的台阶为背景，有木屋、篱笆、雪松、静谧的村落，纯洁而又美好。该系列剪裁宽松、层次分明，梭织格纹粗花呢，搭配阔腿裤，或柔软的旋涡状对襟外套。舒适的开衫和条纹毛衣裙上也采用了北欧编织图案。

蔻依
Chloé

　　英国设计师汉娜·麦克吉本为以饰边出名的蔻依带来了极简主义风。作为法国成衣品牌，蔻依最初由巴黎的埃及籍设计师加比·阿格依奥（1921—　　）创立，生产高品质同时又不会像高级定制时装那样正式的服装。马丁·希特博恩、卡尔·拉格菲尔德、斯特拉·麦卡特尼和菲比·菲洛先后担任蔻依设计师。2008年，麦克吉本被任命为创意总监，克莱尔·怀特·凯勒则于2011年接替。

　　卡尔·拉格菲尔德曾于1959年至1978年及1992年至1997年就职于蔻依，在他的领衔设计下，蔻依发展成20世纪70年代最受欢迎的时装品牌之一，他设计的上衣和高腰印花修身裙，清新可人，尽显青春风采。20世纪80年代，卡尔·拉格菲尔德在香奈儿就职时，蔻依设计师马丁·希特博恩推出一系列剪裁合宜的男式套装。之后，斯特拉·麦卡特尼成为创意总监，为该品牌树立起前卫的混合风，也设计出内搭性感且复古的内衣裁剪夹克。2001年，麦卡特尼离开后，她的助理菲比·菲洛接替了创意总监一职，并设计出一款"一定要拥有的包"（It Bag，即Inevitable Bag）——蔻依锁头包"Paddington"，而她那别出心裁的女童式紧身裙和令人眩晕的楔形高跟鞋更是使得该品牌销量至少翻了两番。2001年，副线品牌"See by Chloe"成立，新的系列比主线更年轻活泼，更加充满时尚感。2006年，菲比·菲洛离开蔻依。她不仅在时装秀上带来了荷叶边、印花、大锁包、粗跟木底鞋，也为该品牌带来了简洁却不乏精致的设计。在克莱尔·怀特·凯勒任职六年后，娜塔莎·拉姆齐于2017年继任蔻依的创意总监。

◀ 2019年，娜塔莎·拉姆齐推出的现代波西米亚风，宽松的风衣搭配拼布印花半身裙。

1998

斯特拉·麦卡特尼在本年度春夏系列中结合了优质的剪裁和内衣元素。

真丝骨箍紧身胸衣，外搭长及脚踝的连衣裙，展示了斯特拉·麦卡特尼在该品牌中将硬朗裁剪与性感内衣搭配的混合风。该系列其他服饰中，海军条纹状紧身胸衣搭配带有闪光丝饰品的塔夫绸短裙，或是花边胸罩式上衣外搭阔翻领收腰燕尾服式夹克。无褶高腰裤的裤脚处稍宽，以此平衡上衣的尖肩，内搭精致的蕾丝贴花衬衫式上衣。

1969

受20世纪30年代风格启发，卡尔·拉格菲尔德设计出Pierrot系列服饰。

Pierrot系列服饰标志着从20世纪60年代迷你裙到20世纪70年代较长裙边的过渡，同时也引用了20世纪30年代的复古风。这在配饰的选择上表现得尤为明显：包头巾、长围巾、短款束腰连衣裙的袖口、领口和下摆都有镶边，外面套有长及脚踝的透明薄纱裙。

2006

菲比·菲洛设计出柔软而又随意的春夏系列，主要特点是复古风装饰。

带胸饰领的车缝褶衬搭配层次丰富的透明硬纱短裙，展示了该系列那些随意流畅的过腰服饰中的结构性元素。土耳其式长衫上装饰有白色雏菊提花和一排排小绒球。高腰工作服式长罩衫及至小腿，带有竖口袋、深绉边下摆，以及和宽松的A字裙一样的竖领。各种深浅不同的黄色，例如蛋黄、黄绿色，展示了颜色的相互碰撞。短袖衬衫搭配高结领带，带来了与飘逸风不一样的风格。带贴袋的一粒扣式水兵短外衣，标志着菲洛将在之后的思琳品牌设计中采用简单的裁剪。

迪奥
Christian Dior

　　克里斯汀·迪奥（1905—1957）在1947年推出媒体们称之为"新风貌"的"花冠"系列后，成为了时装界最为知名的人物，一直到1957年意外去世。"二战"后，资源紧缺，迪奥时装却在纺织巨头马塞尔·布萨克的经济赞助下，成为当时典雅和奢华的代名词。在"新风貌"系列中，迪奥大量使用奢华面料，展示出对女性主义风格的怀念。长及小腿的宽阔裙摆，以及急速收起的腰身，突显出夸张的女性身材曲线，这种设计风靡一时。迪奥在接下来的每一个时装系列中都会推出一种新的风格：公主线、H形（低腰）、A字形、Y字形（重点在肩膀上），最后是纺锤形。

　　迪奥去世后，他的助手——年轻的伊夫·圣·洛朗，只用了短短九个星期的时间，就创造出自己的第一个时装系列"梯形装"。该系列制作精良，不仅尊重了该品牌的设计传统，而且设计得更年轻、更柔软，广受赞誉。然而，1960年，伊夫·圣·洛朗推出的"颓废"（Beat）系列激怒了布萨克。于是，在圣·洛朗被召到法国军队从军时，迪奥管理层并没有提出异议。紧接着，马克·博昂接替了他的职位。1989年，意大利设计师奇安弗兰科·费雷上任。1996年至2011年，约翰·加利亚诺被任命为首席设计师。随后上任的是拉夫·西蒙，直到2016年，首位高级时装女设计师玛丽亚·格拉齐亚·基乌里继任。

◀ 2010年春夏系列，约翰·加利亚诺诠释了19世纪男式骑马装风格。

1956 迪奥在去世前推出自己的最后一个时装系列，这个系列比之前的设计更为宽松，也没有之前那么夸张。

迪奥在1948年和1953年之间推出一连串设计：之字形（不对称）、垂直形以及郁金香形。1954年至1955年，H形、A字形和Y字形又相继被推出。H形虽然从肩部到臀部都相对呈直线形，但仍然强调了腰部。图中两件式羊毛套装的颈部背后设计有高领，形成了方形翻领。上衣从领口处到腰间增加了纽扣设计，下身搭配过膝铅笔裙。整套服装装饰极少，只在上衣上设计有斜边口袋。

1947 重新推出极端的沙漏型服饰，图片为威利·梅沃德拍摄。

1947年，迪奥推出"酒吧"（Le Bar）日装系列——长及小腿的深褶皱黑色羊毛裙，上身搭配浅色山东绸上衣，收腰、圆肩线、臀部垫高，集中体现了新式女性风，深受顾客好评，也成为了迪奥"新风貌"系列中最畅销的套装之一。该套装还包括紧身胸衣和多层硬衬裙，从而最大限度突显纤细的腰部。迪奥的"新风貌"系列成为了时装界最为重要的设计之一，并巩固了巴黎及其高级时装的影响力。

1988 马克·博昂于1961年至1989年担任迪奥创意总监，进一步巩固了该品牌在时装界的地位。

博昂在他为迪奥设计的最后一次秋冬系列中，将各种充满生气的互补色搭配在一起，例如橙色与品蓝色、紫色与深绿色。剪裁精致的黑色短裙搭配双排扣短款橙色夹克，内搭品为蓝色高领套衫，产生撞色的效果。该时期典型的设计特点是：用色大胆，宽肩线，利用动物印花来突出腰部和袖口。

2005 该系列解构主义礼服融合了剧院和时装风，内层裹着薄纱，外披塔夫绸。

加利亚诺的"创造"（Creation）系列标志着其设计作品的进步，例如，展现裁剪形式的薄纱紧身胸衣，以及服装上的基础细节（织带、外露的缝线以及薄纱内衣）。胸垫移到了臀部，腕上还戴着工作坊工匠才穿的针线插。本系列其他服饰中，装饰长袍装主要包括印花串珠蝉翼纱制成的圆形裙，长至小腿中部，内搭裸色紧身胸衣，头上戴着奢华的羽毛帽。色彩丰富的短裙灵感来自秘鲁，上面还装饰有民俗刺绣。

1997 斜裁浪漫主义，以及约翰·加利亚诺的颓废主义。

在迪奥高级时装店成立50周年之际，约翰·加利亚诺在巴黎大酒店推出了自己的第一次高级时装秀。该酒店底层经过精心布置，仿照了20世纪40年代克里斯汀·迪奥在蒙田大道的样品间，摆放着791把镀金椅子，还装饰有4000朵玫瑰花。在这之前，人们对这位设计总监的特立独行风格或多或少有着些许怀疑或担心，然而，本次时装系列一经推出，人们看到这些兼收并蓄的设计风格（例如灵感来自马萨伊人的丝绸晚礼服）时，舒了一口气。

2008 加利亚诺推出超越性别的成衣系列，表达了对电影偶像玛琳·黛德丽的敬意。

金属线装饰的褐色细条纹双排扣外套，内搭豹纹蕾丝边短裙，将男性主义和女性风格巧妙地融合在一起，也展现了黛德丽的中性魅力。该系列展示了黛德丽通常穿着的细条纹三件式套装、白色风衣以及随意搭配的贝雷帽，描绘出当时的好莱坞巨星风采。银色及踝斜裁丝绸长衬裙上，装饰有银色狐狸皮草领。粉红贝壳色、淡绿蓝色和淡紫色的绸缎被制成了垂褶裙、夹克衫及鱼尾礼服。

2010 加利亚诺在其成衣系列中融合了骑马装和闺房睡衣装。

柔软的皮革制成了19世纪强盗身着的栗色双排扣大衣，搭配后边镶有花边的长靴，更添帅气。本系列其他服饰中，印花饰边长衬裙，搭配带蝴蝶结的细针距针织袜或饰边上衣，或是拖至地面的精致绣花雪纺裙。露肩针织衫上装饰有真丝塔夫绸绑带做成的蝴蝶结，下身搭配棕褐色皮革马裤。肩部褶皱的夹克衫腰间绑有三扣带，突显了腰部线条。

2017 玛丽亚·格拉齐亚·基乌里的首次迪奥成衣系列。

作为迪奥时装屋的第一位女性设计师，基乌里尽显其女权主义风采，在其颇具实穿性的高级时装系列中，点燃了被争相复制的T恤标语风潮。该系列还搭配绣有塔罗牌图像的薄纱裙。

克里斯蒂安·拉克鲁瓦

Christian Lacroix

  当克里斯蒂安·拉克鲁瓦在巴黎开设自己的时装店时，国际时尚媒体预言他将是克里斯汀·迪奥的直接继承人。1987年，他的首次时装秀设计奢华性感，色彩和图案丰富，为高级时装注入了新的活力。该系列兼收并蓄，素材来源非常丰富：天主教圣像、斗牛、马戏团，并带有大量奢华的装饰，骨箍紧身衣勾勒出身材曲线。

  拉克鲁瓦出生于法国南部的阿尔勒，曾经研修过17世纪艺术史，并担任过博物馆馆长，有着十分深厚的艺术修养。后来，出于对绘画设计和时尚的热爱，再加上偶然的社会关系，拉克鲁瓦成为了著名时装店让·巴杜的首席设计师。在那里，他于1986年推出了"波夫"（Le Pouf）系列"蛋糕裙"或"马勃菌裙"，立即将20世纪80年代的宽肩锥型形象，变成了典型的女性身材形象。拉克鲁瓦的成功，激励时装企业家让-雅克·皮亚和商人伯纳德·阿诺特在巴黎开设了第24家时装店，并交由拉克鲁瓦掌舵。

  虽然该时装店在时装界产生了巨大的影响，但却几乎没有赢利过。第一款拉克鲁瓦香水的失败，再加上设计师牛仔裤和名为"芭莎"（Bazaar）的成衣系列，更是预示着该品牌的衰落。

  2005年，阿诺特将该品牌卖给法利克集团，并于2009年申请自愿破产。自此，拉克鲁瓦对这个以他名字命名的品牌失去了控制权。

◀ 2009年秋冬系列，奢华面料
制成的外套，深V领，腰部
下摆形成装饰短裙。

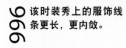

1986 拉克鲁瓦推出了"波夫"系列，瞬间成为时尚经典。

马勃菌裙取代了女强人式着装，带来了梦幻和浪漫主义，从而改变了这个时期的尖肩轮廓。拉克鲁瓦也通过本次极富开创性的时装秀，荣获国际时尚媒体为表彰年度最佳时装秀而颁发的法国高级时装金顶针奖。拉克鲁瓦为该时装店设计了三次时装系列，助其恢复了在时装界的重要地位。

1996 该时装秀上的服饰线条更长，更内敛。

该系列借用了欧洲南部天主教的意象，这位教徒新娘身着一件端庄的及踝长裙，腰部贴身，裙摆微微张开，头上还带有冕状头饰，背部的超大粉色蝴蝶结让整个圣洁形象有了些许世俗气息，胸前也用珠宝代替了念珠。日装为普通珠宝装饰的定制套装。

1987 拉克鲁瓦的同名时装设计一亮相便引起轰动，这是自迪奥1947年推出"新风貌"以来从未有过的。

五彩缤纷的波尔卡圆点和条纹布满了裙撑和衬裙，形成波兰连衫花式裙，内层为水平条纹衬裙，外层是装饰有大量波尔卡圆点和条纹的外裙。该系列受到众多摄影师和时尚媒体预料之中的追捧。60套以Sylvéreal、Sansouires、Tamaris、Granada等命名的服装灵感来自法国西南部和西班牙的本地服饰风格，也用到了各种精湛的技艺，如缘饰、钉珠、刺绣和皮制。鲜明的色彩和夸张的轮廓使其更加奢华，例如装饰有黑色绒球的黄缎灯笼裙、红色公爵夫人缎面外套、绣有卡马格图案的夹克、用马驹皮制作的黑色波斯裙。

2003 色彩炫丽和面料丰富的高级时装秀。

秋冬系列中，平滑的豌豆绿丝绸缎从身上垂顺下来，在前方颈部处形成深V。背部全裸，侧面开叉，露出扇形的金色蕾丝衬裙。大号塔夫绸蝴蝶结，垂直装饰在银色无边便帽上，同时也系住了一侧肩膀上印有佩斯利图案的雪纺，以及另一侧缀满珠宝的七分袖。粉红色的胸花用一团黑色的毛皮固定，产生非常强烈的对比效果。

1999 将T台变成了婚礼现场——婚纱礼服是高级时装秀传统的压轴部分——将该设计师的技能发挥到了极致。

灵感来自18世纪的礼服，以"三角胸衣"为特点，将一块三角形硬布塞进刚刚到腰部下面的衣服中，以保持腰部的直立。这种风格传统上使用前系带，并饰有逐渐变小的蝴蝶结，而本系列却用心形宝石，塔夫绸毛边叶帘也代替了传统的裙裾和面纱。虽然拉克鲁瓦以其热情绚丽的色彩如紫色、含羞草色、橙色、粉红色、翠绿色而出名，但其顾客却更喜欢他为走秀而设计的白色婚纱礼服。新娘礼服对于高级时装在商业上的成功至关重要。

2004 拉克鲁瓦运用了璞琪时装店的多色风格。

开叉至大腿的黑色斜纹吊带裙，外搭同样轻盈的外套，拉克鲁瓦针对当时时装市场，重新诠释了璞琪的迷幻色彩。精美合身的针织衫上也用到了这类图案，搭配中长裤。佩斯利图案广泛用于灰色呢子大衣和裙装，或是简单用在里衬上。

2006

秋冬系列剪裁鲜明、面料奢华，还带有大印花。

及至大腿中部的裙装剪裁鲜明，由仿旧的淡紫色绉丝制成，军装风也进一步丰富了其细节。垂饰领口，外套饰面和腰部周围的装饰短裙都装饰有金属银线，衣领为长条状黑色水貂。红色裁剪外套的颈部也用到了皮草装饰，下身搭配合身的短裤。吉卜赛风格的迷地裙和超短迷你裙上都用到了夸张的佩斯利图案。

2008

"天使路过"高级时装秀。

锦缎蕾丝裙的肩膀上装饰有翅膀形状的黑色和金色羽毛，下身为垂褶的薄纱裙。

2011

年轻男装时装秀。

或宽松或修身或随性慵懒的裤子，搭配亚麻布、牛仔或带有窗玻璃格纹的宽松或修身外套。

克里斯托弗·凯恩
Christopher Kane

　　设计师克里斯托弗·凯恩（1982—　　）出生于苏格兰，善于运用条纹或方格棉布以及蕾丝等清新的面料，展现出既端庄又不失性感的风格。在他2006年中央圣马丁艺术与设计学院的毕业时装秀中，他将这种风格表现得淋漓尽致，代表作为一系列弹力花边面料制成的极短绷带裙。作为现场观众之一的美国《时尚》杂志时任主编安娜·温图尔当场为其提供了工作机会，多娜泰拉·范思哲也向其伸出了橄榄枝。

　　同年，凯恩在英国时装协会的"新生代奖"的加持下，创设了自己的同名品牌。他的妹妹塔米·凯恩负责公司的财务运营，并帮助凯恩进行面料选择设计。2006年，凯恩获得苏格兰时尚奖授予的"年度最佳新锐设计师"荣誉。

　　凯恩虽然拒绝了范思哲提供的工作，但于2009年开始为其年轻副线品牌范瑟丝提供设计，并在重塑该品牌过程中发挥了重要作用，于2009年9月在米兰展示了该品牌的第一个完整系列。除此之外，他还为顶店生产了一系列产品，为英国高街服装店设计的胶囊系列则是所有合作设计师中最成功的。2011年，凯恩赢得了英国时装协会与《时尚》杂志联合设立的设计师时尚基金。2012年，离开范瑟丝后，他便专注于发展自己的品牌。2013年1月，凯恩将自己品牌的51%的股份出售给了奢侈品集团开云集团。

◀ 2020年春夏系列名为"Eco-sexual"，以自然为灵感的印花和霓虹蕾丝为主题。

2007

极短的明亮霓虹色绷带裙引发了荧光色的流行风潮。

金属环装饰用来固定胸部、臀部和大腿等特殊部位的花边纽袢。霓虹色橡筋条纹和工业尺寸的拉链缠绕在身体上，让人想起20世纪90年代的雕塑感礼服。服装包括及至大腿的紧身短裙和宽松的卢勒克斯针织毛衣。弹力蕾丝迷你连衣裙的蕾丝花边出现在裙子边上或是遍布于整条裙子上，裙子的颜色五彩斑斓：紫红色、绿黄色和橙色。

2010

桌布格纹状的胸罩式上衣颜色柔和清淡，显得既端庄又叛逆。

面料采用了一般用于小女孩服饰或厨房窗帘的柔软方格花布，透过上身的透明薄纱，能看到内搭胸罩，下身搭配风琴褶性感短裙。整个系列的方格花布多为粉红贝壳色和黑色。端庄的灯笼袖和开叉至大腿的短裙，产生既硬朗又有十足女人味的复杂效果。苏格兰羊绒制成了色彩柔和、带有插肩袖的格子毛衣，肩膀处留有缝隙，以露出里面的衬衫。

2008

阿伦羊毛马甲背心融合了多种重量和纹理，内搭装饰有超大亮片的丝绸雪纺连衣裙。

其他服饰中也使用了这两种面料，亮片直接应用在及至小腿中部或更短的印有电缆图案的毛衣裙上，或是边缘参差不齐的雪纺短裙上。凯恩和与苏格兰著名针织公司品牌埃尔金的约翰斯顿密切合作，生产其时装系列所需的开司米面料。于是，整个系列针脚密集、品质卓越。在其他作品中，针织则被摒弃，取而代之的是半遮半掩的亮片装饰，部分亮片被飘逸的面料遮掩了。大量装饰的夹克和礼服上饰有深长绒蔓叶花样，由嵌入压紧的褶皱雪纺制成。

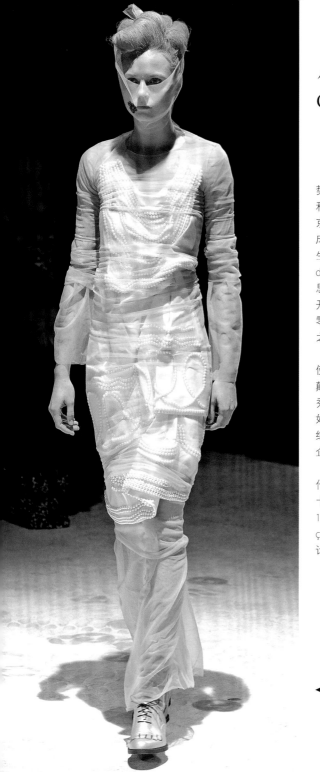

川久保玲

Comme des Garçons

　　川久保玲（1942—　　）反对追随肤浅的流行趋势，探索反时尚和解构主义的魅力，并以此来对抗服装和面料领域已公认的个人装饰准则。川久保玲毕业于东京享负盛名的庆应大学艺术与文学专业，毕业后在旭化成株式会社做公关。1967年辞职，开始了自由设计师的生涯。六年后，也就是1973年，她正式创建了"Comme des Garçons"公司，该品牌名字于1969年首次采用，意思是"像男孩一样"。1980年，她移居巴黎，并在那里开设了自己的第一家精品店。到20世纪80年代末，她的零售业务已经扩展到300多个店铺，其中，25％在日本之外。

　　川久保玲的设计风格为不对称性、暴露的结构，并使用天然的扭曲的面料（全部都随意使用）。这种颇具颠覆性和革命性的态度，首次出现在1981年的时装表演秀中，"Comme des Garçons"获得国际时装界的一致好评，并在全球销售，川久保玲也于1983年和1987年相继获得每日设计大奖，并在1991年赢得凯歌香槟年度女企业家奖。

　　川久保玲乐于与人合作，山本耀司就是他的长期合作者之一。2002年，川久保玲更与画廊经营家、出版商卡拉·索珊尼合作，开设了一家三层的概念精品店——10 Corso Como东京店。里面有13家"Comme des Garçons"时装系列，也有40家其他的品牌，融合艺术、设计与时装于一体。

◀ 2009年，镶有珍珠的连衣裙外面覆盖有雪纺罩衣。

1983 无定形设计与潮流时装形成了对比。

羊毛针织面料被裁剪成条状，巧妙地交错重叠在一起，赋予了这件深色服装扑朔迷离的结构。这种平衡对称结构在本系列其他服饰中几乎不存在，预示着这是一次对西方传统设计的激进对抗。川久保玲运用灵动的色彩和面料组合，创造出戏剧化、不规则的造型。

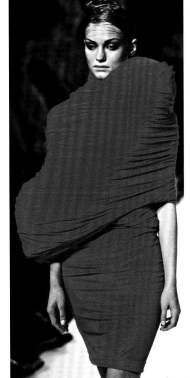

2011 整个单色时装系列以轻松幽默的方式探索了位移概念，也重新定位了传统的服装形式。

"买一赠一"般的设计风格：雕刻皮革和平纹针织面料的加入表现了川久保玲的超现实视觉效果。主要的服饰有军大衣、西装、自行车服和派克大衣——随意地搭在身上，袖子和衣领耷拉在后面。袖子无处不在：有的从臀部落下来，有的在肩膀上形成冗余的层次，有的不协调地堆积在背部脊椎处。外套由两件一长一短的夹克衫构成，下身搭配条纹裤或小脚管马裤形状的褶裥裙。服装在逐渐变化，但也有几个重复的配饰：深色显眼的带扣高腰腰带，马靴带皮革制成的胸罩，以及羽毛装饰的钟形帽。不变的有皮质直筒式连衣裙和精准的灰色调。

1997 带有大量不规则填充物的褶皱硬纱掩盖了女性的身体。

本系列通过高度饱和的色彩平衡了扭曲的外观。硬挺塔夫绸和透明硬纱等轻薄的材料的使用，再加上紧紧包裹的填充物或是精致的自撑服装结构，都能带来奢华富有曲线的效果，从而让视觉重心持续集中起来。高度饱和的色彩——红色、电火蓝色、漆黑色、绿黄色、巧克力色、天蓝色、金色和橙色——进一步加强了不规则形状的稳固性，就像是从管子里挤压出很多柔软的油漆。

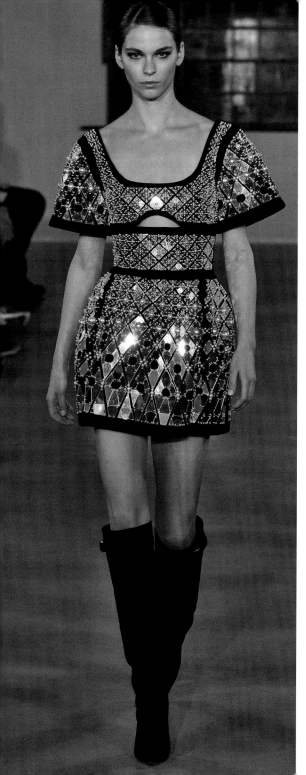

大卫·科玛

David Koma

　　出生于格鲁吉亚的大卫·科玛（1985—　　，曾用名大卫·科马赫兹）善用创新型面料和复杂的实验技术，例如激光裁剪、镜面碎片和三维珠饰来制作模特衣物装饰件。科玛曾在圣彼得堡学习过美术，2003年前往伦敦，在中央圣马丁艺术与设计学院获得时装设计学士学位，并于2009年以优异的成绩完成硕士学业。在英国时装协会挖掘新秀计划"新生代奖"的赞助下，科玛自2012年在伦敦时装周上亮相，便成为伦敦时装周的常客。在设计中，他常用单色来强调其标志性轮廓，偏爱黑色，并将其加入到绿色和红色之类的纯色块中。最近，这位设计师在他的酒会礼服系列中加入了高辨识度的外套，即紧身连身裤和燕尾服夹克。

　　科玛对建筑物般的轮廓和大胆的几何设计情有独钟，再加上极度迷人的性感设计，使他成为法国鬼才设计师蒂埃里·穆勒时装屋的理想人选，于是自2013年至2017年担任其艺术总监。在此期间，科玛复活了20世纪90年代初期穆勒曾经辉煌一时的装束元素，例如锋芒毕露的肩垫、冷酷的轮廓设计、潜水胸甲和高及大腿的下摆。四年后，科玛辞职，专注于自己的同名品牌。

◀ 2019年秋冬系列，银线和圆筒形玻璃小珠子装饰的修身格子迷你裙。

2017

大卫·科玛为穆勒时装屋设计的运动风女装。

这件礼服借鉴了泳装的风格：带有暗淡青铜色光泽肩带的不对称胸罩，与修身的前开叉至大腿的及踝长裙子相连。不对称贯穿至整个系列中，拉链的使用（通常会带来一丝闪光的效果）或亮片镂空强调了复杂的角度和曲线。短裙配有金属色渐变亮片。

2019

秋冬系列，黑色、白色和红色成为鸡尾酒会礼服和紧身日装的主色调。

这款鸡尾酒会礼服的裙摆从腰部到下摆都饰有红色薄纱荷叶边褶皱，袖子处勾勒出透明雪纺轮廓，紧身胸衣上衣领口处饰有的褶边看上去像唱诗班少年。该系列还有采用科玛标志性的激光剪裁的黑白单肩连衣裙，有蝴蝶图案。蝴蝶和蛇的图案也被巧妙地呈现在性感的晚装中。日装采用合身的黑色皮革制成，强调落肩和圆形袖子，一列列竖缝褶突显了腰身。连身裤、拉链超短裙、短裤和紧身胸衣全都是黑色，与羊毛皮边饰的白色毛衣形成对比。

2019

春夏系列带有弗拉门戈舞风格的鱼尾饰边。

由金属色圆盘制成的红毯礼服，呈渐变色椭圆形，散发着性感。简单的挖空突显出腰身和腿长，有拉长身材比例的视觉效果。受导演佩德罗·阿尔莫多瓦电影（尤其是《对她说》和《回归》）的影响，以及弗拉门戈舞的启发，该系列的特点是俏皮的轮廓、卷曲的圆形褶边、点缀着波尔卡圆点的透明雪纺。圆形图案还贯穿在鸡尾酒裙中，裙边和袖子饰有手工剪裁的镜面圆盘。

德姆娜·格瓦萨利亚

Demna Gvasalia

　　德姆娜·格瓦萨利亚（1981—　　）于2014年成为维特萌七名匿名设计师团队中的首席设计师和发言人，并在全球时装界获得认可。自2015年10月接任巴黎世家艺术总监后，他在时尚界的地位得到进一步提升。德姆娜·格瓦萨利亚出生于格鲁吉亚，其美学根植于该国的历史。他12岁时和家人逃离家园。随后战争爆发，时尚业也不复存在，女性穿着拼凑而成、男女不分的混合服装，大号花呢外套、头巾、长而宽松的褪色碎花连衣裙——格瓦萨利亚将这些进行重新设计，呈现在秀场上。

　　在安特卫普皇家美术学院完成学习后，格瓦萨利亚于2009年来到巴黎，就职于马丁·马吉拉时装屋，在那里他参与了该品牌的解构主义时尚研究。在路易·威登担任高级设计师一段时间后，2014年，格瓦萨利亚离开公司，致力于发展维特萌。作为挪用设计先驱者，他先在维特萌设计了巴黎消防员POLO衫和DHL的T恤衫，随后在巴黎世家的设计中借鉴了宜家蓝色购物袋。此外，讽刺元素也被格瓦萨利亚引入了时尚。仅仅三个时装季之后，维特萌就被提名路易·威登集团的年轻时装设计师奖。 2016年3月，格瓦萨利亚为巴黎世家打造的首场时装系列在巴黎时装周上首次亮相。

◄ 2017年春夏系列是德姆娜·格瓦萨利亚为巴黎世家设计的第二个系列。

2019 格瓦萨利亚为巴黎世家打造的轮廓分明且剪裁极少的设计。

这款一粒扣超大格纹大衣，直角肩线，唯一的装饰是斜口袋和简洁的翻领。本系列其他作品也用到了格瓦萨利亚进行了现代化改造的模制肩，这也是克里斯托尔·巴伦西亚加在20世纪60年代改进的标志性特征之一。本系列裤装简洁大方，男女穿着皆可。灰色和棕色的微妙色调被樱桃色和绿松色取代，制成了一系列及踝蓬松大衣。

2017 巴黎世家披肩冬装和令人惊叹的晚装。

卡其色和黑色的蓬松夹克，肩膀处配上军用风口袋，以形成对角线。本系列其他作品中，解构的连帽式粗呢厚外套、花呢斗篷和夹克衫，搭配过膝铅笔裙，可以是印花的，打褶的或由合适的汽车垫子制成，再搭配黄色、紫色、蓝绿色、绿色和黑色的长筒尖头细高跟鞋。

2020 军服和公司标志带来的反乌托邦愿景提供了一个复杂的未来视角。

这款印花连衣裙作为格瓦萨利亚的标志性设计，用维特萌剩余的面料拼凑而成，是该"流动的性别"系列中众多服装之一。该系列在香榭丽舍大街麦当劳的分店展示，抨击了公司管理、银行家和民粹主义。其设计基于俄罗斯警察制服，再搭配及至大腿的模压靴子，展现了一种无法控制的敌意。本系列其他作品中，也出现了麦当劳员工身着的公司制服，头戴红色棒球帽。超大格纹两粒扣西服展现出宽松的廓形，超大号粉彩格纹衬衫、连帽运动衫以及带垂褶运动长裤也是如此。

德里克·林

Derek Lam

德里克·林（1967—　　）定位于当代奢侈品牌，他分析了特定服装的主要功能，力图重新设计出精致高雅的产品。

华裔德里克·林出生于美国加州旧金山，父母均为中国香港移民。从帕森斯设计学院毕业后，他于1990年开始了自己的时装生涯。之后，他跟随迈克·高仕工作了12年，并担任该品牌副设计总监。2002年，德里克·林与商业伙伴兼男友简-亨德里克·施洛特曼一起创立了德里克·林国际公司，并在2003年推出自己的同名品牌。

在其2006年推出的手袋系列中，德里克·林设计出颇能代表自己风格的城市风以及公羊头等部件。同年，他被任命为奢侈生活品牌托德斯的创意总监，该品牌以其手工豆豆鞋和D-bag包闻名世界，而德里克·林设计的包含15套裁剪服饰的太空系列，也为这个传统品牌注入了现代风格。托德斯最初只是一家家庭作坊式的家族小鞋厂，1908年由菲利普·德拉·瓦勒创建，20世纪70年代中后期，他的儿子迭戈·德拉·瓦勒将其更名为托德斯，迭戈从一本波士顿电话簿中找到的这个名字，因为这个名字无论用哪种语言都可以发音。2007年，该品牌增加了鞋和眼镜系列。2008年，欧洲奢侈品集团雷伯拉克斯收购了该品牌的控股权。2011年，德里克·林辞去托德斯创意总监一职，推出了"德里克·林10 Crosby"，这是一款低价休闲系列，以其公司之前在苏豪区的地址命名。2012年，他从雷伯拉克斯购回了公司的多数股权，一年后将少数股权出售给私募基金沙桥资本，这赋予公司更大的自治权。在2019年春夏系列秀场上，德里克·林展示了其美式运动风。

◀ 2014年春夏系列，宽松的渐变色连衣裙，搭配清爽的白色上衣，简洁大方。

2004

该系列服饰上印有多向印花图案，包括端庄的连衣裙以及开司米羊绒针织衫。

鸡心领露肩白色和银色锦缎礼服在高腰线附近装饰有黑色刺绣，充分展现了端庄和性感。类似风格还有露腰黑色文胸式上衣，下身搭配从臀部垂顺下来的短裙。柠檬色和淡蓝色V领上衣，搭配庄重朴素的印花A字裙。低圆领的褶皱紧身连衣裙上有玫瑰印花，一样高雅端庄。另外还有及至小腿的莓粉色绸缎风衣，或是未过膝的冰蓝色风衣。

2010

该系列灵感不拘一格，大胆运用了撞色以及活泼的印花。

宽松简单的外套下摆为郁金香型曲线，肩膀到下摆的平行缝上端形成一侧翻领，成为整个系列众多俏皮的剪裁细节之一。另外还有带不对称下摆的星星图案连衣裙，垂褶领处装饰有假围巾，颜色与连衣裙的嵌边处一致，与整体颜色形成对比。色彩明亮的短裤搭配印花衬衫。插肩长袖T恤和A字裙用到了沙色绒面皮革。

2006

秋冬系列高档豪华，轮廓鲜明，大胆地将翡翠绿色和黄色混搭在一起，还用到了皮草配饰。

褶皱精美的金黄色无袖上衣，颈部和袖口处都有小荷叶边，高腰处为心形缝接，下身搭配圆点印花裙，臀部丰满的皱褶形成了公主线。本系列中的其他服饰中，花边褶雪纺上衣塞进宽腿裤，或是外搭对襟夹克，夹克下方露出下摆，下身搭配紫身裤。大衣和夹克的袖子都为斗篷的款式，夹克搭配铅笔裙和中长套裤。德里克·林重新打造了一系列的经典作品，例如翡翠绿色缎面风衣，带有垂直口袋和打结腰带的过臀夹克。

黛安娜·冯·弗斯滕伯格

Diane Von Furstenberg

　　1972年，黛安娜·冯·弗斯滕伯格（1946—　　）首次推出了自己的代表作——裹身裙，成为了当时全球女性自由解放的标志。为了很好地突显身材，裹身裙采用依靠腰带索紧衣服的包裹式设计，并配合使用了时尚的弹力平纹针织面料，以及她颇具代表性的优雅几何图案。该设计将身材勾勒得如此完美，很快就大获成功，短短三年里大卖超过500万条。

　　黛安娜·冯·弗斯滕伯格原名叫黛安娜·米歇尔·西蒙娜·哈尔芬，1946年出生于比利时布鲁塞尔。最初，她以巴黎摄影师助理和电影制作代理人的身份进入了时尚界，1969年她嫁给了埃贡·冯·弗斯滕伯格，并于同年移居纽约，在那里，她意识到，女性需要更加实用的服饰，以满足当时工作的需要。在创建了市值1.5亿美元的黛安娜·冯·弗斯滕伯格品牌时装帝国后，1978年，她卖掉了自己的原创服饰公司，并于20世纪80年代失去了对该品牌的控制权。

　　20世纪90年代，就在时尚行家追逐复古风潮之际，裹身裙再次风靡时装界。黛安娜·冯·弗斯滕伯格和她的儿媳亚历山德拉重组公司，并于1997年重新推出招牌裙款，这一次面料采用了真丝汗布，颜色丰富并带有大量图案。优雅和魅力的结合使她在时装界仍然享有声望，而这一设计更是成为新时期女性衣橱中的必备单品。2016年5月，乔纳森·桑德斯被任命为首席创意官，负责品牌的总体创意方向，2017年12月离任。黛安娜·冯·弗斯滕伯格于2006年成为美国时装设计师协会主席，并于2015年担任董事长。

◀ 2010年秋冬最后一场时装秀上，创意总监内森·詹德恩推出色彩鲜艳、设计灵动的丝绸礼服。

2003

印有五彩花卉图案的卡普里裤和宽下摆短裙为典型的20世纪50年代风格。

本次时装秀主题为"从前"，主要作品为这件带有鲜艳原生红条线装饰的全纽扣式衬衫连衣裙。七分裤、卡普里裤以及同款式的无肩带胸罩上衣引用了20世纪50年代的风格。及膝的宽下摆裙带有轻薄网状衬裙，腰间带有宽腰带或腰封。裁剪整齐的夹克，搭配阔腿长裤或是该设计师的代表作——裹身裙，她将原来的裹身裙设计改造成无袖雪纺印花晚装。

1973

黛安娜·冯·弗斯滕伯格身着自己设计的服装。口号"想要有女人味就穿上裙子！"出现在每个标签上，并成为了该公司的注册商标。

这款简单的裹身裙销量很快突破100万条，自此，一个全球性的时尚帝国也就建立了起来。受朱莉·尼克松·艾森豪威尔在电视上穿着裹身上衣和短裙的启发，黛安娜·冯·弗斯滕伯格决定将这两个分装融合在一起。就在时装界准备放弃土耳其式长衫和嬉皮风迷嬉短裙时，这款礼服出现在纽约时装秀上，它的设计不事张扬、容易保养、结构简单，并且由内而外散发出一种性感。1970年至1977年，黛安娜·冯·弗斯滕伯格工作室生产出易穿的棉质服饰和针织连衣裙，上面印有这位设计师擅长的几何印花图案。1974年，这位设计师又推出了蛇和豹纹图案。之后，上衣和长裙也加入了进来。

2007

复古的印花设计图案，灵感来自20世纪60年代。

连衣裙上带有铬黄色和黑色的蛇皮印花，褶皱袖，传统的蝴蝶结，这款连衣裙成为了这位资深设计师的代表作——裹身裙的现代版，颜色也可为浅莲红色和黑色。浅莲红色仍然是本系列主题，出现在紧身裤和露肩黑色上衣上，或是作为闪光色出现在黑色无袖连衣裙上。

迪赛

Diesel

　　牛仔大品牌迪赛所属的勇者无畏控股集团公司在80个国家和地区拥有300多家门店，估计价值为18亿美元。早在1997年，其创始人兼董事长伦佐·罗索（1955—　　）就被安永会计师事务所提名为年度企业家。2005年，《GQ》杂志德国版将他评为年度风云人物。

　　罗索在意大利北部的一个农场长大，15岁时便成为帕多瓦技术学院的一名学生。毕业后，他加入了当地的牛仔布公司莫泰科斯，最后成为该公司的股东之一。1978年，罗索与其前老板阿德里亚诺·高德施米特一起创建了吉涅斯集团，并与当时的前卫设计师和品牌联合起来，如凯瑟琳·哈玛尼特、马丁·盖伊。20世纪80年代初，罗索开始设计并出售带有迪赛标志的牛仔裤和便服，并于1982年开设了一家零售店。1985年，他从吉涅斯集团处将迪赛买了过来，并在五年内将其营业额提升至1.3亿美元。1984年，他推出迪赛童装系列；1989年，推出迪赛女装系列，并将迪赛的零售业务扩展至30多个国家和地区。

　　1998年，为达到强大的时尚影响力，迪赛推出高级休闲服装系列"迪赛风格实验室"，但该系列2009年就被取消了。勇者无畏集团于2007年收购了索菲亚·可可萨拉齐品牌，其设计师索菲亚·可可萨拉齐也成为迪赛黑金女装系列创意总监，该系列由曾生产过维维安·韦斯特伍德红标系列和马丁·马吉拉系列的丝塔芙国际公司生产制作。

◀ 2008年，V字超低领樱草花皮革连衣裙，前方带拉链以及夸张的大口袋。

2000

中性色调的分装，未来主义运动风。

甲壳般的斗篷将连帽针织衫牢牢地固定住，下身搭配喇叭裤，该系列的各个部分可以互换搭配，例如前围裙式迷你裙、层次丰富的背心衫，以及前拉链式无袖夹克。男装和女装中都有阔腿裤以及各种款式的派克大衣。超细针织露肩毛衣和太空时代弹性束腰上衣的拉链高至喉部。

2010

砂洗双牛仔布，霓虹色尼龙和皮革，螺柱和链子：为喜欢20世纪70年代风格的摇滚青年和自行车男孩设计。

双面牛仔短裤，前拉链上衣的肩部和胸前装饰有链子效果的流苏。紧贴肌肤的低腰牛仔裤搭配带饰钉接缝背心。带帽紧身针织连衣裙，既表现了摇滚风，又异常别致。夹克衫的基础面料为牛仔布，袖子为黑色皮革，下身搭配合适的迷你裙。其他服装中，整洁的多层派克大衣，内搭中长开襟羊毛衫以及方格短裙，另外还有斜纹棉布裤、短夹克衫和绒布迷你连衣裙。宽松的T恤上印有霓虹色抽象图案，让人想起20世纪80年代的风格。男装主要为各色皮革的派克大衣，内搭无袖霓虹色马甲。

2006

春夏男女装系列，俏皮而又颇具颠覆性的军装风。

缎面夹克和白色长裤的搭配，为下班后的休闲装扮。该系列为典型的军装风：休闲裤、卡其布、黄金编织、流苏肩章、奖章、军便帽、军用礼服、迷彩服，其原始设计的线条和细节很容易被识别，但是解释起来却很费劲。该系列细节和颜色设计没有性别之分，然而在电影《魔鬼女大兵》的服饰中，其女装却使用了绸缎面料，例如露出乳沟的马拉布生丝黑色胸罩，还有歪戴着的时髦帽子。

唐娜·卡兰
Donna Karan

　　以"简洁七件"理念闻名的美国设计师唐娜·卡兰（1948—　　），自1984年创立自己的品牌以来，一直把握着现代都市职业女性的服饰需求——在她们的时尚胶囊衣橱中，主要就是这一套集所有功能于一身的套服，柔软弹力面料制成的裹裙勾勒出平滑的轮廓，再搭配厚款不透明裤袜，深受女性们喜爱，这身套服也成为了她们20世纪后期的工作制服。

　　卡兰最初在帕森斯设计学院学习，随后，她进入美国著名时装品牌安妮克莱因的公司工作。后来，由日本多罗（タキヒヨー）株式会社投资，她和第二任丈夫斯蒂芬·韦斯创建了自己的同名品牌。该品牌长盛不衰的原因正是因为卡兰有着自己独特的时尚风格，她设计出一系列功能强大的服饰，例如"露肩礼服"，该礼服遮住了胸部和胳膊，却将肩膀裸露出来，从而使得晚礼服既性感迷人，又不过于裸露。该品牌服饰对年龄和阶层的限制较小，同时也致力于研究各种实验性纤维以及最新的技术，投资生产出独特的面料，以保持该品牌的独特标识。

　　1988年，副线品牌DKNY成立。1997年，卡兰辞掉首席执行长官一职，但仍保持董事长及设计师的职位，继续为该品牌效力。卡兰史无前例地在美国时装设计师协会获得了七次奖励，并于2004获得终身成就奖。卡兰后来创立了"都市禅"（Urban Zen），一个时尚美丽、以家居装饰为主的生活品牌，这反映了她对东方哲学的拥护，以及对商业和慈善事业的热情。

◀ 2010年，立裁平纹针织礼服，其灵感来自水、空气、土和火。

2003

彼得·斯贝里奥普罗斯参照奥黛丽·赫本的风格，首次推出黑色、白色和灰色系列。

灰色斜纹软呢两件式套装代表着20世纪50年代的典型风格：宽立领出颈部，双缝袖的设计使得裁剪更为合身。秋冬系列中，充满未来感的银色椭圆形腰带极具现代感，这种现代感也表现在宛若第二层肌肤的猫装或是臀部剪裁的白色平纹针织及膝裙上。冬季白色大衣从臀部到连肩袖，最后到简洁立领上都有管状黑色皮革接缝。

1996

春夏系列主打白色休闲魅力风。

简单的羊毛裹身衣，肩线下降，还带有垂直口袋，给人轻松随意的感觉，与该系列其他单品很是协调，例如及臀上衣、对襟夹克。单粒扣丝绸衬衫，搭配从臀部垂顺下来的露脐迷你裙，另外还有露肩及踝连衣裙，都展现了卡兰颇具代表性的低调性感风。

2009

20世纪80年代奢华面料制成的瘦版长款服饰带有强势肩线，为职业女性的衣橱增加了分量。

绕颈吊带裙上半身为长袖交叉紧身胸衣，袖子在肩膀处裸露，然后一直延伸至手腕处收紧，形成紧身袖口。紧身平纹针织面料也用于贴身的高领连衣裙和上衣，盖住宽肩，下身搭配长及小腿的砖红色、铁锈色和烟草色调铅笔裙。法兰绒和巴拉西厄面料夹克搭配简单的皮扣腰带，下身为芍卜裤（胶带处收累褶皱，脚踝处变窄）。小羊驼面料被加工成裹身束带大衣，还搭配有豹纹手臂保暖套。塔夫绸晚礼服的褶裥遍布紧身上衣，并在下身裙子上呈扇形散开。

德赖斯·范诺顿
Dries Van Noten

　　奢侈华丽，兼收并蓄，有层次感的颜色、质地和印花展现了比利时设计师德赖斯·范诺顿（1958—　）的浪漫情怀。德赖斯·范诺顿的祖父是一位裁缝，父亲是时装零售商，在这样的家庭熏陶下，范诺顿于1976年进入了安特卫普皇家艺术学院学习。1980年毕业后，他开始了自己的职业生涯，并于1986年推出了自己的第一个男装系列，成为伦敦时装周上"安特卫普六君子"之一。同年，他在安特卫普开了一家小型精品店。1992年，他在巴黎推出自己的第一个男装系列，第二年又推出女装。

　　在20世纪90年代初漫长的极简主义时尚时期，德赖斯·范诺顿作为高端波西米亚风格大师所取得的成功有所减弱。自21世纪开始以来，奢华面料的采用使得该品牌再次赢得了时尚魅力。他在宽松包裹、层次丰富的浅色系上运用了提花针织、印花天鹅绒、复杂的针织和刺绣、染色面料等元素。2008年，范诺顿荣获美国时装设计师协会颁发的国际大奖。

　　范诺顿一直在安特卫普工作、生活，如今，他已经拥有了五家精品店，而其同名品牌也在全球超过500家商店出售。作为一家私人公司，德赖斯·范诺顿从不做广告，但每年都会举办大概四次时装秀，分别为夏季和冬季的男装秀及女装秀。

◀ 2019年的铅笔裙上印有光怪陆离的微妙色调的佩斯利旋涡纹图案。

1996

纱丽丝绸面料，印度风格剪裁，明亮丰富的色彩。

宽松的双排扣上衣，腰间简单地绑着一条印度版画风情的及踝放牧裹裙。本系列颜色和纹理层次分明：装饰华丽的纱丽裙，内搭缎子裤，脚踝处收褶，并配以纯白色的尼赫鲁式夹克衫；或是带图案的毛衣，搭配滚边及膝丝绸衬衫和宽腿裤。

2010

本系列主要为海军色和驼色的合身条纹、格纹男装。

学院风条纹式双排扣西装外套，搭配带织带和流苏的柿色围巾，为本次深色系秋冬系列增添了色彩。范诺顿混合了条纹和格纹：条纹状夹克的袖子为格纹，或是格纹状的夹克带有条纹袖。同样，无袖风衣内搭格子衬衫。风衣的边缘和袖子处还带有风格相反的滚边。

2005

为庆祝德赖斯·范诺顿品牌成立50周年，本次时装秀先是纯白服饰系列，然后是该设计师颇具代表性的装饰性服饰。

农夫风褶皱单扣衬衫，下摆随意简单地塞进腰间，再搭配宽下摆短裙，展现出宽松随意的全白色外观。该衬衫也可换成轻薄的透视衫，再搭配双层裙。或是更为简洁的风格，外搭侧面固定的风衣外套。挺括的棉质大衬衫，或是全身印有褪色复古印花的衬衫，袖子带有滚边，肩线下降。它们简单地穿在腰间，或是搭在胸罩式上衣外面，下身搭配褶皱式印花裙。透过开口至腰际的柔软高腰式透视印花裙，可看到里面的胸罩。本次春夏季系列的色彩和印花越来越强烈，也出现了熟悉的不合宜的印花。

艾雷岸本

Eley Kishimoto

　　岸本和歌子（1965—　　　）和马克·艾雷（1968—　　　）既是夫妻又是工作中的好搭档，两人共同建立的艾雷岸本是伦敦过去20年里最持久、最受关注的创意品牌。他们曾在不同的学校学习过时装面料设计：岸本曾在中央圣马丁艺术与设计学院学习制作印花服饰，而艾雷则曾在布莱顿大学学习时装纺织品设计。

　　两人共同的事业始于为其他大品牌设计印花图案，例如路易·威登、亚历山大·麦昆和阿尔伯·艾尔巴茨。1996年，他们推出了自己的女装品牌，客户和合作者也很多。他们曾在2008年为卡夏尔担任设计指导，也曾与伦敦建筑联盟和大众汽车合作设计。他们在与匡威合作生产的运动鞋以及西村兄妹合作的和服系列设计中，也用到了动画设计商标。

　　该品牌植根于装饰性纺织品，其女装设计采用了多变且不因循守旧的英国式外观，同时也保留了日式的感性风格，并在服装上印有很多装饰性图案。其他产品也用到了这种装饰方法，如Ruby摩托车头盔、壁纸、Vendome珠宝、Ben Wilson椅子和G-Wiz电动车。2007年，与日本的授权合作更是进一步巩固了该品牌的影响力。

◀ 2010年春夏系列，端庄的女式夏季罩衫上印有大量颜色明亮的印花，颇具特色。

2002

印花灵感来自画家保罗·克利和瓦西里·康定斯基。

野兽派风格的几何印花裙，搭配颜色相配的宽翻领上衣，以及大号红色贝雷帽和紧身裤。在不拘一格的廉价旧货店风格以及奇形怪状的单品系列中，本系列保留了大量丰富的印花，并探讨了图案、形状和颜色自由混合在一起时的戏剧性效果。

2008

巧妙地引用了微妙的皮埃罗、默剧、即兴艺术喜剧人物的风格。

宽腰带直筒连衣裙的图案为画家式斜方格，让人想起小丑的形象，这是该系列一直重复出现的主题。竖起的小飞侠宽领和褶皱圆形抵肩、白色的哑剧手套，以及波尔卡圆点和纽扣——都是带有戏剧细节的平易风格。另外还有长裤和印花小丑短裤。

2005

艾雷岸本的混合图案和色彩，穿在身上正是人们所期待的日式解放风。

宽松的褶皱罩衫式上衣、裤子和过膝袜上印满了图案。艾雷岸本与艾力士一开始合作便推出了"本地"（Local）系列的一部分——非洲-加勒比主题。东京印花时装秀和青少年街头混合时尚，再加上江户时期的宫廷礼服风，大胆地重申了艾雷岸本重叠式图案的核心价值。印花来源广泛并产生了一系列影响：在非洲印花上引人伦敦郊区的建筑形象会怎样呢？在沙滩长袍上系上日本和服上装饰用的宽腰带又会怎样？本系列其他服饰中，也有精致典雅、更为平和的部分：印花连衣裙的斜裁上衣部分变成交织丝带，形成了吊带裙的"项链"。

艾米利亚·维克斯特

Emilia Wickstead

在米兰长大的新西兰籍设计师艾米利亚·维克斯特（1983—　　），受旧世界时装的启发，于2008年开始以定制设计师身份开始了其职业生涯。她的第一个时装系列是从当时的男友（如今的丈夫）那里借来一笔小额贷款后，在切尔西公寓的客厅里完成的。维克斯特毕业于伦敦中央圣马丁艺术与设计学院，在那里她学习了时装设计与市场营销学。毕业后，她先后在纽约的普罗恩萨·施罗、纳西索·罗德里格斯和《时尚》杂志实习。2012年，她在伦敦时装周上首次亮相，呈现了上流社会正装的现代感。

维克斯特的设计结合了清晰可辨的轮廓，以及对色彩的精准眼光，展示了鲜明而又立可识别的女性气质，同时也显得端庄低调。这些特点使得该品牌成为剑桥公爵夫人、威塞克斯伯爵夫人和各种王室婚礼宾客的最爱。维克斯特最喜欢的款式之一是具有紧身胸衣、突出腰部的长裙。该品牌的外套式连衣裙也很受青睐，非常适合公众人物展示用，也比外套和连衣裙的笨重组合更为实用。

维克斯特在新西兰、纽约和米兰都举办过时装秀，她的旗舰店和私人陈列室于2014年在伦敦的斯隆街开业。同年，她获得了英国时装协会时尚基金会的资助，并于2013年、2014年、2015年和2016年入围英国时装协会与《时尚》杂志联合设立的设计师时尚基金评选的短名单。

◀ 2019年春夏系列，带扇形百褶的高领高腰修身长裙。

2018 西服套装、简约连身裤和雪纺连衣裙。

印花雪纺全裙式"草原大长裙",带褶皱的上身连接斜袖缝,垂坠的肩部延伸至褶皱的定型袖中。本系列中,格纹和粗花呢很受青睐,不管是淡紫色、灰色和淡绿色的细千鸟格,还是充满活力的红色格纹。该系列的特色是长裤套装,即系扣、带腰带的外套搭配直腿裤。

2019 秋冬系列,端庄稳重的裙子,以及在纯色块上进行了大量剪裁。

长至小腿的连衣裙上印有复古而又华丽的竖状佩斯利图案和花卉印花,明显体现了英王爱德华七世时代端庄稳重的特点。连身立领之外,颈部还有一条黑色带子,进一步提升了连衣裙的端庄感。 轻轻鼓起的袖子用深袖口固定。 该系列受到弗朗西斯·福特·科波拉导演的《教父》三部曲中玛丽·科里昂的启发,引用了一些经典作品的家庭仪式,例如婚姻、洗礼和死亡。深棕色的宽松外套和西服套装,搭配明黄色、黄绿色和红色的全裙式连衣裙,起到了提亮作用,所有细节都包括精心设计的褶皱、褶层和垂褶。

2019 春夏系列,商务剪裁和轮廓柔和的连衣裙。

灰褐色裤装,包括单排扣夹克和前褶皱裤子,内搭简单的米色衬衫,为本系列红色、黑色和白色的商务套装奠定了基调。宽松的浅蓝色、粉红色和驼色的宽松风衣,搭配上宽下窄的陀螺型裤子,颇有20世纪80年代的氛围。本系列其他服饰中,20世纪40年代的轮廓出现在了各种悬垂和百褶裙上,强调了腰身和提高的肩线。晚装也采用了同样的全褶裙和大量的褶层。

艾尔丹姆

Erdem

　　加拿大籍设计师艾尔丹姆·莫拉里奥格鲁（1977—　　）重新定义了新世纪的印花风格，创造出款式独特的半高级定制时装，适合具有公众影响力的权势女性们——例如米歇尔·奥巴马、萨曼莎·卡梅伦、朱丽安·摩尔——穿着。他设计的印花五彩缤纷，让人眼花缭乱，穿在瘦削简朴的人身上，更是让人惊艳。

　　莫拉里奥格鲁先是在加拿大瑞尔森大学修读时装设计专业，2000年搬到伦敦，在维维安·韦斯特伍德处进行了短期的实习后，获得英国文化协会奖学金，进入英国皇家艺术学院攻读硕士学位。2003年毕业后，他与设计师黛安娜·冯·弗斯滕伯格一起在纽约工作。

　　在意识到与女性市场上以时尚主导的服饰的差距后，莫拉里奥格鲁在东伦敦新兴文艺区成立了自己的一个小工作室，并于2005年创建了自己的同名品牌。该设计师颇具代表性的印花图案是他辛苦探寻的结果。他在仔细研究了原始的服饰艺术作品之后，对其进行了数字化操纵和改变，从而手工改变了尺寸并赋予其绘画艺术般的质量，而对明亮色彩的巧妙使用又进一步提升了效果。莫拉里奥格鲁的设计仅限于一些简单的连衣裙、上衣和裙子，他对图案和颜色的控制也是非常重视的。

　　2005年，他赢得了时尚边缘奖。2010年，他又获得了英国时装协会与《时尚》杂志联合设立的设计师时尚基金颁发的20万英镑奖励，以支持该品牌在未来的发展。

◀ 2020年，带有深褶花边袖子、腰花和下摆的宽松超长连衣裙。

2008

大胆地使用了柠檬黄、紫水晶和叶绿色，并融合了一系列印花工艺和非常简单的裁剪。

　　无肩带大摆舞会礼服上印有大量数字印花，并在裙子的花瓣形下摆处点缀有施华洛世奇水晶。这件作品预示着该系列将注重女装设计细节以及豪华面料。科摩塔罗尼（Taroni）绸缎厂提供的公爵绸制成了明黄色绗缝漏斗领外套。法国蕾丝生产商索菲哈莱特（Sophie Hallette）供应蕾丝，用在改造后的经典女式风衣、系列晚装、鸡尾酒会礼服从领口处垂顺下来的层次面料。箱型褶裥出现在整个系列中：在双排扣高腰大衣上，让人想起20世纪60年代纪梵希简洁的雕刻风格；也让舞会礼服的气球型裙摆显得更为丰满。而滤布的使用让这些绘画格调印花显得更为抽象。

2006

强烈而又风格独特的植物印花成为"艾尔丹姆女性风"的开端。

　　2006年艾尔丹姆秋冬首次时装系列中，最突出的特点是各种鸟类、蝴蝶和粗条纹印花，表现了该品牌的未来走势。该系列由不同的部分组成，也包括一些严格定制的元素，例如灰色、黑色这样暗色调的垂褶领连衣裙、围裙装。黄色则是唯一亮丽的色彩。

2010

超女性化的褶边和印花图案出现在端庄的礼服上。

　　箱型褶裥按比例缩小为合身上衣的接缝处，并形成了多层次的荷叶边裙摆。印花让人联想到复古的种子袋：簇生堇菜和三色堇，精心的设计也使得腰部以上的部位更为轻盈。鞋子上覆满了同样的印花。本系列的其他服饰产品中充满活力的宝石色绸缎上用到了镂空花边。

埃特罗
Etro

　　饱和的色彩、不羁的图案和质地大胆地融合在一起，形成了埃特罗华丽的波西米亚风。1968年，吉墨·埃特罗（1940—　　）创立了该品牌，成立之初，埃特罗专注于为米兰时装设计师生产装饰华丽、奢华高档的羊绒、丝绸、亚麻和棉布面料。该品牌的灵感和色彩来自东方，1981年诞生的腰果花纹更是成为了该品牌的标志，随后又推出了由精美面料制成的男女配饰。后来，埃特罗的产品线不断扩展，陆续推出了皮具系列和家居用品。

　　1983年埃特罗首个品牌专卖店开张，为其带来了更多的关注。1994年又推出了第一个成衣时装秀。该品牌由吉墨·埃特罗先生和他的四个儿女一起掌管着埃特罗公司的设计方向：毕业于伦敦中央圣马丁艺术与设计学院的维罗妮卡·埃特罗和设计总监金恩·埃特罗分别掌管着该品牌女装和男装系列；雅可波·埃特罗负责面料监制和财务运作；而艾波利多·埃特罗则掌管配饰和家具系列。

　　该品牌积极向外扩张，在世界各地主要的零售场所都设有商店和特许经营店：例如比佛利山庄的罗迪欧大道、拉斯维加斯的凯撒宫购物中心、纽约麦迪逊大道，以及其他许多国家的首都如迪拜、莫斯科和罗马，店面都极其奢华贵气。该品牌在时装秀上所表现出来的华丽装饰不仅使其位居时尚前沿，同时也代表着奢华嬉皮风格。

◀ 2018年，各种各样的条纹和少量印花创造了高级嬉皮美学。

1997

本系列展示了从撒马尔罕到上海的丰富纺织面料。

这套服饰让人想起丝绸之路的游历、（佛教或者印度教的）宝塔，以及东方风格的印花。整个服装系列兼收并蓄，用到了丝绸、天鹅绒、绸缎、毛皮和锦缎面料。多样化的着装文化融合在一起：大量乌兹别克斯坦风格的羔羊皮帽子，搭配端庄的中国旗袍；或是印度北部的裁剪短袖外套搭配丰富的缎面裹身裙。在本系列其他服饰中，黑色绸缎制成了带风帽的裹身外衣，内搭富丽奢华的羊绒连衣裙。

2006

本系列主要为地中海颜色的马蒂斯风格印花和腰果花纹。

及踝飘逸雪纺长裙带有紫红色宽饰边，腰间也带有该品牌最具代表性的腰果花纹。该系列奢华的女人风包括飘逸的印花真丝雪纺连衣裙，胸衣上偶尔绑有带超大串珠的扭曲或打结的雪纺绸。纯白色裙子和夹克的饰边上装饰有天蓝色的马蒂斯印花。马蒂斯也用在黑色条纹上，与腰果花纹拼接在一起，形成了及膝衬衫裙。

2004

埃特罗的协调色彩调和了各种灵感的多样性。

该系列主要为彩虹色条纹和日光褶款式的迷嬉裙和裹襟式上衣，奢华大气，表现了女性气质，另外还有印花棉布图案的褶皱裙以及带装饰的短款长衫式上衣。粉红色和蓝绿色时髦宽腿裤，搭配喇叭式罩衫上衣和条纹西装式外套。该品牌最著名的腰果花纹出现在简单的光泽缎及膝大衣上，也作为拼凑图案出现了黑色雪纺晚礼服上。这些元素通过亮丽的印花色彩汇聚在一起，或透明飘逸，或轻薄合身。

尤登·崔
Eudon Choi

　　尤登·崔（1976—　　）出生于韩国，在首尔接受男装设计师培训后，前往伦敦，于2006年毕业于皇家艺术学院，获得女装设计硕士学位。2009年，他创立了自己的同名品牌，并因2011年春夏系列设计作品而获得沃克斯时装前沿（Vauxhall Fashion Scout）设立的优秀奖。尤登·崔定期在伦敦时装周上展示女装作品，其设计受建筑学启发，反映了其对剪裁技术的深入了解，将色彩和纹理巧妙地融合在复杂的造型中。

　　2017年，尤登·崔受邀与英国约翰·刘易斯合伙百货公司（John Lewis Partnership）合作了"现代珍品"（Modern Rarity）系列，其胶囊系列包括限量版五件外套，第二年又推出一系列连衣裙。其品牌生产优雅的工作服，尤其着重于外套和西装，巧妙处理了口袋位置和纽扣细节，搭配衬衫裙和解构的裙子。尤登·崔与罗什·马塔尼2014年创立的珠宝品牌阿里盖利（Alighieri）合作，打造了2018年秋冬系列，从沿海发现的材料中汲取灵感生产了一系列珠宝。

　　尤登·崔的设计作品获得了许多赞誉，他两次获得英国时装协会与《时尚》杂志联合设立的设计师时尚基金。其品牌在多佛街市场、哈维·尼科尔斯百货（Harvey Nichols，香港、迪拜）、"纽约处女秀"（Debut New York）和路易莎·维亚罗马品牌店（Luisa Via Roma）中出售。

◀ 2019年春夏系列，灵感来自印多尔市的马尼克花园。

2015 强调非对称剪裁的简约性建筑风格系列。

这款黑色丝硬缎礼服的一侧肩膀上有不对称的系结物，宽褶皱处连接开口，下摆处闪现紫红色的内里（金色礼服则闪现黑色内里）。两种样式均在接缝处设计有垂直口袋。日本野兽派建筑风格"新陈代谢派"，尤其是东京的中银胶囊塔，激发了该系列的设计灵感。裁剪严格的外套和裤子，突显了斜裁的轮廓设计。

2018 剪裁现代，搭配合身的夹克和色彩鲜艳的改造过的风衣。

简单大方的米色羊毛毡大衣，搭配宽松奢华、边上带有简洁橙色条纹的阿兰针织羊绒披肩，使服装显得不那么中性，同样的色彩也用于裙装和威尔士亲王格纹外套中，搭配透明亚克力托特包。海员扣领短上衣和乙烯基防水连靴裤的灵感来自圣艾夫斯，搭配尤登·崔与英国女帽商诺埃尔·斯图尔特共同创作的海员防水帽。

2017 植根于男装，一系列解构大衣和毛衣，在柔和的色调中也加入了明亮的色彩。

上衣采用最光滑的卡其布，腰间系带，采用明线、前中缝和船型领口。下身搭配宽大的黑色长裤，上下均配有双D环。该系列始终坚持宽松休闲的款式，随意束腰的高腰裤，低腰裙摆，通常采用灰色法兰绒和千鸟格格纹。厚实的毛衣随意搭在肩上，穿在夹克和衬衫外，或是搭配及踝长大衣和皮裤。宽松的条纹衬衫、夹克和皮裤则采用蓝色和橙色之类鲜艳的色彩。

芬迪
Fendi

　　芬迪品牌创建人爱德华多·芬迪（？—1954）和阿黛尔·芬迪（1897—1978）于1925年在罗马开设了第一家店铺，专营毛皮和皮革制品。该品牌在20世纪30年代和40年代发展迅速，大受瞩目，成功打入奢侈品市场。而阿黛尔的五个女儿则全数投入家族事业，共同管理经营芬迪公司。在1955年芬迪时装发布会首次举行后，芬迪正式成为时尚品牌。

　　1965年，芬迪姐妹任命卡尔·拉格菲尔德为该品牌创意顾问。拉格菲尔德对皮毛及皮革行业的传统工艺进行了改良，使其像其他面料一样功能多样。1969年，该品牌推出皮草成衣系列，采用了现代化的试验性外观，并同样也对皮毛和皮革进行了革新处理，例如在芬迪手袋上印花，使其面料更为柔软。1977年，芬迪将成衣系列扩展到男装、配饰和家居系列。芬迪抵制了当时的反皮毛服装运动，善待动物组织发言人因在1997年展示了芬迪皮草而被解雇。同年，该品牌创始人的孙女——西尔维娅·芬迪设计了著名的"It Bag"（Inevitable Bag，一定要拥有的包）——"贝贵包"（Baguette，法语"面包"之意）。

　　1999年，路易·威登集团和意大利的普拉达合伙并购了芬迪公司51％的股权。2007年，普拉达和卡拉·芬迪主席领导的芬迪家族将其股份出售给了路易·威登集团，但卡拉和西尔维娅·芬迪继续留任。芬迪在超过25个国家和地区拥有160多个精品店。

◀ 2009年，拉格菲尔德极富层次感的设计，面料和表面处理对比明显，腰部收紧。

2000

秋冬系列，动物皮毛以及棕色色调带来了特殊的效果。

获得专利的皮革绗缝机车夹克和同样皮革的长裤搭配靴子，腰间系有一条金腰带，搭配一条毛皮披肩和超大皮草包。该系列的喇叭A字裙和棕色色调，引用了20世纪70年代和80年代的风格魅力，芬迪的设计能力在这一件又一件精致的艺术品中展现得淋漓尽致。深浅同色的条纹更加强化了大胆的线条，而错综复杂的条纹状皮草交叉在一起，形成V形图案，也非常引人注意。印花皮草和面料上的方块图案和网状图案将身形分离开来。

1980

芬迪在当时那个奢侈即浪费的时代用到了很多皮毛面料。

超大的裹身裘皮大衣表现出极大的魅力，也集中体现了20世纪80年代"越多越好"、铺张浪费的价值态度。自从20世纪60年代中期卡尔·拉格菲尔德上任以来，该品牌的时尚价值不断攀升，高品质面料为其带来了很好的声誉，各路明星大腕——例如克劳迪娅·卡汀娜、索菲亚·罗兰、凯瑟琳·德纳芙、戴安娜·罗斯和莎拉·杰西卡·帕克——的广告代言和市场营销策略也为其在全球范围内增加了客户量。1985年，为庆祝品牌成立60周年以及拉格菲尔德上任20周年，该品牌在罗马国家现代艺术画廊展出了旗下多种多样的牛仔裤、配饰和家居用品，并推出了自己的第一款香水。

2011

鲜艳的绯红色漆皮手袋，扣子上带有芬迪的"双F"标志。

1965年，卡尔·拉格菲尔德在这款单肩包上设计出环环相扣的双"F"标志。从此以后，它常常作为标志出现在各种"It Bag"上，其中最著名的就是芬迪贝包，正如它的名字一样，人们拿着这款包包，就好似拿着一块法国面包一样。该品牌每季也会限量生产出600种不同面料制成的不实用小包，上面带有很多装饰。

加勒斯·普
Gareth Pugh

英国设计师加勒斯·普（1981—　　）毕业于著名的中央圣马丁艺术与设计学院。2003年，他在自己的哥特式毕业展上应用到了油毡物，这为他赢得了他一直追求的荣誉和知名度。从此以后，加勒斯·普在其设计中继续保持了大胆诡异、令人震惊的风格。然而，他那依靠宣传来维持的销售策略，却进展缓慢、日益困难。

在加勒斯·普14岁时，英国国家青年剧院邀请他担任戏服设计师，这为其壮观梦幻的设计理念奠定了基础。后来，进入大学后，加勒斯·普在巴黎著名皮草品牌莱维安实习，担任瑞克·欧文斯的助理，在那里，他认识了欧文斯的妻子——时尚顾问米歇尔·拉米。2006年，瑞克·欧文斯和妻子米歇尔·拉米正式入股成为加勒斯·普公司的最大股东。在那之前，加勒斯·普已获得周围时尚媒体的一致好评：英国时尚文化类杂志《茫然》在国际性展览中使用了他的雕塑式充气装置；该装置后又被英国时尚类真人秀节目《时装屋》选中。加勒斯·普和很多杂志也开展过各种项目合作，例如《竞技场》《自助服务》《Cent》《i-D》。2005年，他还受邀参加了"（伦敦）东区时尚"联合演出。

2006年，加勒斯·普的首次个人展表现了极端主义以及复杂高端的服装性能。2008年，他获得了时装界最大的国际性奖励——ANDAM时尚大奖。有了该奖项的资金支助，加勒斯·普从2009年春夏系列开始才得以在巴黎陆续推出时装秀。

◀ 2019年，加勒斯·普展示了他常见的粗线花纹面具和紧身连体衣。

2006

该时装秀的开场服饰为：膨胀的短夹克、紧身塑料长裤，内搭带有金属效果的胸甲和充气式紧身胸衣，展示了复杂的动物风格。

　　加勒斯·普在2006年秋冬时装季中由13套服饰组成的"胶囊系列"虽然并不受重视，但是他的作品被广泛报道，所以曝光率不低，既有正面评价也有负面评价。加勒斯·普创造的试验性马戏团戏剧风格华丽张扬，最大限度地发挥了各种奢侈风，也利用了一些常见的材料，从而将两者巧妙地融合在一起。金色锦缎和黑色天鹅绒面料上带有黑色紧身PVC以及棋盘式花格，还有薄纱褶皱领。膨胀的单品仅限于宽松的棉服，以及该时装秀中压轴展示的超现实气球怪物黑色兔子。白色的丑角式妆容、复杂的雕刻式马特头饰以及时而带有尖塔状的帽子，与该时装秀上精美的马丁靴形成对比，也进一步突显了该品牌标新立异的风格。

2008

加勒斯·普诠释了单色视觉语言，其2008年秋冬系列更是构成了该设计师闻名遐迩的黑色畅想设计。

　　波状膨鼓裙和延展的肩部细节，与无脊椎生物的脊状鳞片一起，形成了混合剑术盔甲。而横条脊状紧身衣和前额上触角般的发辫进一步加强了这种风格。整个系列都出现了脊状拉链和猴子毛皮，也运用到了多种材料：安全别针、黑色山羊皮、小马尾、单调的黑色皮革以及教会式灰色法兰绒。加勒斯·普带有启示性的寓意，为女性们带来了一种荒诞不经的新选择：大号或者超大号的肩线；束腰以下部分垂直而下，或是束腰以下逐渐变宽形成衬架裙。大量使用的安全别针和拉链，以及少量皮革，与面料配件等重复组合在一起。

詹巴迪斯塔·瓦利

Giambattista Valli

　　詹巴迪斯塔·瓦利（1966— ）于2005年创建了自己的同名品牌。该品牌致力于颜色和款式都很有限的短款鸡尾酒会礼服设计，用棕褐色等中性色调带来了端庄复古的流行服饰感。瓦利在罗马长大，1984年进入欧洲设计学院学习，1987年曾在伦敦中央圣马丁艺术与设计学院短暂学习过插画。第二年，罗伯图·卡比索请他担任公关，随后又提升他为设计职员，在那里，瓦利培养起自己在处理尺寸、质地和颜色的技术层面上独特的洞察力。1990年，瓦利加入芬迪，成为其"Fendissime"系列的高级设计师。1995年，他出任克里琪亚女装成衣系列高级设计师，随后又于1997年加入伊曼纽尔·温加罗，成为该品牌成衣系列艺术总监。2001年，他又负责了温加罗的配饰系列温加罗"Fever"系列。

　　瓦利在自己的品牌设计中，继续自己优雅精致的鸡尾酒会礼服。近来，他又推出了高端精致、裁剪合宜的日装，用斜纹软呢或是印花斜纹软呢代替了其标志性礼服的蓬松面料，同时组合搭配肌理，如羽毛、流苏或皮草搭配轻薄的底布，或是偶尔搭配动物纹样。

　　瓦利为法国著名户外品牌盟可睐生产了外衣系列，也和西维公司合作过毛皮系列。该公司由詹巴迪斯塔·瓦利所有，并由皮诺的家族投资集团（Artemls）持有少数股权。

◀ 2011年春夏系列中，褶皱裹身丝绸与动物印花形成对比。

2005

颇具代表性的气球型裙，装饰有丝带和蝴蝶结。

荷叶边裙子由裸色驼鸟长羽毛制成，胸部系有黑色缎带大蝴蝶结，并在裙子的下摆处形成飘带。本次秋冬系列的其他服饰中，缎带也用来装饰在深浅色条纹雪纺裙的腰部，或是作为腰带装饰皮大衣。紫红色和橙色的加入，使得中性色色调更显活泼生气。

2010

建筑风，灵感来自20世纪60年代的裁剪艺术。

黑色雪纺缩褶裙的上衣围嘴部分为白色，展示了约束元素，下身的晚礼裙非常合身，带有褶边夸张的鱼尾下摆。另外一条短裙的腰部到下摆也出现了褶皱边饰，上身搭配灰色软呢连肩袖上衣，上衣和短裙之间系有裸色丝带。茧型外套和夹克的面料主要为裸色羊毛。

2008

花边设计变化多端，非常有趣，面料奢华，装饰丰富，然而剪裁却朴实严肃。

瓦利的这款礼服设计夸张，气球型裙上印有红色和粉色的全然盛开的数字印染玫瑰花。该系列中还装饰有红色皮草披肩、玫瑰花环以及各种珠宝。本系列其他服饰中，及膝裙整体设计简单，只是从衣领到下摆都装饰有水平荷叶边；相比之下，无袖衬衫式连衣裙却更显朴素，无装饰，下摆逐渐收紧。其他的裸色雪纺连衣裙上也带有边饰，类似中国灯笼的风格，也搭配有颜色合宜的皮草披肩。该系列有很多褶皱的郁金香型短裙，或高腰或低腰，面料为软羊毛、织锦和丝缎，外面搭配皮草斗篷或仿羔皮呢夹克。鸡尾酒会礼服装饰有织布玫瑰花、皱边以及刺绣。

贾尔斯·迪肯

Giles Deacon

担任高级时装店温加罗创意总监的英籍设计师贾尔斯·迪肯依靠智慧和坚韧不拔的精神，将其同名品牌发展成为兼具时尚、传统经典以及上乘质量的流行品牌。他的前任重新挽回了该品牌在女演员林赛·罗韩担任创意顾问以来受损的声誉。

迪肯在英格兰湖区度过了自己的童年时期，这段经历也反映在了他那沉稳冷静、风格独特的时装设计中。在加盟让–夏尔·德卡斯泰尔巴雅克和宝缇嘉后，他的设计更是炉火纯青。迪肯习惯在自己的服装设计中加入一些广受欢迎的文化元素，例如颜色鲜艳的卡通舞会裙。他也曾与印花设计师罗伊·克赖顿合作过，印花素材主要为一些仔细观察才能认出来的不寻常事物，如大量小蜜蜂以及带有伍德效应的猩猩。

从著名的伦敦中央圣马丁艺术与设计学院毕业之后，迪肯于2004年创建了自己的品牌。在时尚圈中，迪肯因其广泛的交际以及良好的人缘而广受赞誉，他在大学期间就结交了英国造型师凯蒂·格兰德，并与他成为了密友。格兰德是迪肯创作团队的核心成员，为他的作品带来了世界上最领先的元素。2006年，他荣获"英国时装协会年度设计师"称号，2009年，更是获得了享负盛名的ANDAM时尚大奖，这个奖项为他赢得了在巴黎时装周演出的宝贵机会。2010年到2011年，他被任命为法国高级时装品牌温加罗的创意总监。2016年，迪肯将其品牌从成衣转向高级时装设计，专注于为红毯和私人客户设计，并离开伦敦时装周，转向法国巴黎高级定制时装秀。

◀ 在2016年的成衣系列中，迪肯激光裁剪的微褶的欧根纱礼服。

2004

20世纪70年代风格中应用到了与众不同的印花主题。

吉本主题概括了迪肯在该品牌第二次时装秀中特立独行的风格，并沿袭了第一次更为混乱的动物风格。整个系列都用到了斯蒂芬·沃尔特斯父子丝绸厂编织的带花纹织锦，例如夹克衫搭配条纹短裙或铅笔裙装，或是精致透明的土耳其式长衫上印有木纹图案。

2010

2010年秋冬系列充满了成熟的魅力。

橙色直筒连衣裙带有激光裁剪花边，外面搭配一件系有腰带的开襟羊毛衫，标志着该品牌的演变。该系列其他服饰中，棕色和橙色色调的精制暗门襟夹克衫和外套具有最大的穿着性能。蛋黄色用在了撞色连衣裙上，领口处带有泪滴装饰图案。整个系列是对时髦别致的淑女款式的巧妙颠覆。

2009

这套轮廓鲜明的服饰中，紧身上衣使用了既刚硬又柔软的面料，中间为硬质甲壳般的短裙，最下边是飘逸的褶皱雪纺。

半身裙上装饰有镶有宝石的笋状饰物，给传统的鸡心领、塑形衣和衬裙带来了哥特式风格。这个主题反复出现在该系列中，例如硬皮革A字裙以及简单朴素、带有蚀样花边的紧身服。厚实纱线做成的大号没指尖手套，附在丝缎女式衬衫上，偶尔也会装饰骨色的爪子，为该系列带来了凌厉的风格。裙子和上衣用安全别针系在一起，抽象画表现家在T恤衫上随机运用了霓虹色彩。和往常一样，该系列也加入了印花元素；这里的印花为带钩的飞钩。除此之外，该系列还搭配有绸缎或山羊皮制成的带前拉链的过膝靴，以及大号圆形帽。

纪梵希

Givenchy

设计师于贝尔·德·纪梵希（1927—　　）为20世纪两位著名时尚偶像——杰奎琳·肯尼迪和奥黛丽·赫本——设计过服装。1957年，他推出及膝布袋装和衬衫式连衣裙，在当时产生了巨大的影响力，推动了当代服装风格的发展，也奠定了之后整个时装时代的风格基础。

纪梵希出生在法国博韦，1952年创建了自己的同名时装店，而在那之前，他就与当时众多巴黎设计师有过私交，例如杰奎斯·菲斯、罗伯特·皮埃特、吕西安·勒隆（纪梵希曾与皮埃尔·巴尔曼和克里斯汀·迪奥一起为吕西安·勒隆设计室工作），以及后来的艾尔莎·夏帕瑞丽。

作为当时最有影响力的女装设计师之一，纪梵希为电影《甜姐儿》（1957）和《蒂凡尼的早餐》（1961）中的奥黛丽·赫本，以及当时精致高雅的典范——杰奎琳·肯尼迪都设计过服装，这也为他赢得了全世界的关注和认可。1988年，纪梵希将自己的生意转让给路易·威登集团，并于1995年离开了时装设计领域。之后，路易·威登集团负责人伯纳德·阿诺特请约翰·加利亚诺继任纪梵希的职位，阿诺特是第一位进入法国高级时装店的英国设计师。1996年，亚历山大·麦昆上任，但是人们对他的作品或褒或贬。朱利安·麦克唐纳德从2001到2004年接任该职位。随后，为纪梵希带来黑暗浪漫的哥特式风格的意大利籍设计师里卡多·提西取代了朱利安。2017年，克莱尔·怀特·凯勒继任，这位英国设计师发布了简朴大胆的轮廓设计，以彰显高级时装的传统，并在2020年春夏系列中为纪梵希推出了自己的首个男装系列。

◀ 克莱尔·怀特·凯勒的2018年版本黑色小礼服，这是她在该品牌的首个系列。

1953

与那个时代装饰性服装风格相反，该品牌推出了分装的新概念，强调突显人们的身材。

模特苏西·帕克身着印着复古玫瑰颜色长及小腿中部的沙漏廓型裙子，上身搭配黑色塔夫绸绲缝A形短夹克，连肩七分袖。纪梵希也为他的模特和缪斯贝蒂娜·格拉齐亚尼设计了著名的贝蒂娜式上衣——紧身短上衣，喇叭袖在手腕袖口处收紧。在当时那个属于巴黎女装设计师的时装时代，纪梵希低调淡雅的服饰为人们在迪奥的夸张戏剧风和巴黎世家的理性主义服装之外提供了另一种选择。这也让这位设计师在20世纪50年代末全身心地追求现代主义，他放弃了沙漏型服装款式，转而倾向于无腰麻袋装。

1961

奥黛丽·赫本在电影《蒂凡尼的早餐》中饰演霍莉·戈莱特丽。

于贝尔·德·纪梵希进一步推广了20世纪20年代可可·香奈儿首创的"小黑裙"，将其作为低调魅力的缩影，并由缪斯女神奥黛丽·赫本代言。"小黑裙"最初是为了隐藏电影明星的凹陷锁骨而设计的，船型的领口两侧肩膀被裁剪开，成为女装高级定制的代名词。

1961

美国第一夫人杰奎琳·肯尼迪对纪梵希的钟爱，影响了一代女性。

纪梵希设计的流线型裙装颜色明亮、裁剪分明、轻松随意而又魅力十足，代表作就是杰奎琳·肯尼迪身上这套粗花呢裙装。这套裙装是纪梵希为一家专售法国最佳定制品的时装店——切兹尼农而设计的。而这位设计师也总是喜欢在杰奎琳的服装上加上一些夸张的细节元素，例如，远远都能看到的大蝴蝶结或是一两颗大纽扣。头上还搭配女帽制造商罗伊·候司顿·佛罗威克设计的贝雷风帽子。

1997

英国设计师亚历山大·麦昆在纪梵希推出首次高级时装秀，但被认为不尊重该时装品牌传统。

啦啦队装继续沿用了19世纪的军装制服风格——白色的裤子配上饰有羽毛的帽子，该系列也融合了其他的女性风格，例如瓦尔基里（北欧神话中奥丁神的婢女之一）、有角的女神、天使和亚马逊女战士，其中有露出半边胸部的不对称紧身服。在这场首次时装秀中，虽然麦昆专注野性的风格在这完美的裁剪和垂褶裙中表现得很明显，但他却放弃了自己的阴暗想象风格。无肩带礼服由点缀有少许青灰色和浅绿色的古金色丝缎制成，搭配有与麦昆合作的珠宝商西蒙·科斯廷设计的角状头饰。双排扣从下摆延伸到胸部，强调了白色丝缎上衣的轮廓，同时翻领延伸至肩部两点，就好像是恶魔的犄角一样。

1996

约翰·加利亚诺推出自己在该时装店品牌的首次高级时装秀。

整齐讲究的裤装展现了该品牌低调女性化的剪裁——腰间的丝缎蝴蝶结装饰让短夹克上衣更为柔美，前方褶皱的裤子上带有竖袋。加利亚诺在本系列的其他服装中迷恋古老而又成熟的浪漫主义和混合风，推出一系列灵感来自18世纪的明灰色和白条纹裙子，以及带有大量流苏和饰边的粉红色少女风裙子。

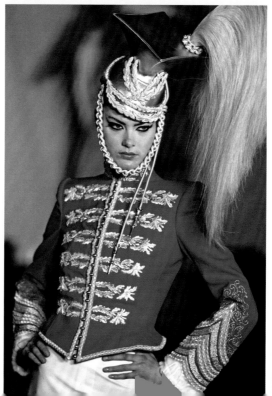

2001

朱利安·麦克唐纳德推出自己在该品牌的首次高级时装秀。

丝硬缎郁金香型短裙内搭窄裤，上身搭配珠饰蕾丝上衣，代表了麦克唐纳德诠释纪梵希的更为前卫的方式。该系列以黑色为主，用到了很多奢华的面料，例如皮革、蕾丝、水貂皮和天鹅绒，设计出小拖尾款及地礼服、高腰裙以及搭配有细条纹裤子的外套。

2008 里卡多·提西将现代哥特式风格和舞蹈服风格融合在一起。

这套高级时装晚礼服上的白色日本折纸褶环绕在身体上——浅绿色裁剪外套上也用到了这项工艺，褶裥中还点缀着鸵鸟羽毛般的泡沫。朱红色礼服上带有都铎式轮状皱领和灯笼袖，除此之外，还有黑色礼服和带有波状下摆的黑色长笛裙。白色褶边衬裙和羽毛形成了裹身衣下身的裙装。

2010 里卡多·提西为纪梵希设计的成衣系列采用了北欧针法和橡胶潜水面料。

秋冬系列中，高腰裤腰部的拉链敞开，露出里面颠覆传统的有费尔岛图案设计的紧身上衣，形成了错视系带效果。里面的激光裁剪蕾丝上衣将刚硬和柔美两种不同的风格融合在一起。同样解开拉链的围兜式遮布也用在了橡胶潜水面料裤上，内搭蕾丝贴身连衣裤和及膝短裙，搭配带有复杂费尔岛图案，以及米色、红色和黑色褶边的针织衫。

古驰
Gucci

　　汤姆·福特于1994年接管古驰，并反映、塑造了20世纪90年代的文化。在他极富创意的领导下，古驰跻身于时装行业最顶层，成为那个时代最令人称羡的品牌。

　　1921年，古奇欧·古奇在佛罗伦萨创建了古驰时装店的前身——皮具店铺。第二次世界大战后，这个意大利奢华品牌发展迅速，其双G品牌标识也享誉全球。但是，20世纪80年代该品牌许可协议的过分拓展导致其短暂衰落，而这个家族企业的内部斗争也进一步加剧了损失。1989年，美国零售经营家唐·梅洛受命重振该品牌，随后她聘请了汤姆·福特担任古驰成衣系列总设计师。1994年，福特被提拔为创意总监，在任期间，他大胆地将性感融入时装中，展现了精致迷人的魅力。在福特的带领下，古驰于1995年10月上市，戴索雷出任该公司首席执行官。随后，古驰公司与有法国背景的PPR集团结成联盟，由一个独立品牌发展成为多元化品牌集团，并收购了伊夫·圣·洛朗、斯特拉·麦卡特尼、亚历山大·麦昆和巴黎世家。福特于2004年从女装设计界隐退，主要原因是与该集团最大股东PPR在商业理念上有很大的分歧。

　　2006年，弗里达·贾娜妮出任该品牌创意总监。2015年，意大利籍设计师亚力山卓·米开理（1972—　）继任，他的兼收并蓄和天马行空的跳跃式混合风格、色彩和面料的运用，为品牌带来了成功的新方向。古驰占开云集团收入的一半以上。

◀ 弗里达·贾娜妮上任古驰创
　意总监后，首次推出的2006
　年秋冬成衣系列。

1971

热裤和及膝长筒靴代表了20世纪70年代古驰的风格魅力，再搭配印有独特双G标识的帆布手提袋。

创始人古奇欧·古奇的儿子奥尔多·古奇1957年推出竹柄手提包。古驰也曾为美国第一夫人杰奎琳·肯尼迪设计了一款"杰姬包"，这款包很快大受名人追捧，成为与香奈儿2.55经典包和爱马仕凯利包具有同样知名度的包。2008年，古驰重新推出这款包。第二次世界大战之后，皮革的稀缺使得古驰不得不用帆布作为替代品，源自马鞍带的红绿条纹带成为古驰的商标和象征，在绒面鹿皮鞋面上还装饰有标志性的马衔扣。这些都是接下来40年古驰标志性的代表元素，直到美国设计师汤姆·福特继派瑞·艾磊仕之后受邀重塑该品牌。目前，配件销售占据古驰80%的营业额。

1995

福特精心设计的服装系列极具突破性，重新打造了古驰风格。他让双G标识再次绽放生命力，成为20世纪90年代及之后极具代表性的商标，并出现在古驰的各个产品上。

丝缎或天鹅绒紧身靴型裤，搭配孔雀蓝和柠檬色迪斯科丝缎衬衫，这些曾经出现在54号工作室舞会上的服饰也再次被推出。高光泽丝绒面料制成的尖肩紧身运动夹克，搭配有纽扣解开的衬衫，衣领为20世纪70年代风格的打开式翻领。奢华有光泽的马海毛制成了淡粉蓝色和焦橙色宽松及膝围裹式大衣，另外一些标准化裁剪的外套也带有简单随意的贴袋。标色或黑色做上细缕的及膝皮衣，内搭低圆领迷你毛衣裙，或是黑色V领毛衫及裤子。臀部带有窄带标识"G"的亮红色毛衣裙，外搭染成了橘色的七分袖皮衣外套，展现了优雅随意的魅力。所有这些服饰都搭配有马衔扣乐福鞋。

1996 该套裙进一步巩固了福特高品质的声誉。

性感和时尚的融合表达了对候司顿的敬意。人造丝白色直身裙在胯部挖空，将古典简约和现代风格融合在一起。

2002 裤子和上衣被丢弃，露出里面的内衣当作外衣穿。

福特将透明的针织丝绸衣穿在健美的身体上，表现了大方的性感和大胆的魅力。该系列其他服饰中瘦版开衫紧紧地缠绕在身体上，下身搭配连接内衣的短裤，或是阔腿裤搭配抽绳上衣。长及小腿中部的A字裙看上去随意且低调。

2003 该系列有长瘦版靴型裤、军装风外套和皮草帽。

对20世纪70年代风格的风衣进行改造，在腰线、裙式下摆和大翻领处都有所改良，内搭从头到脚都为黑色的上衣和裤子。而其他的外套则为军装风，双排扣，并装饰有黄铜纽扣。精致的贴身开司米高翻领或波罗领毛衣，搭配黑色腰带裤，脖子上系有丝巾和冬天的太阳镜，很有神秘而又邪恶的感觉。双排扣式套装由蓝色调细条纹精纺面料制成。

2008

借鉴了20世纪70年代嬉皮士华美风，带有俄罗斯风格的民俗印花和手工装饰。

全虎纹迷你吊带裙的颈部带有缎带和黄铜纽扣。腰间为缠绕两次的金属腰带，金属腰带里面还有一根低至臀部的宽流苏腰带，整个系列都用到了这个重复的主题，例如提花短裙或窄裤。该系列进一步引用了20世纪70年代的风格，阿富汗外套被裁剪为夹克衫，小羊皮镶边，面料和口袋上还带有青绿色和黑色绣花。备受欢迎的嬉皮士印花的佩斯利纹出现在带有大量流苏的围巾、雪纺上衣和丝绸绸迷你裙上。

2008

亚力山卓·米开理的兼收并蓄系列。

该系列是对20世纪70年代的华丽摇滚和80年代闪光翻新复古风格的组合，带有埃尔顿·约翰的早期风格。本系列中，带有最重要的古驰徽标和亮片的短夹克，搭配复古风格的印花超长半身裙、古驰T恤和歪斜的头饰。

盖尔斯

Guess

　　盖尔斯由来自摩洛哥的马西亚诺四兄弟——保罗、乔治、阿曼德和莫里斯——创建于1981年，其设计性感魅惑、宣传独特，展现了美国梦。创始之初，该品牌靠新颖的裁剪和染色牛仔起家，随后又用缤纷的色彩取代了靛青色，同时也用到了粗斜纹棉布等各式牛仔布，发明了新的水洗方式和处理方式。

　　1981年，在布鲁明戴尔百货销售的第一个单品——名为玛丽莲的三拉链水洗牛仔裤——不到三小时就售罄。到1982年年末，马西亚诺家族已经销售了1200万美元的牛仔裤。而和其他厂家（如约达西）偶有问题的合作也使得其迅速扩大：2009年，盖尔斯在全球已拥有超过1000家奥特莱斯店，以及2.1亿美元的收益。该公司如今已拥有多个品牌商标，产品涉及配件、化妆品、童装、男装，以及马西亚诺premium系列和盖尔斯G系列。

　　盖尔斯代表着性感美丽、轻松随意，并反映了战后流行文化：牛仔裤裁剪贴身，裙下摆低，充满青春活力。其迅速提升的高辨识度风格归功于保罗·马西亚诺，是他决定给模特拍摄黑白照，并在典型的美国场景中加入了撩人性感的姿势。正是盖尔斯的广告，成就了世界知名模特卡拉－布吕尼－萨科齐、安娜·妮科尔·史密斯和克劳蒂亚·雪佛。盖尔斯也将产品置于一些著名的电影如《回到未来》（1985）中进行宣传。盖尔斯也曾被认为设计款式过时，于是，该公司于21世纪初彻底改造了自己的品牌形象，并于2004年邀请帕丽斯·希尔顿担任模特，又重新推出了几个服饰系列。

◀ 该品牌含蓄地提倡"及时行乐"的生活方式，2001年推出了摇滚风。

1992

三角背心式上衣系在深露式胸罩外面，下身搭配竖条纹裤子，体现了富有争议的媒体广告带来的明显的性感魅力。

摄影师纳厄姆·拜伦曾于1954年为身着条纹紧身长裤的玛丽莲·梦露拍摄著名镜头。为表示敬意，盖尔斯邀请安娜·妮科尔·史密斯重新演绎了这个造型。该品牌在过去的几十年里主要靠各种获奖电影和明星来进行宣传，并进行了极具侵略性的扩张。通过让当代性感偶像身着该品牌服饰，进而反映并加强这些电影先驱们的名声和影响力，该品牌传递这样一个简单却强大的信息：穿着盖尔斯，引万人注目。安娜·妮科尔·史密斯身着条纹全纽扣式连衣裙，露出长筒袜，摇身一变，成为了海浪中的黛博拉·蔻儿。史密斯也会像简·曼斯菲尔德那样，变身成为一名衣着暴露、被卷入黑暗底层社会的斗争游戏中的妓女。除此之外，她也再现了《甜蜜的生活》（1960）中低领条纹式服装。盖尔斯还让史密斯身着拖地晚礼服，扮演女歌手。

2003

自从20世纪80年代以来，盖尔斯总是会将金发美女作为其品牌的象征，从而使其主要的牛仔裤系列展现更多的诱惑力。

在2003年的模拟广告活动中，盖尔斯的模特们以碧姬·芭铎作为性感迷人的原型。她们的样子就是20世纪60年代中期的金发美女芭铎，但是牛仔裤的裁剪却是时下的风格。杂志广告也大量引用了相关的电影及著名的宣传剧照。服装的风格是大胆且具诱惑性的：抹胸式的上衣搭配项链、细高跟鞋和紧身牛仔裤；或是磨损牛仔面料制成的系带式超短裙，搭配星星装饰的运动衫；抑或是宽松的花边黑色巴斯克衫，外搭绸缎宽松罩衫。这些服饰传达出自由宽容的风格：内衣外穿、吊带紧身衣、打结的背心和可见的胸罩。稍微端庄一些的是紧身牛仔连身衣，五分袖带装饰，前方中央处带有揿扣。

候司顿

Halston

　　奢华简约主义的提倡者——罗伊·候司顿·佛罗威克（1932—1990）参考了设计革新家克莱尔·麦卡德尔和邦妮·卡辛的风格，并于1968年创建了自己的同名女装品牌。候司顿最初是纽约百货公司波道夫·古德曼品牌（曾为杰奎琳·肯尼迪设计过著名的碉堡帽）的女帽制造及销售商，后来也与20世纪70年代著名的54号工作室里的迪斯科场景有过合作。他曾为他的名人朋友比安卡·贾格尔、劳伦·白考尔、安杰丽卡·休斯顿和贝比·佩利设计过丝质长衫以及薄款平纹针织晚礼服。候司顿致力于低调易穿却又有着精致高雅外观的设计，并采用了一些柔软的面料，例如丝绸、羊毛针织以及他最喜欢的一种名叫仿麂皮无纺布的昂贵人造面料，采用的色调主要为自然柔和的中性色。作为当时最具影响力的美国设计师之一，候司顿于1972年被《新闻周刊》封为"美国最佳设计师"。

　　1973年，候司顿将自己的品牌卖给了诺顿·西蒙公司。1990年，在他去世后，该品牌陆续换了八个所有者和六位设计师。直到2008年哈维·韦恩斯坦、塔玛拉·梅隆和造型师瑞秋·佐伊的加入才重振了该品牌。他们邀请了范思哲前意大利设计师马可·萨尼尼担任创意总监，并首次推出了2008年秋冬时装秀，这使得奢侈品网上专卖店颇特女士网在这场时装秀之后立即与其签订了销售合约。2008年7月，英国设计师马里奥·施瓦博负责主要设计，而《欲望都市》中的女主角莎拉·杰西卡·帕克则出任该品牌的总裁，以及候司顿传统风格系列的首席创意官。如今，该品牌仍然存在，尽管它已经失去了在时尚界的高端地位。候司顿本人的故事曾被制作成电影和纪录片。

◀ 作为20世纪70年代迪斯科魅力的典型，候司顿削减了轮廓曲线并使用了豪华面料。

2008 苗条的休闲装给人们带来了简洁协调的感觉。

创意总监马可·萨尼尼推出的这个服装系列，借鉴了该品牌原始风貌的简洁线条与简化细节。萨尼尼将色调局限在棕色色系和咖啡色色调，还加入了标志性的明黄色。该系列以外套、束腰外衣和裤子以及上身合身下身宽松的晚装为主。

2011 巧妙地用褶皱取代了裁剪，从而定义了该品牌风格。

这套礼服很明显是由一块平纹针织面料制成，特点是没有褶裥，接缝也很少，面料多余的部分就从臀部处向上拉起，突显出腰部。腰间的大号金属针固定住了这条肩部不对称的鲜红色连衣裙。本次秋冬系列采用了最简化的结构设计技巧，并在金属片上印有抽象的图案设计，带来了奢华闪亮的视觉效果。

2009 候司顿最具代表性的服饰：色彩明丽、流畅优美的垂褶丝绸晚礼服。

这件柱状连衣裙长及脚踝，肩膀处形成不对称领口，马里奥·施瓦博在整个系列中都用到了这种风格。设计师在该系列中再次引用了候司顿的历史设计，例如20世纪70年代标志性的款型：飘逸随意又华丽的丝质土耳其式长衫、肩部不对称的连衣裙以及绕颈连体衣，并采用了各种鲜艳的颜色，例如橙色、黄色、青绿色和青石蓝色。非洲风格的黑白色印花小元素带来了类似旅行的图案风格。而服装的结构也遵循了候司顿"少即是多"的设计原则。该系列服饰很少用到纽扣、拉链和门襟，而用拉绳、褶皱和弹性来弥补其功能性。这件一件式服饰，看上去好像没有扣拴物，但却用平滑的暗青色针织面料勾勒出优雅的身材曲线。

海尔姆特·朗
Helmut Lang

　　海尔姆特·朗（1956—　　 ）的简约主义主要通过鲜明精致的裁剪来展现优雅的基本轮廓，高品质面料也融合了创新性技术。海尔姆特·朗摒弃了自己之前的经济和艺术根基，转向时装行业，于1977年在维也纳创建了自己的时装定制工作坊，两年后又设立了自己的时装店"Bou Bou Lang"。1984年到1986年，他推出了女装成衣系列，这使他得以在政府的赞助下于1986年在巴黎推出了海尔姆特·朗品牌。海尔姆特·朗概念鲜明，获得了很大的成功，并与那个时期激进智慧的设计风格产生了共鸣。

　　20世纪80年代，该品牌基地在维也纳重新建立了起来，而其对解构主义的提炼也受到了当时创意行业的国际客户的青睐。海尔姆特·朗外观文雅、自信、现代化，用中性色调、奢侈华贵、更为前卫的合成面料设计出优雅的款式。20世纪90年代，该品牌拓展到内衣、牛仔裤和香水系列。

　　20世纪90年代后期，该品牌与普拉达集团的合作，导致2004年普拉达收购了海尔姆特·朗公司51%的股份。一年后，海尔姆特·朗离开该品牌。到2006年，普拉达已经将其股权转手给了日本的希尔瑞公司。自该品牌创始人离开以来，海尔姆特·朗历经数位设计师，虽取得了一些商业上的成功，但仍未达到20世纪90年代末和21世纪初的声誉。

◀ 2008年，迈克尔·库鲁鲍斯和妮可·库鲁鲍斯夫妇在该品牌第一次时装秀上推出的简洁直筒连衣裙。

2003

海尔姆特·朗在其现代主义基础上增加了解构主义风格。

裹身半裙中断了鲜明的黑白印花，下身搭配黑色短裤，体现了该系列的智能未来主义风格。其他服饰还包括无袖不透明的黑色外套，以及带透明白色或橘红色薄纱的时髦服饰。短上衣上带有很大的拉链，偶尔带有透明面料，白色塑料拉链裂开，和珠光色网眼蕾丝连接在一起，形成鸡尾酒会礼服。整个女装和男装系列都随意采用了瘦版的外观和斯巴达式色调。

1997

海尔姆特·朗扔掉了装饰带来的各种矫揉造作，其设计理念体现了实用简约主义的现代风格。

简单的黑色瘦长直筒裤和圆领毛衣外面搭配一件长方形的羽绒填充缎裹身，形成茧状。该系列也通过在奢华经典之外，时而引入表面处理过的合成面料和纤维，从而无声地表现不稳定感。延伸至上臂的面料，以及纯白色女式衬衫外的本色平纹针织腰封，都具有很强的雕塑感。颜色相近也搭配合理，黑色搭配黑色，白色搭配白色，白色偶尔也会搭配黑色饰边。暗蓝色、灰褐色、驼色或粉色则很少用到。而血红色蜡光绸短裙更是将该系列推向高潮。

2005

整个系列引用了海军风。

航海主题贯穿在整个春夏服饰系列中，无论是配饰还是面料，这件白色卷边大三角帆式衬衫就是其中之一。绳底鞋和铆钉鞋的脚踝处系带，搭配翻边七分裤。整个系列都装饰着捻成的绳索、绳结等航海休闲元素，而救生衣腰带则做成了短上衣夹克。

爱马仕

Hermès

    作为法国最早的家族式企业之一，爱马仕是工艺精湛的典范，并创造了著名的奢华手袋。1837年，创始人蒂埃利·爱马仕（1801—1878）先是在巴黎开了第一家工作坊，生产马鞍等马具用品。随后，他将马鞍定制工艺自然地扩展到制作精美的手袋，并在其巴黎工作室将这些工艺发展成为高端艺术。蒂埃利的继承人埃米尔－莫里斯·爱马仕买下了位于巴黎圣特娜福宝大道24号的大楼，这里成为了爱马仕的旗舰店兼工作室。之后，该公司由第五代主席让－路易斯·杜马斯－爱马仕掌管，直到2006年，近170年来首位非家族成员出身的帕特里克·托马斯开始掌舵该公司。

    1892年，该公司生产出第一只名为"Haut a Courroies"（简称HAC）的手袋，用来装马鞍。该企业历史上另外一个重要时刻是在埃米尔－莫里斯接管该公司后，将一种绰号为"Hermes fastener"的拉链用在了皮具和服装上，这种拉链还出现在了该品牌的第一件皮衣——威尔士王子爱德华的高尔夫服装上。1922年，品牌第一只手提包问世。1923年，宝莱包成为历史上最先用到拉链的手袋。随后，该品牌又创造了一系列经典的手袋，包括1984年令人称羡的"柏金包"。

    1929年，爱马仕在巴黎推出自己的第一个高级女装定制系列。自1956年起，该品牌历任多位设计师并相继推出了成衣系列，例如1998年至2003年在任的比利时设计师马丁·马吉拉，2003年至2010年在任的让·保罗·高缇耶。随后，克里斯托夫·勒梅尔接任该职位，直至2014年纳迪·凡茜·西布尔斯基出任女装艺术总监。

◄ 2011年春夏系列，让·保罗·高缇耶在爱马仕的最后一次服装系列，灵感来自骑士。

1937

20世纪30年代配饰起着重要的作用，爱马仕利用这一契机，将其产品从手袋拓展到手工缝制的长手套。

20世纪初，汽车取代了马和马车，成为最主要的交通运输工具。而埃米尔–莫里斯·爱马仕也预见到了该公司需要从马具产品扩大到生产更多奢华的皮具产品，比如行李箱和旅行袋等。于是，20世纪30年代，爱马仕生产出很多著名的配件，如手袋、手套和印花丝巾，这些配件都成为了该品牌的经典设计。1930年，爱马仕推出因其轻盈质感而得名的Plume包（意为"羽毛"），其雏形为用于放毯子的包袋，是第一款既能做白日休闲包又能做夜间手提袋的包。1935年，"Sac a Depeches"公文包，即后来的"凯利包"问世。20世纪30年代，爱马仕入驻纽约内曼·马库斯百货商店，从此开始进军美国市场。

1956

格蕾丝·凯利被《生活》杂志拍到用一只爱马仕经典手袋半掩着她已怀孕的身躯，自此，"Sac a Depeches"公文包也就借用她的名字被命名为凯利包。

如今，凯利包已成为设计中的经典作品，更是收藏家钟爱、母亲传给女儿的必备单品，它的每一个最新设计都有很多人翘首以盼。每一个凯利包需要一位工匠花费18小时来制作，并且在每一个包上都会贴上这位工匠的名字和生产日期。每个包，先是用超过2600个双排针脚来手工缝制，再用五个单独的皮块组成手柄，并用专门的刀子手工定型。随后又用沙纸来打磨皮革的斜切边，染色使之与包的颜色相称。扣子和包底的四只金属脚被固定在包身上，四个穿孔也用来固定包的锁带硬件。随后再用熨烫来去除小牛皮上的皱纹。最后一步则是在每个包上都贴上"Hermes Paris"的字样。

2005

参考了很多传统风格，例如花卉风景印花及军装细节。

裁剪整齐的法国海军短裤装，搭配大号凯利包，这与该系列其他服饰例如印花雪纺长衫、搭配七分裤的露肩花边上衣等展现高端嬉皮士的风格相反。这些服饰带有军装细节并搭配有波状边海盗帽，为该系列带来了海盗风格。爱马仕印花丝巾则松散地绕在裁剪式上衣上，下身搭配露脐式长裤。

2002

比利时设计师马丁·马吉拉推出全黑系列。

一套无袖带接缝的皮质连衣裙在颈部加入了一块同样材质的三角形面料，形成假围巾，显得与众不同。该系列的最小化裁剪细节进一步突出了其暗色色调，这表现在茧型的外衣、轻便的裤子和对襟蝙蝠袖的短上衣上。无袖短上衣塞进阔腿裤中。针织品包括毛线连衣裙及拖地露肩晚礼服。

2006

作为该品牌长久不衰的标志性单品，爱马仕方形丝巾缠绕在头部后方，末端随意散着，表现了农夫风格。

1928年，爱马仕推出其标志性的丝巾，并于1937年在里昂建立了一家专门的丝巾制作工厂。第一条丝巾上印有一位戴假发的白衣女子（"白衣女子"也是众人对巴黎马得兰庙宇和巴士底之间的两厢公共马车的称谓）正在玩一款流行的古老游戏，这款丝巾也被命名为"女士与巴士"。现代的爱马仕丝巾边长90厘米，重65克，由250克桑蚕茧织成。所有的丝巾都用多个丝网手工印花而成——通常多达30种丝网，每一种颜色都需要一个不同丝网，目前为止，最多的有用到43种。每年，爱马仕会发布两次丝巾系列，也会重新推出老款的s设计以及限量版。自1937年以来，爱马仕已推出超过25000款独特的设计。

2008 该系列以爱马仕最具代表性的橙色为主。

斜挎包为色彩丰富的复古款式，装饰着带翻领和翻边袖口的盖皮大衣，腰间还缠绕着一根带流苏的编织皮带，特大号的佩斯利印花围巾塞进领口。该系列的及膝连衣裙和围巾裙上也用到了同样的印花。在橙色之外，该系列也加入了姜黄色、红椒色等华丽明亮的颜色。

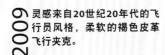

2009 灵感来自20世纪20年代的飞行员风格，柔软的褐色皮革飞行夹克。

单肩连衣裙由柔和色调的格纹丝绸制成，腰间绑有一根窄腰带。毛边皮衣带有合适的里衬。

2010 从头到脚的黑色皮革面料让人想起城市里西装革履的商务人士，头上戴着圆顶礼帽，手里还拿着伞。

系有腰带的斜纹软呢外套内搭皮质夹克，下身搭配合适的宽松皮裤，该系列充满了阳刚气，豹纹雪纺的加入则让其变得更为柔美。

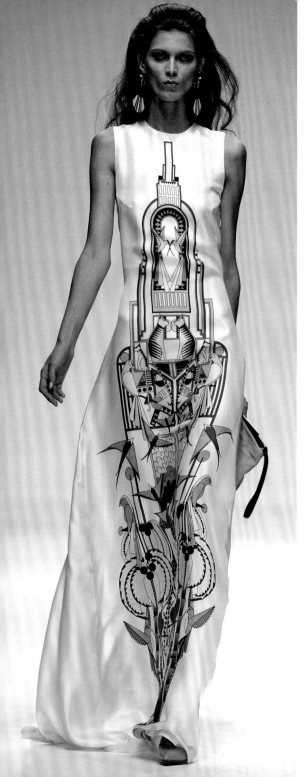

霍莉·富尔顿

Holly Fulton

　　出生于爱丁堡的设计师霍莉·富尔顿将20世纪30年代好莱坞"奥迪恩"风格与装饰派艺术、立体主义、包豪斯图案艺术相融合，形成其独特的装饰性风格女装和珠宝。她将鲜亮的颜色、大胆生动的线条和雕塑的质感融合在一起，设计出肌理、外观和形式的综合体。富尔顿设计的裁剪后流线型服饰，例如短款的直筒连衣裙和直筒裤，都表现了她对表面细节的强烈专注。她利用女装技术、现代材料（例如透明塑胶和其他塑料）以及特殊处理的印花，在服装和珠宝上制造出错视画及立体效果，也增加了20世纪60年代流行艺术和20世纪80年代的意大利设计团队孟菲斯那样风格的图案。

　　富尔顿1999年从爱丁堡艺术学院时尚设计专业毕业后，先后为苏格兰设计公司昆尼与贝尔和珠宝商约瑟夫·邦纳工作，后来，她进入伦敦皇家艺术学院学习女装设计，2007年毕业。随后，富尔顿被巴黎高级时装店浪凡任命为配饰设计师，跟随创意总监阿尔伯·艾尔巴茨，用强烈的图案和流行艺术颜色创造出大号珠宝饰品。2017年，她担任剑桥视觉与表演艺术学院时尚系主任，引领时尚学士（荣誉）课程。

　　2009年，富尔顿获得英国时装协会颁发的"施华洛世奇年度配饰设计师大奖"。2010年，她又获得了苏格兰时尚大奖授予的"年度新锐设计师"，以及《世界时装之苑》风尚大典颁发的"最具潜力新锐设计师"荣誉。

◀ 2011年的全长式直筒连衣裙上印有纽约克莱斯勒大厦的印花。

2007

富尔顿的皇家艺术学院毕业展。

所有11套服饰都带有激光组件。简单的彩色穿孔丙烯胶片和珠光般的镶饰采用了色度饱和的几何装饰原则。颈部和肩部带塑料饰品和亮片，另外吊带裙上也随意装饰有明净的彩色硅橡胶。

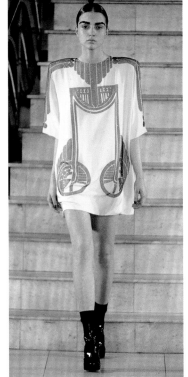

2011

春夏系列中，翠绿色和橙色的古埃及符号以黑色为基础。

简单的高叉泳衣上印有未来派印花，外面搭配一件黑色的羽毛外套。羽毛也作为横条纹用在印有以天空为背景的短裙上，上身搭配20世纪80年代孟菲斯风格的印有碎石路图案的上衣。黄色滑冰服上印有埃及风格的象形文字。另外，短裙上也印有20世纪30年代插有樱桃的鸡尾酒杯图案。带装饰和图案的直筒连衣裙有时带有肩带。裹身短裙和连衣裙的外观更为柔美、飘逸，上面印满了不同角度的备受人们尊敬的圣鸟——埃及圣鹮。背心或丝绸吊带上衣上带有小环连接的装饰衣领。

2009

装饰派艺术风格的服饰展示了未来主义面料上的创新性珠宝装饰。

带垫肩的连衫裙展示了该系列简单的服饰款式以及复杂的装饰，有的让人想起1927年的德国表现主义电影《大都会》，该电影由弗里茨·朗导演，背景为未来地狱般的都市。几何形状的黄色对襟蝙蝠袖上衣，搭配黑色皮靴和裤子。橙色褶皱灯笼裙上衣身为黑色皮革，装饰带扣肩带革。

雨果·波士

Hugo Boss

　　雨果·波士品牌以制造时尚男士服饰起家，后发展成为知名度很高的时装帝国。该品牌在103个国家拥有超过5000家奥特莱斯零售店，每年营业额超过5亿美元，其产品已经拓展到男女高级成衣。1923年，雨果·波士在德国的麦琴根开设了工厂店，用来制造工装和制服，直到"二战"开始。1953年，该公司产品拓展到男装。20世纪60年代，在皮尔·卡丹的启发下，该公司用意大利面料生产出大量颜色时尚的男士成衣。当时，其少量生产的风格高端却又价格亲民的服饰，为该品牌赢得了最早的成功。

　　1993年，商人彼得·利特曼博士重振了该公司及其品牌形象，将之前的旧品牌改造为三个品牌进行营销：波士，高端精细系列；雨果，针对年轻人；以雨果·波士设计师沃纳·波帝萨里尼的名字命名的波帝萨里尼。20世纪90年代，该品牌首次推出女装，以及波士橙色和波士黑色系列，这些如今都由格内木·布莱克设计。波士绿色系列主打男士运动及高尔夫风格。随着前卫的雨果系列涉足定向女装服饰，雨果·波士品牌也涵盖了不同的时尚领域。继一系列盈利预警之后，马克·兰格于2016年升任首席执行官。他削减了几个雨果·波士的子品牌，合并为两个品牌：雨果和波士。尽管女装占了11%的业务，兰格仍将重心转移到了高级男装上。

◀ 2019年波士男装系列，休闲的剪裁，米色夏季短裤。

2004 春夏系列采用了实用主义款式和光泽面料。

淡紫色珍珠光泽的短夹克，搭配光滑的珠光灰细条纹裙。细条纹面料也用于瘦版的带单粒扣外套的男式套装，以及女式短款套装上。饰带式领带系在低腰裤上，上身搭配女式上衣。晚装包括黑色皮质高腰连衣裙，腰间系有细长带子绑的结。公主线鸡尾酒会礼服上带有形成接缝的圆形装饰。

1989 雅皮士套装遵循了20世纪传统的宽肩窄臀的男装形象。

雨果·波士与英国品牌保罗·史密斯都代表了20世纪80年代年轻有理想的专业人士——雅皮士的流行概念，汤姆·沃尔夫在其作品《虚荣的篝火》（1987）中对此进行了讽刺。雅皮士套装风格是由商务人士而不是裁缝来定义的，通常是双排扣上衣和前方打褶的裤子。上衣展示了该套装大号宽松的轮廓。20世纪80年代，雨果·波士品牌作为早期的植入式广告，出现在当时最时髦、最具影响力的两个电视节目——《迈阿密风云》和《洛城法网》中。转包策略和高品质面料的使用令该品牌在竞争激烈的市场上赢得了声誉。

2011 裁剪柔软的套装、衬衫式连衣裙及极具女性化的雪纺连衣裙。

裁剪简洁的裤装很有20世纪80年代的细节：挽起的袖子、陀螺裤以及服务生款式的短款夹克。这样的风格也表现在商务式的黑色短裙上，腰部的饰裥显得臀部丰满，上身搭配一件青春活泼的白色T恤衫；饰裥也出现在蝙蝠袖的品蓝色塔夫绸女神式长袍上。大块的人造珊瑚让格子太阳裙和鲜红色晚装显得更加活泼。

侯赛因·卡拉扬

Hussein Chalayan

在层出不穷的季节性时装秀中，很少有设计师会因其超自然的设计特点而长期获得媒体的关注。而有着土耳其和塞浦路斯血统的时装设计师侯赛因·卡拉扬（1970—　）就在作品中显示了其就人性和物质性之间的关系提出多层次问题的能力。他的作品跨越8个国家，在14家国际性博物馆和美术馆展出，包括2005年的威尼斯国际艺术双年展。

尽管如此，卡拉扬作品的商业价值并没有被其艺术性和文化性冲淡。1993年，从伦敦中央圣马丁艺术与设计学院毕业后，卡拉扬开始了自己的职业生涯，在发展自己品牌的过程中，他曾与众多公司合作。1998年到2001年，他为针织品牌TSE做过设计。随后又与英国高街品牌马莎以及意大利制造公司解宝合作。2001年，他被奢华珠宝品牌爱丝普蕾任命为时装总监。2002年，侯赛因·卡拉扬与网络零售商yoox.com签订了独家协议，开始了自己的男装系列。2006年6月，他被授予大英帝国勋章。2011年，伦敦时装学院聘他为名誉研究员。2015年，卡拉扬加入维也纳应用艺术大学，担任设计学院时尚系主任。

◀ 2018年，黑白连身裤，图案引人注目且设计精巧。

1997 大量的飞行风格：降落伞里衬和空乘套装。

该系列为颇具都市气派的商务款式服饰，卡拉扬在传统的直筒式连衣裙中加入了降落伞的意味。如果加上纸飞机或纸风筝的几何形状机翼，那么棕色带短裙或裤子的套装就很适合航乘人员。同样，透明网V形嵌条也使得平纹针织直筒连衣裙更为时尚。

2010 墨西哥玛丽亚西花边，缅因州水手防水帽。

超现实的缠绕式连衣裙表现了该系列的概念。"幻景"系列探索了跨越美国和墨西哥的斜纹拖网的效果。楠塔基特岛油布头巾装饰了大号的波士顿俱乐部运动夹克。夏克尔风格的无边女帽附在清新的白色衬衫上，外搭裁剪夹克，展示了天真纯洁的连帽衫。光滑的斗篷，内搭淡茶色外套，展示了亚利桑那风情，花边钩针的颜色也表现了阳光明媚的提华纳风情。

2000 将（由活人扮演的）静态画面转变成温和的艺术风格：在深思熟虑、商业化的部件中，经过巧妙地转换从而传达出关于难民们所处困境的信息。

卡拉扬因其乐于展示自己大胆且富于想象的精湛技艺，而与其他设计师不同。该系列中，他创造出一个备有家具的房间，里面的配套家具都可以变成可穿的服装和皮箱，表现了这些可移动物品所带来的不安全感。他在商业演示中植入这番精彩的表演，表现了在与人互动的人工制品中加入内容和价值的强烈愿望。于是，此次"Afterwords"系列也带来了复杂的叙述。场景设置可以满足所有年龄层次的人群，统一风格的模特使服装非常协调。形状在传统的形式中变化：木制裙表现了带裙边的黑色舞会礼服，椅套则和黑色晚礼长袍以及瀑布褶鸡尾酒会礼服的轮廓一样。还有一些非常巧妙的款式，例如长及小腿的羊毛外套上带有错视画派露出手套的贴袋。

伊莎贝尔·玛兰

Isabel Marant

　　设计师伊莎贝尔·玛兰（1967—　　　）出生于法国，她将格郎基文化（格郎基是一种邋遢、不分性别的反时尚）与魅力相结合，其设计现代而不失经典、裁剪随意轻松、细节放荡不羁，展示了并不复杂的塞纳河左岸优雅风格。1989年，伊莎贝尔·玛兰推出自己的配饰系列。2011年，随着该品牌在纽约的商店开张，伊莎贝尔·玛兰享誉盛名的时髦服饰也从她的故乡法国流传到欧洲以及美国。伊莎贝尔·玛兰的代表风格是带有精致装饰和性感女性化细节的宽肩夹克。她与面料供应商合作，发明并熟练使用该品牌独有的面料。她偏好使用表面做旧的面料，以此来表现出该服饰的奢华嬉皮风。运动服款式懒散的裤子、优雅的斜纹软呢及天鹅绒夹克，以及随意系腰带的低腰褶皱雪纺连衣裙，都散发出一种轻松而又独特的意味。对于夏日凉靴，玛兰则用到了翻边海盗靴的风格，流苏和链子装饰也成为表现其颓废面貌的一个重要部分。

　　玛兰也重新利用了军服等复古和仿旧面料，并在雷阿尔地区开始销售自制的作品。1987年，她进入法国巴黎的贝索特工作室学习，随后做了米歇尔·克莱恩的学徒。从1994年开始，玛兰以自己的名字命名品牌，其标新立异的审美风格与当时盛行极简主义格格不入。该品牌旗舰店开在一位巴黎老艺术家的工作室里。其副线品牌"Etoile"价格更为亲民。

◀ 2014年春夏系列，悠闲的巴黎风情，性感吊带背心搭配别致的摇滚风皮裤。

1997

该系列服饰轮廓瘦长，上面印有巴洛克式印花。

不对称的卢勒克斯提花针织上衣，搭配开叉至大腿的迷嬉裙。该系列其他服饰则风格相反，主要是纤细合身的裤装，要么是白色，要么引用了20世纪70年代黑人剥削电影的风格，面料为铜缎，并搭配黑人埃弗罗发式（Afro，一种类似非洲黑人蓬松卷发的发式）。该春夏系列其他服饰中，佩斯利纹样是黑色透视蕾丝上衣和连衣裙的主题。

2010

伊莎贝尔·玛兰高端的节日盛装以及夏季连衣裙。

粉色、青绿色和带银线的褶皱花边迷你裙，搭配玛兰极具标志性的流苏短靴，通常还会在脖子处缠绕几圈金银丝缎围巾。条纹和金属片针织衫外搭装饰有珠宝的复古风对襟花呢夹克，夹克上面还装饰有纽扣和流苏。宽肩夹克搭配窗帘盒锦缎短裙和背心。

2005

自由随意的裁剪和颇具女人味的飘逸雪纺衫，搭配彩色花呢，与绣花等波西米亚风相互辉映。

花呢对襟外套边上带有豹纹印花，还印有黑白格子图案，内搭绊织（一种被广泛使用的纱线扎染织物）风格的印花连衣裙。印花连衣裙很好地表现了本系列纹理丰富的主题，通常还外搭双排扣羊皮夹克——要么及至膝盖，要么被做成波蕾若外套款式（Bolero，前胸敞开的女短上衣）。连衣裙充满活力的橙色或红色色彩还用在了撞色丝绸短裙相间中的裹身裙上，也为飘逸的灰色及膝雪纺裙带来了一抹亮色。女性化细节继续贯穿整个系列，例如过臀雪纺上衣上带有自然色绣花，以及小绒球毛边。配饰有无檐小便帽，以及沉重的铜徽章。米色或灰色的宽松九分裤，搭配合宜的针织衫，以及带穗的编织窄腰带。

三宅一生

Issey Miyake

　　三宅一生在其作品中主要关注的是创新性面料和服装新款式之间的敏感度。这种关注让身体得以在面料那柔软的建筑式外壳中移动得更为夸张。2005年，三宅一生（1938—2022）成为享誉国际的艺术家，并获得了日本皇室世界文化奖（也称高松宫殿下纪念世界文化奖）中的雕塑奖，也成为与雕塑家安东尼·卡洛、建筑师法兰克·盖瑞和导演费德里柯·费里尼齐名的创作家。其稳步发展的同名品牌是对这位设计师的奖励。三宅一生的日本出身对其产生了很大的影响，而后来在欧洲和美国的学习、工作经历又使其吸收了更多的全球性文化。在时装行业的40年里，三宅一生建立起后来成为永久性时装标志的主要概念：三宅褶皱系列（又称为"我要褶皱"），20世纪80年代喇叭状、为身体营造出立体线条的绉褶设计，以及"一块布"（A-POC, A Piece of Cloth）独特的服装工艺，形成了自己独特的服饰概念。在他的某些服饰系列中，有的带有严肃的幽默效果，但其核心特征仍是对其穿戴性服饰持久品质的重视。三宅一生自从1997年退休后，就将重心全部放在了公司的研究项目上。2010年，该品牌庆祝了第80个女装系列的推出，并推出第50个男装系列。在2007年之前，该品牌一直是泷泽直己掌管，此后由藤原大接任该品牌设计总监。

◀ 2010年，一系列抛物线、向量线圈以及带纹理的圆形垂挂饰物。

1989 预制的聚酯服饰上用热褶形成了立体的形状。

20世纪80年代的实验促进了1993年"三宅褶皱"系列的发布。正如20世纪初,意大利著名设计师马里亚诺·福图尼依靠经典的希腊服饰——希腊古装和宽松长衫,用其个人独创的丝绸褶皱来重新定义了特尔斐长袍裙,三宅一生也采用了同样的方法,用他自己独创的面料来为服饰制造出各式永久的形状。

2006 铸造的皮质胸甲为军队着装带来了古希腊女战士风格。

对军事风格兼收并蓄的引用成为泷泽直己设计该系列的基础。外衣、工作服和风衣的大量变化体现在皮革、羊皮和绗缝降落伞绸面料的运用上。色彩则倾向于调整后的棕褐色、深蓝色、靛蓝色、北极白色、卡其色、灰色及红色。除此之外,还带有绳带、蕾丝和织带装饰。

1999 "一块布"技术先是在一块布上构建出服饰的排列,只需简单挥挥剪刀,就可将原先定制的部分解放出来,即时穿着。

在上图的模特秀上,三宅一生的能工巧匠们展示了其长期研究的成果。曲折蜿蜒的纱线相互交织,经过复杂的数控排列,这些多层次的面料就能被随意裁剪而不失去结构的完整性,从而释放出服饰中各个隔间的独立生命——通常还会在周边装饰有短流苏。这些实验初期的作品体现了精湛的技艺,而且款式众多:连衣裙、吊带衫、短裙、打底裤、袜子和帽子——都是从一块面料上裁剪而得。为了增强该品牌的准科学性,其他系列也采用了现代化的面料:"一块布"面料结合了热反射泰威克合成纤维,以及透明的PVC。

吴季刚
Jason Wu

  2009年，当美国第一夫人米歇尔·奥巴马身着吴季刚（1982— ）的施华洛世奇水晶单肩白色丝绸礼服裙，参加总统就职舞会时，这位年轻的设计师也就瞬间被曝光在了全美各大报纸上。其实，在这次大获成功之前，吴季刚已经为其品牌做了两年的设计，凭借其性感飘逸、宁静古典的设计，该品牌已经积累起众多名人顾客。吴季刚出生在中国台湾，很早就进入了时装界——14岁时就为诚信玩具公司（Integrity Toys，IT）旗下的"Jason Wu Dolls"和后来的"Fashion Royalty"做自由服装设计。16岁时担任该公司创意总监。随后，为了继续学业，他先是去了东京学习雕塑，后又进入纽约帕森斯设计学院学习时装，毕业后即在知名设计师纳西索·罗德里格斯的工作室实习。2006年，他用自己做玩具设计赚的钱创建了自己第一个同名服装系列。2008年，他获得了时尚国际集团颁发的"新星奖"。

  吴季刚以纽约为基地，2010年又增加了另一服饰系列，从而拓展了自己的品牌产品，通过加入更为高雅的色彩，更好地突显了暗色色调。2010年秋冬系列中，他与著名的山羊绒品牌TSE合作，推出含有13种造型的新款时装，包括山羊绒毛衣、法兰绒运动上衣以及雪纺裙。吴季刚担任雨果·波士女装艺术总监五年，直至2018年。在此期间，他在2015年时尚集团国际明星之夜中获得了时尚之星奖，并在加拿大艺术与时尚奖中荣获2016年度国际设计师奖。

◀ 2018年秋冬系列单排扣茧型大衣，高级定制时装般的细节。

2009

吴季刚度假系列中淡绿色的单肩褶皱中长裙。

本次风格端庄的小型服饰系列中，吴季刚通过美国第一夫人向全世界展现了自己的设计。而这件连衣裙也重复了米歇尔·奥巴马参加总统就职舞会身着的一袭施华洛世奇水晶单肩白色礼裙的单肩风格，并在此基础上增加了长度。吴季刚用裸露的肩膀表现了运动活力，也用精致的面料展现了运动风。本系列包括颇具层次感的日装——防尘外套搭配短裤，或是瘦长的开衫内搭飘逸的印花连衣裙，以及鸡尾酒会礼服和女神式长袍。

2006

吴季刚在其首次时装秀上使用了闺房风格色调。

面料简单的紧身米黄色连衣裙在加入狼皮披肩和黑色蕾丝镶边后更为时尚。该系列其他服饰中，内衣和束腹上都带有皮草细节，线条简单、气质优雅稳重。面料为薄纱、丝绸和山羊绒。而蕾丝和皮草的使用，更表现了女性特质，同时也增加了质感。

2011

本次巡游系列通过波尔卡圆点雪纺衫、蝴蝶结、布列塔尼上衣和硬草帽，歌颂了高卢风格的妖冶女性魅力。

吴季刚在成功改造短裤装的基础上，增加了丰富的雪纺褶裥装饰，从而展现了巴黎优雅风。单色薄纱印花效果出现在整个系列中，无论是印花还是轻薄的面料都很好地表现了主题。飘逸的多层次系带直筒连衣裙外搭带帽式登山夹克，以及窄边硬草帽；连衣裙的面料也同样用在了斜裁地尾式晚礼服上。尤其是轻薄透明的衬衫，还是搭配短裤的粗丝运动上衣，都巧妙地回顾了经典的香奈儿风。水平重叠薄纱褶巧妙地陷入短裙和上衣的接缝处，而新的褶皱也在圆领处收紧。

杰克鲁

J.Crew

　　美国时尚机构杰克鲁由西纳德家族建立，最早依靠家族邮购业务起家。六年后，该品牌在纽约市开设了第一家商店。今天，顾客们可以通过网络或是在美国244家门店里购买到该品牌的产品。

　　2003年，盖璞前功臣米拉·米奇·德雷克斯勒加入杰克鲁，担任该品牌主席兼首席执行官，继续发展该品牌女装、男装及童装系列。除此之外，杰克鲁也生产限量版高端系列——杰克鲁系列。2006年，该品牌以旗下年轻副线品牌——美德威尔（Madewell）的名义引入了以牛仔为主的休闲系列，复兴了1937年成立的美国牛仔品牌。2010年，美德威尔邀请到《时尚》杂志封面女孩艾里珊·钟为其设计了胶囊系列。

　　2007年，珍娜·里昂斯担任创意总监，在她的带领下，杰克鲁在早期的"学院风"高翻领活动衫、格子衬衫和卡其裤基础上继续发展，这些服饰的主要特征是：面料时尚且品质高、色彩出人意料且注重细节。钟爱该品牌的米歇尔·奥巴马也几乎成为该品牌在大众眼中的"形象代言人"，另外还有莎拉·杰西卡·帕克和奥普拉·温弗瑞，也是它的忠实粉丝。

　　在公司的鼎盛时期，珍娜·里昂斯被《纽约时报》誉为"打扮美国的女人"。她无疑在设计和执行与自己的个人风格一致的愿景中发挥了作用，该愿景将时髦的剪裁和古怪的色彩组合与不寻常的面料（如蕾丝和天鹅绒）完美融合在一起。26年后，里昂斯离开了公司，紧随其后的是其拥护者、前首席执行官米奇·德雷克斯勒。杰克鲁上次在Vogue时装秀场上亮相的是其2017年秋冬系列。2019年，美国设计师克里斯·本兹出任女装设计新负责人，而乔娜娜·乌拉斯贾维则辞去了首席设计官的职务。

◀ 2009年，层次分明的休闲装：紧身裤、格子衬衫和水手服式样厚呢短大衣。

2009

男友式复古风轻便上衣，色彩为柔和的冷绿色和裸色。

青春明快的白色轻便上衣，腰间系有棕褐色皮带，内搭奶黄色印花衬衫和短款褶皱迷你裙。该系列用男友式牛仔裤和夹克衫表现了天真无邪的魅力。牛仔为外观更为女性化的元素增加了硬朗的风格，例如衬衫搭配提花短裤，或是毛边短裤搭配带边饰的白织提花背心和宽条纹开衫。前方带褶皱围嘴的裸粉色背心搭配卡其色束带紧腰裤。

2011

杰克鲁的美德威尔系列在轻便的服饰中融入了假小子风格。

七分袖印花短外衣是本次并不复杂的系列服饰的特色，除此之外还有大针脚针织衫、卷边裤、布列塔尼风格的大号宽松条纹T恤外搭裸色丝绸夹克。该系列主要的颜色——珊瑚色、卡其色和驼色，被运用在宽条纹开衫、带瑟法里口袋（又称猎装口袋）的无袖上衣以及柔软的天鹅绒夹克上。配饰包括棕褐色和奶油色双色皮鞋、卡其色露趾坡跟鞋和挎包。

2010

弗兰克·莫真塞为杰克鲁秋冬系列设计的柔和自然色系列服饰以及暗色牛仔服。

单排扣上衣搭配窄裤的长线型西装给人一种轻松随意的感觉，还会搭配海军蓝色针织夹克、领尖钉有纽扣的衬衫以及棕色山羊皮鞋。富有层次感是该系列的一个特征，主要表现在抽绳腰带、肩章、双口袋的锈色军装风夹克上，内搭带皮扣的米色乡村风开衫，下身搭配深灰色或巧克力色裤子，与窄细领带和米灰色衬衫很相配。费尔毛衣配上暗色卷边窄牛仔裤，外面可搭配海军色防风厚上衣和暗青色前拉链绗缝外套。

让·保罗·高缇耶
Jean Paul Gaultier

设计师让·保罗·高缇耶（1952—   ）是典型的法国人，他不仅玩世不恭，更是一名自学成才的奇才。四十多年里，他从一个难管教而又淘气的小孩成长为全世界著名的设计师。17岁时，他将自己的设计草图交到法国著名设计师皮尔·卡丹那里，并因此而被聘为设计助理。1971年，在贾克·艾斯特洛处短暂工作过一段时间后，高缇耶又转而效力于让·巴杜，并在那里持续工作了三年。1976年，高缇耶已经拥有了足够的实力，于是，他在马亚戈公司旗下推出自己的独立品牌，同时也继续为其他品牌的泳衣和皮草系列进行设计。1978年到1987年，高缇耶得到了日本坚山集团公司的鼎力支持，该集团公司继续负责该品牌在日本和远东市场的服饰生产。而其女装及针织品则分别交由意大利的捷宝和伊夸特公司生产。

高缇耶品牌的持续影响力源自它愿意从发展中的青年文化以及跨品牌运动中吸取影响，例如，他为麦当娜1990年"金发雄心"世界巡回演唱会以及2008年凯莉·米洛的世界巡演都设计了服装。

1997年开始，高缇耶推出系列高级定制，这为其在2000年赢得了美国时装设计师协会颁发的国际大奖。自1999年开始，爱马仕为高缇耶的公司提供了35%的资金支持，而高缇耶也担任了爱马仕创意总监一职，直至2010年辞职。

◀ 2008年高级时装系列，明亮的霓虹绿色长款礼服上带有蛇发女妖美杜莎似的线圈。

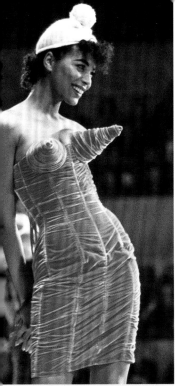

1985 高缇耶破坏了裙子的传统设计，将不同的性别元素融合在一起，最为著名的就是让男性穿上裙子。

　　该系列裙装打破了传统的观念，男士们身着苏格兰格子布制成的及踝裙，"上帝创造了男人"的观念与苏格兰短裙联系了起来，使后者成为更能被人所接受的男士服装，尤其是搭配一件合宜的衬衫和粗硬的针织开衫。从16世纪开始，男士礼服就独立了出来，从那时起，设计师们也不断地开始尝试让男士短裙变得更为时尚。高缇耶颠覆了男女的传统社会区分，时常将裙装加入男装系列中，也为男士服装注入了新奇性，最著名的是足球明星大卫·贝克汉姆在20世纪90年代中期身着的纱笼裙。

1984 橙色人造天鹅绒有缝紧身裙的上装为炸弹状胸衣，背部带有蕾丝。

　　到20世纪80年代中期，高缇耶已创造出一系列大胆挑衅的混合作品以及戏剧化的作品，而他竭力宣传的能力也置其于前卫设计的地位。高缇耶还是小孩的时候，就深深着迷于外祖母的橙红色蕾丝胸衣，从那时起，他就述恋上了服装设计，其中最为著名的当数为麦当娜设计的夸张"尖胸"服装。在推出内衣外穿概念之后，高缇耶不断地回到闺房寻找灵感，让女性身体变得更为性感。

1997 前卫的新娘身着哀怨的黑色织锦礼服，以及钩织花边披肩头纱。

　　高缇耶将乔瓦尼·博尔迪尼绘画作品中描绘的那些奢侈华丽而又颓废哀微的长袍和服饰设计了出来，也就自此推出了自己的第一个高级时装系列，获得了广泛好评。哥特式风格题材广泛，涉及沙俄和法贝热（俄国著名珠宝首饰工匠）、托马斯·曼作品中的威尼斯衰弱之美，以及西班牙汉诺威王室的风格。同时，也运用了高级时装工作室制作中用到的劳动密集型工艺——例如钩针珠缀、镶绣、充满异国情调的皮草装饰，这些都使得本次时装秀异常出色。

秋冬高级时装系列，连身裙内搭一件式紧身衣裤。

印花紧身连衣裤将身体各个部分都遮盖住了——头、手甚至脚跟，给人一种全身纹身的印象。该系列使用了高缇耶极具戏剧性、幽默滑稽的多色拼接皮革，也用到了连身衣裤装，在纵横交错的地图中心绘有一颗红心。犹如第二层皮肤的紧身套装也会外搭裙装，夹克变成皮质或斜纹软呢面料的连衣裙。除此之外，还有奢华的裹身大衣、宽松的派克大衣以及带貂皮内衬的鳄鱼皮斗篷大衣。

2001 出色的工艺颠覆了传统的高级时装设计。

裸露的前胸和后背颠覆了传统的高级时装设计。深黑色两件式双排扣裤装，上衣为紧身高腰夹克，胸部的水平镂边接缝形成第三个翻领。其余的垂直接缝敞开，露出里面的锥形罩杯胸罩，后背裸露。

2006 该系列推崇质朴的魅力，浪漫的花边和黑色的蕾丝紧身胸衣，与中性裁剪相得益彰。

横条布列塔尼平纹针织T恤衫是高缇耶的主要产品，也最能反映该设计师的个人品位。在家庭装中，妈妈是缩褶裙，小男孩是白色褶皱裙。纯朴的风格贯穿于整个成衣系列：工装裤、宽身束腰上衣搭配马甲、玉米娃娃连衣裙、露肩罩衫以及装饰有东欧民族刺绣和抽绳领口的连衣裙。三件式条纹女装为浪漫的田园风格带来了阳刚之气。男士身着全白色的裤子和礼服外套，或是条纹背带裤搭配及膝黑色靴子，像极了马戏团表演的指挥者。

2007 春夏高级时装系列带来了宗教意象。

头戴麦当娜钟爱的光环样头饰，并用长及地面的蕾丝披肩头纱固定，腰间以下是一件及踝薄纱裙，前面分开，露出裙子上神圣的天使印花图案。本系列其他服饰中，双排扣白色裤装和紧身裙都搭配有玻璃质感的光环样头饰。

2010 编织叶、海盗和南美风格带来了这些质地丰富、美丽的高级时装。

皮条编织成笼状裙撑，并形成了束腰胸衣以及圆形罩杯——高缇耶再次沉迷于束腰胸衣。缠绕在身上的缎带礼服风格也一样，并随意地飘动。加乌乔牧人裤、大号带珠宽边帽和绣花带穗围巾都表现了典型的墨西哥异域风情，同时也混合了弗里达·卡罗和卡门·米兰达的风格，尤其在帽子上插有发了芽的棕榈树的时候。

杰瑞米·斯科特

Jeremy Scott

　　在获得主流商业赞助后，杰瑞米·斯科特（1976— ）在其不可预测的时装秀上用到了流行文化中对平面造型艺术的讽刺。斯科特推行基于美洲的折中主义，并用他异想天开的设计风格吸引了大量的"寻求关注的顾客"（Look at Me），其中也不乏职业造型师，例如比约克、坎耶·韦斯特、林赛·罗韩、凯莉·米洛和嘎嘎小姐。另外，他还曾经为小甜甜布兰妮的单曲《中毒》（Toxic）的视频设计过空姐装。

　　斯科特出生于美国密苏里州的堪萨斯城，现居住在洛杉矶。被纽约时装学院拒绝后，斯科特前往纽约的普瑞特学院学习时装。毕业后，他搬去了巴黎工作，并获得了经验丰富的设计师卡尔·拉格菲尔德的支持，拉格菲尔德认为这位年轻的艺术总监是前卫时尚街头风格的试金石。1997年，斯科特在巴黎开始了他的时装秀，很快，他也在纽约、伦敦、洛杉矶和莫斯科推出了时装秀。

　　他那些前卫的作品（例如幽默而与众不同的印花）为他赢得了众多备受瞩目的合作机会，例如，他与阿迪达斯开展了长期合作并推出为阿迪达斯设计的杰瑞米·斯科特系列。他设计的带翼高帮鞋，在20世纪80年代篮球鞋的基础上加入了可拆卸的金属羽翼和杰瑞米·斯科特花边珠宝，该作品一经推出立即成为畅销单品。2013年，他被任命为意大利时尚界最不因循守旧的品牌莫斯基诺的创意总监。

◀ 2019年，紧身亮片连衣裙和高筒靴带来了极大的视觉冲击。

1998
斯科特最早推出的巴黎时装秀颇具代表性，让人想起颓废的威尼斯狂欢节场景。

这套服装带有结构化的黑色紧身胸衣、镶边风帽和金银线袖，朦胧的金色蒙面黑蕾丝系列带来了含蓄而诱惑的享乐主义，黑色线条也带来了歌剧风格。该系列颜色主要为黑色和金色，精雕细琢的单品包括膝盖部位有切纹的金银线裤、一只袖子为皮草的外套、七分袖翼状肩夹克衫、流苏吊挡哈伦裤以及与腰部装饰短裙分开的合身外套。

2009
端庄的衬衫式连衣裙上印有电话的图案，裙边为荷叶边，颈部带有蝴蝶结。

红色、黑色和白色的米妮和米奇老鼠图案逐渐扩大，也清晰地印在了白色卡通手套和红色大纽扣工装裤上。该系列其他一些精致的商业单品（例如带花边饰条的紧身针织连衣裙，或是贴在船领边上的简单波尔卡圆点裙边）也用到了老鼠图案。该系列服饰的色彩扩展到了其他原色，同时大孔眼也取代了波尔卡圆点。

2006
糖果色条纹皮草外套，内搭印有各种食物图案（炸薯条、比萨饼、爆米花、椒盐卷饼和奥利奥饼干）的连衣裙。

斯科特探讨了一切能将食物变身为服饰的超现实设计方法。在"大吃大喝"（Eat the Rich）的口号下，麦当劳、士力架和其他一些品牌的服务生服装被挪用过来，用在该系列中印有巨大"薯条盒"的毛衣裙、印有"汉堡包"的手提袋或是印有"杰瑞米小吃吧"的连帽连衣裙上。肉丸意粉也被当作交织的线条用在了舞会长袍上。披萨在奶酪、香肠和橄榄的衬托下，形成了一件裹身绗缝和服。这场食物盛宴还有看上去放置不当的冰淇淋样的锥式胸罩。

吉尔·桑达
Jil Sander

　　吉尔·桑达品牌关注简约朴素的线条以及超高品质的面料。该品牌致力于赋予顾客一种更为强力的独立感和权利意识，让他们从追随潮流的束缚中解放出来。

　　吉尔·桑达毕业于位于汉堡附近的克雷菲尔德纺织学院，1963年作为交流学生在加利福尼亚大学留学，后来进入时尚媒体工作。1968年，桑达以自由时装设计师的身份开始工作，并在同年开设了自己的第一家精品店，一年后又在汉堡成立了吉尔·桑达流行服饰公司。1973年，她推出了自己的第一个女装系列。1978年，她又成立了吉尔·桑达有限责任公司。1979年，在兰卡斯特集团的帮助下，桑达推出了化妆品和香水系列——"PURE女士"和"PURE男士"系列。

　　桑达对品质和细节的注重确保了该品牌成衣系列能在奢侈时装界风行30年。尽管如此，在吉尔·桑达的设计理念妥协于普拉达集团的管理后，该品牌也遭遇了危机，当时，普拉达首席执行官帕吉欧·贝尔特利接管了吉尔·桑达AG系列。2000年，吉尔·桑达系列被强加了成本限制，于是，桑达一怒之下辞职。2003年，桑达重返该品牌并推出两次时装秀，但最后还是离开了自己的品牌。2005年，拉夫·西蒙加入吉尔·桑达，成为该品牌创意总监。

　　2012年，吉尔·桑达回到该品牌，但于2013年再次离职。2017年，夫妻二人组设计师露西·迈耶和卢克·迈耶被任命为创意总监。

◀ 2019年春夏系列，露西·迈耶和卢克·迈耶设计的连衣裤，具有该品牌标志性的极简主义风。

1990

吉尔·桑达在中性极简主义风格中运用了奢华面料。

20世纪90年代初，在吉尔·桑达上市之际，该品牌利用其在市场上的知名度和美誉度，以其简洁和节俭的理念来象征奢侈品。本次秋冬系列拒绝了装饰性效果，其核心价值在于精致、智慧和克制，也为该品牌女装赢得了独立性和权威性。

2010

拉夫·西蒙暗自颠覆了传统的裁剪方式。

深色斜纹软呢土耳其式外套，在裁剪了的肩部加入了雪纺肩带。羊毛之类的传统精细面料经过有趣的裁剪，色调变得更为明亮。威尔士王子格纹在透明拼块的衬托下，使得带暗门襟的连身裤更为素雅。连身衣上还带有尖翻领，为本次低调精致的服饰系列带来了青春活力。

2000

本次春夏系列为桑达和普拉达的合作成果，主要使用了纯白色亚麻、细麻和皮革面料。

精致细麻制成的船领束腰上衣搭配简单的短裤，伴随着不同层次的透明度和底边，轮流出现在该系列中。黑色、白色或青色的透明亚麻毛衣，下身搭配短裤、马裤或是短裙，或是外搭简单的防尘服。白色折叠饰条就好像是展开的前帆，同时腰间随意的抽绳也颇具海边生活的意味。该系列的其他服饰产品中，多层次透明面料制成的衬衫式连衣裙成为简单素雅的口装，颜色对比强烈的三色印花因透出面料反面而显得平静柔和。该系列还涵盖了晚装和鸡尾酒会礼服，主要为直筒连衣裙和长衬裙，金属镶嵌绣花图案是该系列黑色和淡铜色多层次透明硬纱上衣的主题。细缝、垂褶襟翼和周围偏置褶边的装饰缓和了服饰的简朴风格。

约翰·加利亚诺

John Galliano

英国怪才约翰·加利亚诺（1960—　　）因其狂野的想象力、浪漫主义以及创新能力，于1995年成为第一位掌管法国高级时装店的英国设计师。加利亚诺重振了纪梵希，使得该品牌引起了更为年轻、前卫的客户群的关注。

约翰·加利亚诺出生于直布罗陀，1966年全家搬去了伦敦，后来又进入伦敦中央圣马丁艺术与设计学院学习。1984年，他从法国大革命中汲取灵感，奉上了个人的毕业设计作品发布会"LESIN-CROYABLES"，其作品足以代表他独特的审美观：裁剪独特、极具说服力的叙述和强大的视觉享受也通过精准的细节完美展现。

1985年，加利亚诺推出自己的品牌，并在伦敦时装周上带来了自己的第一个商业时装秀"顽皮的游戏"（The Ludic Game）。1988年，加利亚诺凭借"白色杜布瓦"（Blanche Dubois）时装秀，摘得"年度设计师"桂冠。然而，尽管加利亚诺大获时装媒体的追捧，却仍缺少财政支持。五年后，美国《时尚》杂志时任主编安娜·温图尔为其提供援助，将社交名媛玛丽亚·圣斯伦贝谢废弃的别墅作为他下一个表演的场地。随后，加利亚诺被任命为纪梵希的设计总监。1996年，他进入迪奥。在迪奥，他一直担任创意总监，直到2011年被解雇。2015年1月，加利亚诺为马丁·马吉拉时装屋展示了其首个时装系列，获得了广泛好评和商业上的成功。

◀ 2011年，私密的沙龙秀展示了20套服饰，完美体现了20世纪30年代的风采。

2004 加利亚诺第一次男装系列，源自其千变万化的灵感。

印有加利亚诺极具代表性的定制印花（由中央圣马丁艺术与设计学院毕业生斯蒂芬妮·纳什和安东尼·迈克尔设计）的喷雾式长衣裤出现在带有无数男性特质（例如运动员、拳击手、牛仔、时髦城市人、黑帮）的系列服装中。这些伤痕累累、血迹斑斑、极具男性特质的服饰，搭配了传统的女性服装，例如粉红色吊袜带；或是正式的黑色领带和无尾燕尾服搭配荷叶边碎花罩裙、袜子和鞋子。

2000 诙谐滑稽和紧身束缚的拼凑融合。

去骨高领、丝缎领带、前方打褶的裙子和前顶帽让人想起爱德华时代的骑马装。这与该系列其他大量使用薄纱的服饰风格相反：例如内有泡沫状、层次丰富的衬裙的舞会连衣裙，淡粉色和淡紫色条纹圆台裙。粉红色薄纱苏格兰短裙，搭配服务生式灯笼袖条纹外套。

2007 秋冬系列体现了加利亚诺服装的不对称特点以及偏离传统风格的设计。

圆形褶边如瀑布般从骑装式妇女外衣的高腰线排列下来直到奢华的腰部装饰短裙，一侧肩膀上装饰有大号玫瑰花的褶皱花瓣，非常引人注意。其他褶边盘旋形成玫瑰花的样子，袖口处绑有红色狐狸毛宽条。夸张的爱德华时代的羊腿袖、宽松的线条、郁金香型短裙、大量波烈时代的反光面料、20世纪30年代的褶皱雪纺吊带连衣裙，以及加利亚诺极具代表性的精细复杂的斜裁吊带裙——该系列带来了折中主义和叙事浪漫主义，也表现了其内在审美价值观。

约翰·罗查

John Rocha

　　爱尔兰设计师约翰·罗查（1953—　　）追求工艺装饰的质感，以及当代创新性技术（如激光裁剪），并创造出一系列细节精致的服饰。有着中国和葡萄牙血统的约翰·罗查出生于中国香港，于20世纪60年代移居伦敦，后进入克罗伊登学院学习服装设计。约翰·罗查在其毕业作品设计中，选择了爱尔兰手工羊毛，也因此来到了爱尔兰进行探访。最终，他搬到都柏林，与妻子兼生意伙伴奥黛特一起工作。自从在20世纪80年代成立自己的品牌，约翰·罗查进入时装设计界已长达25年，他在都柏林伊利广场的"三月亮"将其设计付诸实践。

　　该品牌系列包括约翰·罗查、约翰·罗查牛仔、罗查·约翰·罗查及约翰·罗查珠宝。该品牌也会每年为品牌"德本汉姆的设计师"创作四次时装秀，并为英国高街百货公司设计家居用品和配饰。约翰·罗查曾在利物浦和伯明翰设计家具内饰、酒店内饰、私人飞机内饰、电影和多媒体剧场的服饰，还曾与沃特福德水晶公司合作，设计作品包括雕花水晶高脚杯和花瓶。

　　约翰·罗查每年都会坚持在伦敦时装周上推出两次男女成衣系列。1993年，约翰·罗查在英国时尚大奖中获得"年度设计师"荣誉称号。2000年又被授予司令勋章，以嘉奖其长期以来对时装界的贡献。2006年，约翰·罗查生活精品店在伦敦多佛街开业。

◀ 2010年亚光黑色、高质感的服饰上用缕缕皮革制造出立体图案效果。

1997
采用了红色、黑色和白色的各式面料：如皮革、羊毛和雪纺。

约翰·罗查很少用到杂乱且遍及全身的印花，而是更喜欢在一次性设计成功的面料上进行手工设计，例如这件带有塔希派画家（Tachist，法语，意为"污点、斑点或污渍"）印花设计的连衣裙。该系列其他服饰中，细针距针织衣和提花天鹅绒上衣带有长拖尾、中袖，外搭严格量身定做的秋冬大衣，层次分明。

2007
纤细柔美的外观，装饰有荷叶边，灵感取自爱德华时代，面料为淡褐色、米色、淡粉色和近乎黑色的夏日亚麻。

极浅的贝克粉色一件式皱布制成了衬衫式上衣，手工针织衣领与无檐小便帽很是搭配。袖子在手肘处褶皱，形成深褶袖口，这种技术也应用在了短款亚麻夹克衫的腰部。夹克正前方的一排排花边相互弥补，下身搭配大腿处带有口袋的窄裤，给人一种20世纪早期马裤的感觉。长及臀部的亚麻外套在下摆处有一排排很深的蕾丝花边。这与褶饰丝绸的风格一致，而风衣上的防风雨前片门襟也使得其风格更为硬朗。棕色亚麻风衣式短外套搭配易穿的带口袋短裤。

2002
圆形印花或贴布图案出现在整个系列中。

端庄娴静长及小腿中部的背心裙，裙子下摆周围是带有激光裁剪的毛边圆形镶饰，内搭厚厚的针织高领毛衣。厚实针织超大衣领用来固定轻薄合身的雪纺上衣，质地完全相反。另外也在带毛边的绕颈上衣的腰间系有沉重的棱纹腰带。长及脚踝的黑色针织开衫外套，内搭白色雪纺连衣裙，单色主题继续贯穿全系列。白色或黑色的大号裤装在低腰处系有腰带，或是简单地缠绕了一下。

约翰·史沫特莱

John Smedley

约翰·史沫特莱品牌的永恒风格极具讽刺性地表现了现代主义，其英国基地公司已有超过225年的历史。该品牌生产的细针距海岛棉和纯净的美利奴羔羊毛针织衫，尤其是伊希德（Isis）、利安德（Leander）和奥利安（Orion）马球衫，深受摩登派和学院派的喜欢，更不用提西里亚斯（Sirius）羊毛衫，几十年里，这些服饰都是畅销单品。

约翰·史沫特莱的主要产品有几个重要的定义特性，这也是该品牌的核心理念。纱线必须采用天然纤维制成的，且公司可追查其来源，以确保这一核心成分的质量。整个纱线进行无缝裁剪，用来制成既可发挥衣着功能，又能带来时尚感的服饰。其针织密度小于百分之一毫米，这样精细的针织结构在每个生产步骤都要求很高的技术水平，以免影响质量。因此，该公司拒绝使用外部厂商，只用他们自己的机械和人员，并投资于创新性技术，使其符合上世纪的经典方法。

该品牌女装享有经典的运动装风格，并已发展了新的生产工艺：服装用日本最先进的机械装置制成，完全为无接缝。最近，该公司又推出了童装系列，并在三十多个国家销售。

◀ 2009年印有多色几何图案的美利奴羔羊毛圆领毛衣。

2007

复古细节和传统风格的复兴是该品牌发展的不变方向。

约翰·史沫特莱的三粒扣马球衫源自1932年的伊希德网球衫，一推出就经历了多次改良。短开襟和洁白的衣领与腰间的白色深罗纹相得益彰，橄榄球服式的条纹上衣和盖肩袖，搭配层次丰富的薄纱圆台裙，让人想起20世纪50年代动感十足的啦啦队长。海岛棉是史沫特莱奢侈品牌春夏季节性的标志，能作为市场发展的一部分，展示自己品牌的特色。该品牌的核心特性表现在细针距针织装上，体现了休闲现代主义。

1930

针织泳衣在内衣产品的基础上演变而来。

遮住内裤的一件式紧身衣在精细的针织内衣基础上演变而来。约翰·史沫特莱与詹森等美国公司几乎同时意识到运动装的发展以及女性身材的自然之美，于是，约翰·史沫特莱将上衣前方裁剪为贴边式衣片，分成四块形成胸部的形状，两块遮掩下身，与身体紧密贴合。在此期间，莱斯泰克斯公司的橡胶线也用在了羊毛面料中，用在潮湿的环境中以增加对抗地心引力的稳定性。

2010

21世纪生产设备的多功能性使得该品牌能在服饰上进行最大限度的着色。

男友式夸张大号的伊基开衫，上面印有精心设计的条纹，美利奴羊毛面料的颜色多达14种，每一种在生产过程中都需要独立的纱线器。以该服饰为代表的服饰系列展现了该公司非凡的技术能力，而且该款式也很百搭，可搭配套裤（无缝），或是简单的单色上衣。该系列服饰的褶皱或缩褶短袖都强调了肩部。

乔纳森·桑德斯

Jonathan Saunders

苏格兰设计师乔纳森·桑德斯（1977—　　　）在色彩处理上的精湛工艺以及对色调的独特鉴赏力，使其能将图案整合成令人称赞的三维形式。将这样的效果应用在服饰中，无论是他极具代表性的撞色及踝连衣裙，还是做工精致、突显身段的特殊工艺印花，都可以成为现代女性主义的缩影。

乔纳森·桑德斯起初在格拉斯哥艺术学校学习产品设计，接着又进入伦敦中央圣马丁艺术与设计学院学习服装印花设计，并在那里获得了硕士学位。2002年，他为毕业展设计的服饰系列上印有充满活力的之字形印花。次年，乔纳森·桑德斯与亚历山大·麦昆合作，并为2003年春夏服饰系列设计了天堂鸟印花。乔纳森·桑德斯同时也是时装品牌蔻依和由克里斯蒂安·拉克鲁瓦领导的璞琪的顾问。

桑德斯每年都会定期在伦敦时装周上亮相，直到2008年，他转向了纽约时装周，他把这次变动称为"自然的发展"。后来在2010年，他回到了伦敦。桑德斯为英国时尚品牌顶店和美国零售连锁店塔吉特创造了很多成功的服饰系列，2009年还被意大利米兰奢侈皮具品牌波利尼聘为创意总监。2005年，桑德斯获得苏格兰时尚大奖授予的年度设计师称号，2008年又获得了《世界时装之苑》风尚大典颁发的年度最佳英国设计师称号。

◀ 之字形图案和以羽毛为灵感
　的金属感印花是2009年秋冬
　系列的特色。

2003

经过特殊工艺处理以适应服饰风格的印花，带来了撞色图案，充满活力的色调搭配黑色时，带来了强烈的视觉冲击。

边缘带有小孔的实心圆，以及其他一些几何图案（例如边上刻有白线的梯形、平行四边形等）经过了精准的数学计算，使得这条层次丰富的及膝连衣裙活泼有生气。不对称的披肩领经常出现在整个服饰系列中，如果搭配颜色单一且浓重的窄裤，则更加突显了上半身轮廓。滚边及踝长衫和高腰短裤搭配高领薄毛衣和彩色裤袜，进一步增加了精心设计的混合色彩。作为表面图案设计专家，桑德斯大胆自信地在服饰上设计色彩丰富的印花。这种开放的态度也产生了大量的几何印花和强大的着色。该系列其他服饰中，镜像的使用产生了动态的效果，也装饰了上衣。

2005

桑德斯通过对色彩和图案的探索，以及印花过程中对欧几里得几何原理的运用，勾画出身材曲线。

对颜色色调和色度的有节制却极具创新的使用，在这件束腰外衣和旋涡状迷嬉裙上表现很是明显，也始终贯穿在整个服饰系列中。暗青色搭配淡紫色和橘黄色，或是青绿色搭配芥末黄和棕色，一种颜色和另一种颜色之间总是形成渐变色弥漫开来，或是随着黑色的引入而显得更为突出。清晰而抽象的印花灵感来自包豪斯建筑学派设计师奥斯卡·施莱默，他主张用几何印花来改变身体的造型，他也是芭蕾舞剧《三人芭蕾》（1922）的创造者。印花元素经过传统的特殊工艺处理，不仅仅是简单的装饰，也能适应每种图案需求以及身体的平衡和线条。男装系列包括马球衫、V领毛衣、短裤以及搭配宽松开衫外套的T恤。

朱利安·麦克唐纳德

Julien Macdonald

　　内衣品牌"几乎没有"（Barely There）的针织衫以及极富魅力的晚装都是威尔士设计师朱利安·麦克唐纳德（1972—　　）的代表作。其设计作品深受需要重整造型的名人喜爱，也经常出现在红毯上，给人留下了深刻的印象，成为时尚媒体追捧的对象。

　　1996年，朱利安·麦克唐纳德在伦敦皇家艺术学院的硕士毕业展上重新推出了毛衣连衣裙。这款手工针织裙结构设计巧妙，引起了卡尔·拉格菲尔德的关注，朱利安·麦克唐纳德也因此受邀为香奈儿设计针织衫。1997年，朱利安·麦克唐纳德在伦敦时装周期间成立了自己的公司。2001年他被任命为纪梵希创意总监。同年6月，朱利安·麦克唐纳德首次推出的全黑色时装秀标志着对以往风格的摈弃，并收到了褒贬参半的评价，其成衣系列时装秀更为成功。2004年，麦克唐纳德为英国百货公司本汉姆推出了副线系列"Star"。他还曾坚定地捍卫自己在设计中使用皮草，特别是栗鼠皮、紫貂皮、狐狸皮和水貂皮的决定。

　　该品牌的首席执行官是私人投资者杰米·哈格里夫斯，创意总监则是麦克唐纳德。2004年8月，为表彰他对英国时尚界的贡献，威尔士大学授予朱利安·麦克唐纳德荣誉院士称号。2006年6月，这位设计师又被英国女王授予英帝国官佐勋章。

◀ 2011年，旧式的蕾丝和雪纺演绎了麦克唐纳德全新的浪漫主义审美。

1999 麦克唐纳德的代表作——性感裸露、"伤风败俗"的针织衫吸引了大量关注。

麦克唐纳德在其设计中，让大部分的纱线自由随意地飘动，只是在几何形状处或是带有褶裥针脚的接缝处固定聚拢。该系列用多种方式探索了秋冬毛衣的多种款式：层次丰富、带流苏的树型外套，雪花点紧身衣，挂着冰柱的轻薄吊带裙，以及带有热压后意大利面条式塑料的灰白斗篷。

2004 大家闺秀般的优雅端庄气质渗透在花呢和丝缎制成的服饰系列中。

斜裁裸色丝缎裙，外搭双排扣花呢外套，为麦克唐纳德更为传统的红毯作品带来了新的庄重严肃风格。蝴蝶结、铅笔裙和围兜状的上衣为闪亮的、腰间和大腿处开叉的单肩晚礼服带来了稳重的元素。毛皮在本次秋冬系列中被用作配饰，或是用在V形图案染色的条纹外套上。

2001 裁剪鲜明的黑色皮上衣，搭配装饰有意大利面条般的带条的豹纹印花吊带裙、钻石流苏、皮草披肩和羽毛，展现了粗犷的魅力。

这条连衣裙是由绕在颈部的钻石链组成，腰部用流苏链固定，非常引人注目。这只是本次绚丽的服饰系列中的一个组成部分，该系列还有一件式前拉链紧身连衣裤，臀部和肩部带有刺青般的刺绣。严格定制的单品，如品蓝色尖肩无尾燕尾服、装饰华丽的外套内搭黑色高领毛衣和短裤，赢得了众多关注。豹纹用在了裤装和下摆不对称的吊带裙上。皮草一如从前是该品牌不可或缺的部分，例如及膝裹身大衣、水貂贝雷帽，以及搭配铅笔套装的老式皮草披肩。珠光宝气的国王和王后身着黑白点缀的裤装，而头上的皮帽又增加了硬朗之气。

乔纳森·威廉·安德森

J. W. Anderson

　　爱尔兰籍设计师乔纳森·安德森（1984—　　）遵循性别规范，对男性气质和女性气质有着独特的见解，重新诠释了21世纪男女装。安德森毕业于伦敦时装学院，2008年创立了同名品牌。三年后，其女装业务得以发展，2010年推出了女士胶囊系列。他在与顶店合作畅销后，也与范思哲合作推出范瑟丝系列，随后还与优衣库开展了合作。2014年，安德森担任西班牙奢侈品牌罗意威创意总监，该品牌历史悠久，创立于1846年，1996年被路易·威登集团收购，安德森的到来更是将该品牌推向奢华街头服饰相关的最前沿。他与巴黎创意组合M/M的合作也使得罗意威品牌形象有了微妙的更新。

　　安德森所获赞誉包括2012年度英国成衣时尚新人奖，2013年度新机构奖和2014年度男装设计师。在2015年英国时尚大奖中，该品牌获得了年度男装和女装设计师的历史性双重殊荣，这也是第一次有品牌荣获两项殊荣。在2017年英国时尚大奖中，该品牌获得了年度女装设计师奖。2019年，安德森的首家伦敦永久性时装店开业。

◀ 2019年秋冬系列，易于穿搭的灯笼袖雨衣，创新性剪裁和提花针织。

2013

秋冬系列，男装重新搭配了细褶、褶边和剪裁。

该系列集合了灰色、白色、黑色和驼色色调的饰有凹槽纹的短裤装。其他服装的腰部和胸部用到了细褶来塑形。该系列颇具20世纪60年代的特色，让人联想到女装设计师安德烈·库雷热的及至大腿的露肩直筒连衣裙，以及浮雕大衣搭配短裤——尽管这是为男性而非女性所设计。比较传统的是细条纹、宝蓝色和骆驼色大衣，还有带有黄色、灰色或蓝色嵌花圆心的白色毛衣。

2019

秋冬季系列，色彩协调。

带手帕样下摆的浅蓝色、黑色和橙色宽松雪纺连衣裙，腰部配上一条帆布宽腰带——这种搭配主题在整个系列中屡见不鲜。修身毛衣裙饰有大块的对比色雪纺面料，绕在领口、袖口和下摆或肩膀上。连衣裙配有黑色宽腰带和粗大的金色项圈。米色雨衣在延长的翻领和灯笼袖的深袖口处印有撞色格纹图案。

2019

安德森为高级皮具品牌罗意威推出的春夏系列首秀。

未拉上拉链的黑色皮质渔夫涉水裤，腿部轮廓立体，搭配带有撞色皮革贴袋的前拉链骆驼色夹克，腰间配上蓝色皮革腰包。该设计师善用拼接，巧妙而特别的细节比比皆是，例如西装上的单一皮革或缎面翻领，蓝白条纹衬衫上的羊毛皮肩章。简单的宽松罗纹毛衣搭配长裤，上面缀有各种针织布样，彩色拼布衬衫裙和连身裤上也延续了这种拼布主题。

卡尔·拉格菲尔德

Karl Lagerfeld

在时尚界享有盛名的卡尔·拉格菲尔德（1938—2019）出生于德国的一个富豪家庭。他于1952年迁居巴黎，在赢得国际羊毛局颁发的奖项后，开始了自己的时尚职业生涯。1955年至1957年，拉格菲尔德为皮埃尔·巴尔曼工作。随后，他跳槽到让·巴杜旗下工作了五年。此后，他开始了与蔻依的长期合作，而且从1965年起，他为芬迪设计皮草，并为其设计了双F字母标识。直到去世，拉格菲尔德一直是芬迪的创意总监。

1982年，拉格菲尔德受任以重振香奈儿品牌。他的第一步举措就是解析2.55经典款手提包：将品牌标识从包里移到包外，大大的双C标志置于包的正面，带些挑衅意味，正显示出20世纪80年代的铺张炫耀性消费。拉格菲尔德在为香奈儿做设计的同时，于1984年开始了自己的设计生意，并且于1992年再度为蔻依做起了设计，直至1997年。拉格菲尔德有着工作狂的名声，被媒体誉为"凯撒·卡尔"。

2019年，这位伟大的设计师去世后，在他举办过无数次香奈儿华丽盛会的巴黎大皇宫里，举行了一场纪念其对时装界贡献的活动。在这个标有"永远的卡尔"的地方，两千余位客人观看了由芬迪、香奈儿和卡尔·拉格菲尔德时装屋组织的90分钟的盛大演出。

◀ 2010年秋冬时装周，将锋利的剪裁和未来主义设计融为一体的长款礼服大衣。

1985

抽褶裙和紧身晚礼服在此次时装秀场上大放异彩。

这一时期以炫耀性消费闻名，定做服装需求高涨，拉格菲尔德与女设计师同事克里斯蒂安·拉克鲁瓦非常享受这其中的乐趣。这段时期，通过电视剧《豪门恩怨》和《家族风云》，大众对时尚的兴趣到了一个新的层次。拉格菲尔德影响力的扩张，恰逢全球时尚市场的新兴时期。

2009

此次春夏时装秀展示了各种图案，同时用束身宽腰带来强调上腹，利用圆形主题来创造设计方案。

在包上剪出一副眼镜的形状，由模特举在自己面前，一幅非格菲尔德莫属的容貌跃然于手袋上。此肖像还复制了这位设计师所特有的白衬衣和领带，但模特的衣袖却是轻盈的丝绸薄纱，还镶有珠宝配饰。全丝硬缎的高腰及膝半裙，前拉链，腰两边还装饰有蕾丝，上身配轮廓分明的白衬衣。腰部仍然是一个有趣的部分：剪裁讲究的白底印花棉质连衣裙上，配以腰部周围不对称的装饰和黑色双扣腰带。此外，白色露脐上衣，外搭海军蓝背带裙，正好露出腰间的肌肤。

2006

细长的版型，灰暗的色调是该年度秋冬时装秀男女装的主打。

紧身褶皱真丝针织款式的中长晚礼服，饰有不对称的肩带，再配以褶边丝绸薄纱露指手套。手套这一特色在此次时装秀上反复出现，有时是几条皮草装饰，有时会是羽毛点缀的露指手套。此外，一系列的黑色羊毛全长修身大衣，衣长及踝，袖长过手，内搭隐形针织裙。灰褐色针织连衣裙，饰有绸缎口袋，再配以露指手套，下配扎染打底裤和松口靴。

肯尼斯·伊兹

Kenneth Ize

肯尼斯·伊兹（1990—　）因在设计中运用传统技术和饱和色彩而闻名，他利用其国际专业知识为新兴的尼日利亚时装业做出了贡献。伊兹出生于拉各斯，在奥地利长大，并在维也纳应用艺术大学学习过设计，师从伯纳德·威尔海姆。2013年毕业后，他在尼日利亚拉各斯时装周创立了自己的同名品牌。尽管伊兹获得了非凡的好评，他还是回到了维也纳，在那里继续学业，并在侯赛因·卡拉扬的指导下，攻读硕士学位，开发了自己的纺织原料。

2015年，伊兹重返拉各斯，进一步组建了自己的品牌，成立了由三位女织工组成的生产部门。他利用传统的工艺流程，包括制作名为"aso oke"（约鲁巴语，大致是"高级织物"的意思）的手工编织面料。对于每个新系列，伊兹和他的团队都从拉各斯或欧洲采购纱线，送到他称为"女王蜂"的织工主管拉基娅·莫莫那里。布料上的细条纹展示了简单的盒状、中性的轮廓设计，也反映了设计师的审美观。他的工作室目前位于萨博亚巴郊区，那里的小团队是他与尼日利亚工匠们合作的枢纽。2019年，伊兹获得路易·威登奖提名，以及"崛起"时装周年度设计师奖，同年，他将其设计作品扩展至女装。

◀ 2019年尼日利亚拉各斯的"崛起"时装周上展出手工缝制的男装。

2019

在随意大方的上下装系列中，挖掘了格子和条纹的几何特性。

　　带流苏的紧身胸衣，看上去像是飘逸且长至脚踝的连衣裙向上延展而成，实际上却是由另一块布料制成。它从两侧垂落，并由窄带悬挂。垂落肩部的方形夹克营造出宽松休闲的廓形，搭配拖地阿力丽靛蓝色舒适的裤子。本系列其他服饰中，褶饰衬衫四处布满不同的彩色编织，上衣和裤子上也引入了印花图案。

2019

模特娜奥米·坎贝尔在尼日利亚拉各斯的"崛起"时装周上走秀。

　　传统意义上，"aso oke"是用白色、蓝色、棕褐色和红色织物手工编织的。而伊兹则赋予其新的色彩、纱线和编织图案，也带来了更多活力。作为费时费力的技术，大约需要38小时才能制作出两码（一码约91.4厘米）长的单夹克衫面料。水平和垂直条纹并列放置，抽褶带流苏的迷你裙穿在高腰裤了上，搭配简单的抹胸上衣。宽松格纹夹克，搭配及膝短裤，再配以流苏围巾。本系列其他服饰中，更合身的西装式运动夹克套装，包括系扣至脖子的小立领西装外套，搭配窄长裤和橙色或黑色的束腰纱笼。

2020

将色彩鲜明的手工编织转变为现代日装。

　　秉承传统的编织技术，同时拥抱现代时尚，春夏系列采用了实用的盒形夹克和宽松的裤子。这款简易夹克采用低扣式设计，搭配下摆饰有流苏的直腿长裤，色调均为监色、棕色和黄色。

浪凡
Lanvin

让娜·朗万（1867—1946）以其精致的礼服风格闻名，宽下摆是其礼服的特征，改自18世纪的衬裙。1889年，年仅22岁的朗万就创立了法国最古老的在营定制服装工作室。起初，朗万在巴黎的圣奥诺雷郊区街开了一家女帽店，然后于1909年加入法国高级时装协会。浪凡特有的礼服风格最早出现于20世纪20年代。此后的20年间，这种风格以不同的面料反复展现，其中包括真丝塔夫绸、天鹅绒、金银丝蕾丝、玻璃纱和雪纺绸。柔和色彩的礼服，以工作室三个人的名字之一做的贴花、串珠和刺绣作为装饰。旗下服饰还包括茶会礼服、晚宴宽长裤、土耳其式斗篷外套、连帽披风和步兵服套装。浪凡还开设了自己的印染厂，受教堂彩色玻璃的启发，还创造了浪凡蓝。

1895年，朗万嫁给了意大利贵族埃米利奥·迪皮埃特罗，两年后，生下她唯一的女儿玛格丽特·玛丽·布兰奇。这是朗万的第一段婚姻。琶音香水是浪凡的标志性香水，于1927年问世，一直都是畅销香水。香水瓶上是保罗·伊里贝所画的朗万母女。1946年，朗万去世，女儿接管了她的生意。1950年，安东尼奥·德尔·卡斯蒂洛出任浪凡设计师，其继任者依次为朱尔斯–弗朗斯瓦·克拉海、多米尼克·摩罗蒂、奥奇玛·沃索拉托、克里斯蒂娜·奥提兹。2015年，创意总监阿尔伯·艾尔巴茨离开了其服务14年的浪凡，女装设计师布什哈·加拉尔上任。加拉尔仅出品了两个系列后，该职位由奥利维尔·拉皮迪斯接替。然而，拉皮迪斯只工作了不到一年的时间，便于2018年离开。2019年，布鲁诺·西亚雷利被任命为该品牌四年内的第四位设计师。

◀ 2008年成衣展，奢华绸缎的罗马长袍，由阿尔伯·艾尔巴茨设计。

1939 朗万设计的"暴风"晚礼服，由让·德·波利尼亚克伯爵夫人穿着展示。

　　贴身缝合的褶皱紧身上衣，褶边文胸突显出沙漏状的女性曲线，缩褶双层硬缎裙，内层长度及踝。腰部的接缝隐藏在细腰带内，腰带边缘有编织饰带点缀，珠宝镶边外口袋更是将整件礼服的奢华风格推至顶点。而且，同样的珠宝包裹成三角形的颈部饰带，在紧身上衣之上形成一个花环。在斜裁丝质礼服流行了十年之后，20世纪30年代开始兴起怀旧和成熟的浪漫主义风格，时装在设计上再度恢复了腰部的自然曲线。

1925 朗万重新诠释18世纪衬裙的版型，从而形成自己特有的礼服风格。

　　真丝玻璃纱质地的连衣裙，扇形褶边的宽下摆，每片褶边上配以同样的花朵刺绣，与上半身迂回至腰间的花朵交相呼映，正符合当时的时代风尚。修饰脸型的披肩领下，是深V领的紧胸内衣。朗万借用了历史上和文化中的装饰传统，与当代的工艺技巧及服装材质相结合，从而形成了她自己所特有的审美观。

1957 模特身着浪凡晚礼服在凡尔赛的路易十五国王剧院拍照。

　　这件全长礼服由安东尼奥·德尔·卡斯蒂洛设计，展现了20世纪50年代社交场合所必需的优雅：雪纺绸紧身上衣，几片印花锦缎装饰从高腰处落下。朗万的女儿邀请德尔·卡斯蒂洛为其母亲在巴黎的公司设计，希望重振公司的名声。1950年至1962年，浪凡－卡斯蒂洛工作室以其优雅的服饰、细长的版型、飘逸的长裙、奢华的面料和精美的刺绣著称。

1996

巴西裔设计师奥奇玛·沃索拉托的首场时装秀。他也负责品牌标识设计，直至1998年。

金属纤维提花修身长外套展现出简洁的轮廓，这种简洁严肃的风格贯穿整个生活装秀场：两件套西服，外套配以剪裁讲究的双排扣阔腿西裤，且多数搭配薄丝巾装饰。前拉链绸缎夹克配以月牙边蕾丝超短裙，又与以上风格形成鲜明对比。在晚装秀场上，淡紫色与灰白色雪纺绸轻盈地包裹在几乎裸露的身体上，而浪凡蓝雪纺舞会礼服则表达了对品牌创始人的敬意。

2008

卢卡斯·奥赛德瑞弗设计的浪凡男装，回避了两件套的西服款式。

奥赛德瑞弗借用比例与层次的技巧，将不规则剪裁的无领白衬衣套在针织T恤之外。外搭细条纹夹克，下配舒适的裤装，体现了现代的风格与传统的剪裁。此外，还有白短裤搭配金属扣衬衫；蘑菇色尼龙外套，搭配同色调的衬衣和运动裤。宽大的夹克和衬衣穿在褶皱的裤装外，配以宝蓝色与黑色相间的竖宽条纹上衣，完整地塑造了"度假男生"的装扮。

2005

此次高级成衣秀上的服装由阿尔伯·艾尔巴茨设计，展现了朴素的女性魅力。

翻边袖口的女士宽松衬衣，其插肩袖延伸到背面的褶襟，形成一个圆形的抵肩，并缝制出褶皱。下配包臀短裙，臀部以下是温和的褶皱散摆。此外，本场秀上还可以看到优雅的双排扣风衣、腰带束出的褶皱，以及珠宝类的装饰。水洗的丝绸罗缎与光面绸缎更为柔软，这种面料的短裙也更轻盈，再搭配同面料的合身短上装，腰部饰以渐变的亮粉色或墨水蓝色蝴蝶结，体现了女性的柔美身段。女神连衣裙采用了福尔图尼（Fortuny）式的褶皱丝绸，并用缎带的装饰来突出胸部与臀部的线条。用缎带串起的珠宝是主要的配饰。

2011 阿尔伯·艾尔巴茨使用氯丁橡胶材质设计的连衣裙飘逸优雅。

红色针织单肩上装，配以全长褶皱裙，从大腿部开叉，用棕色皮带固定——也用于搭配芥末色、卡其色、靛蓝色的上装和短裙。

2018 秋冬系列，奥利维尔·拉皮迪斯为浪凡设计的两个系列之一。

厚重的紫色丝绸晚礼服，带有披肩设计以及不对称前拉链。同样的面料也用于束腰紧身胸衣和褶饰裙身组成的浅灰黄色无肩带晚礼服，以及简单的及踝黑色紧身连衣裙。材质较轻的是几条宽松的A字形及膝浮丝连衣裙。本系列服装的颜色是拼凑而成的，例如紧身皮裤、女式健身踩脚裤和各种机车夹克。

利伯蒂

Liberty

　　自1875年起，伦敦利伯蒂百货就成为装饰艺术最前沿的奢侈品购物中心。与当代前卫的设计师合作是利伯蒂的传统，从19世纪的克里斯托弗·德莱塞，到20世纪50年代的罗伯特·斯图尔特，2009年任前沿时尚设计师亚斯敏·苏埃尔为创意顾问，这一国际合作更是巩固了利伯蒂公司当代设计的风向标地位。

　　亚瑟·莱森比·利伯蒂（1843—1917）在伦敦的摄政街上开设了这家东方风格的百货商店，主营家具、纺织品和服装。当时的美学运动抵制了工业革命带来的大生产，而利伯蒂所出售的商品风格，也受到美学运动的启发。19世纪70年代晚期，该百货公司更名为"利伯蒂有限公司"，以精美的服装和新艺术风格的室内设计著称，并一直沿袭新艺术运动的设计风格。

　　利伯蒂百货公司的建筑模仿都铎式复兴风格，始建于1925年，坐落于大万宝路街，内部是几间相连的商店，而不是单个的大百货商店。此后的数十年间，在经营质量上乘的装饰纺织品百货领域，利伯蒂一直位居首列。"二战"后，公司决定回归艺术与工艺运动的根本，再次与敢于创新、反对传统的设计师合作，其中包括露西安娜·戴·杰奎琳·格罗格，以及科琳·法尔。目前，它作为独特的内部设计工作室，由18位技术娴熟的设计师组成，这些设计师对艺术品进行概念化、返工和手绘，每年设计250多种面料。该公司也不再由家族所有，而是由MWB集团控股有限公司拥有多数股权。

◀ 2020年春夏浪漫系列，马蒂·博万设计，带有利伯蒂标志性的花卉图案。

2008 本场时装秀上，日本设计师渡边淳弥颠覆了利伯蒂的印花风格，尝试选用有饰带镶缀的褶皱短外套，以及盖袖娃娃裙。

交叉褶皱连衣裙有着蓬松的裙摆，采用柔和色调的塔娜细棉面料，裙边用金色编织挂脖修饰——采用利伯蒂印花设计的一件裙装。塔娜细棉是一种精细柔软的高支纱全棉面料，通常是正式娃娃裙和女童衬衣这类儿童服装的唯一面料。此后，不少设计师都借用了满幅多向小印花这一元素，如玛莉官、图芬与弗利。而杰拉尔德·麦卡恩在20世纪60年代设计"漂亮的摩登女郎"时装时也曾借用此元素，当时年轻导向的时尚风潮使得小宽松的超短裙成为流行。此后的十年间，印花娃娃衫也常见此元素。当时，利伯蒂是唯一按尺码出售印花纺织品给工作室裁缝的零售商，同时也为设计师的成衣秀供货，伊夫·圣·洛朗也是其客户。

1958 这套利伯蒂原创的印花套装展出于伦敦时装周，其复制品展出于法国高级定制服装秀。

这件不规则剪裁的短上衣，配以全幅印花直筒长裙，再以袖口的手镯点缀，既体现了20世纪50年代的正式礼节，又展现了女性的凹凸身段。艳丽的妆容和匹配的饰品在秀场上必不可少，荷叶边洋伞、长手套、珍珠耳钉和手镯随处可见。利伯蒂百货店内的时装秀，展示了全套服装搭配，顾客们可以一边享用下午茶，一边欣赏周围展示的服装。利伯蒂客户不仅购买工作室内设计的原版成衣，也购买印花面料，在工作室内现场定制。"Young Liberty"提供紧身连衣短裙、宽松长裤（有些印花同罗伯特·斯图尔特家纺设计的印花一样）、泳装、超宽松马海毛针织衫等一系列服装，以迎合日益增加的时尚青少年的需求。

路易·威登

Louis Vuitton

　　路易·威登这个品牌，总是会让人联想到"头等舱""奢侈品市场""高调的时尚标志"等概念，而其创始人威登（1821—1892）在19世纪则是以制作皮箱开启了自己的职业生涯。他当时担任尤金妮皇后（拿破仑三世的妻子）的衣箱供应商（也称御用行李打包商），自此开始为欧洲上流社会服务。1854年，他在巴黎的卡普西纳街上开设了自己的店铺，名为路易·威登之家，出售自己设计的皮箱。

　　1892年威登去世后，其子乔治开始接管公司。1896年，经典款的交织字母印花帆布包上市，此后整整一个世纪，相继推出多款知名包袋：1901年的"Steamer"手袋、1923年的箱型手提袋、1924年的"Keepall"旅行袋（周末手提包的始祖）、1925年的汽车包及1932年的水桶包。1987年，路易·威登与由贝尔纳·阿尔诺掌管的轩尼诗酒业集团合并，成为世界上最具影响力的奢侈品集团公司。路易·威登创始人的曾孙帕特里克·路易·威登，是该公司的现任总裁。

　　1997年，路易·威登进军成衣女装业，任命马克·雅各布监管该品牌。马克凭其敏锐的商业嗅觉，与斯蒂芬·斯普劳斯签约，于2001年推出涂鸦包。2013年，在雅各布任职16年之后，尼古拉·盖斯奇埃尔加入了路易·威登，担任女装系列艺术总监。

◀ 2011年春夏时装周，奢华的中国风闺房时装秀，由马克·雅各布设计。

1938

一套路易·威登行李箱的广告——扁式硬皮箱、帽盒和手提袋，1986年首次推出的标志性交织字母印花设计，在这一系列的箱包上都有体现。

19世纪下半叶，随着旅行的流行与普及，人们对时尚行李箱的需求锐增。路易·威登设计的平顶扁式硬皮箱，替代了之前使用的拱顶皮箱（半球形的箱顶设计，便于水流向箱子两侧）。威登在木箱外层覆以帆布，帆布上的虫漆涂层增强了其防水性，木箱周边还增加了撑杆、镶边和五金。这样的设计是便于堆放和移动，这个产品也因此成为该公司成功的基石。其他行李箱制造商也开始模仿威登的设计风格，于是在1888年，威登通过在素色大方格花样帆布上印制"L.Vuitton"注册商标来防范盗版。从1901年开始，该公司逐步推出了一些小型行李箱。

1968

时尚偶像奥黛丽·赫本手提路易·威登手袋。1963年，路易·威登在斯坦利·多南的侦探喜剧片《谜中谜》中植入广告，而赫本更是激起大众对路易·威登的喜爱。

1959年，经典的品牌印花帆布用于小手提包的制造，小手提包也成为行李箱的补充——1901年的Steamer手袋、1924年的Keepall旅行袋（和行李袋类似），这两者都成为之后手提包和旅行包的模板。1932年设计的能装下五瓶香槟的水桶包，此前就曾经生产过。20世纪60年代，标识狂热达到顶点，并一直持续到20世纪00年代。然而，在早期的名人代言之后，富有的潮流达人也迫切地想要获得某种身份象征——古驰的平跟船鞋、爱马仕的女式头巾和凯利包，以及路易·威登的手提包。爪型（原文中"griffe"是一个法语单词，意为动物的爪，用于界定享有声望的品牌标识）设计成为该品牌箱包的识别标识，其中包括交叉的"LV"首字母，米黄色内凹菱形内四叶草及其反底色印花，以及米黄色圆圈内嵌四叶草装饰。

1998

美国设计师马克·雅各布的首场秀。

朴素宽大的白衬衣，搭配舒适的过膝长裙——这是雅各布为知名品牌设计时常见的细腻手法，这也是路易·威登144年来第一次成衣秀。本场秀主推白色、黑色及珠光灰三色上等羊绒胶印的针织外套，而白色"LV"交织字母印花仅出现于搭配的斜挎包上。

2004

苏格兰高地人的哥特式服装展上，格子呢和花呢成为特色元素。

窗格纹花呢收腰外套，完美修身的斜裁袖，胯部两个贴袋，毛皮内衬的红色格子呢展现身段。搭配的皮草围巾上，印有LV的四叶花。此外，格子呢露肩上装，内搭黑色绸缎巴斯克衫；天鹅绒灯笼裤，搭配柠檬黄花边毛衣或剪裁随意的萨克斯蓝多扣夹克。

2001

路易·威登帆布包上的涂鸦使该品牌改头换面，将街头艺术融入高档商品中，创造了新千年的必需品。

街头涂鸦曾被视为一种破坏行为，直至基思·哈林、让·米切尔·巴斯奎特等艺术从业者将其提升到一种艺术形式，从而激发起纽约设计师斯蒂芬·斯普劳斯的兴趣。他在1984年的首场时装秀中，融入了签名涂鸦和模板涂鸦，以及其他城市生活和街头艺术的视觉冲击元素。2001年，他受马克·雅各布之邀，用其地下手法设计了一款手包，这款涂鸦包马上成为时尚标识，各种衍生版本数量过百万。涂鸦也曾应用到雅各布时装秀的过肘手套上，展示了雅各布一向广泛的灵感来源。他展示的超大玫瑰印花全长裙，是20世纪50年代风格；卡其色及淡黄色的两件套裙装或裤装西服，配以军装细节点缀；舒适朴素的短裤，剪裁随意，搭配素色高领毛衣；驼色抽绳褶边半裙，搭配惊艳的粉色上装。

2018 17世纪巴洛克式织锦制成的运动服。

真丝运动短裤，搭配精心设计的袖口深开的高领锦缎上衣，本系列其他服饰中还搭配有漆皮牛仔裤。飘逸的雪纺连衣裙常搭配随处可见的LV运动鞋。

2009 马克·雅各布为路易·威登创作的最后一个系列，性感妩媚的褶边，极富女性气质。

这条蓬蓬裙，设计有夸张的气球型肩膀和有褶饰边的裙身，参照了20世纪80年代后期华丽的时尚，雅各布向那个时代的华丽大师克里斯蒂安·拉克鲁瓦致敬。本系列中，黑色与粉红色、淡紫色和绿松石色搭配，制成了一系列迷你裙，配以裙撑和纯黑蕾丝花边上身。多层收褶用于修身夹克和紧身铅笔裙。裸色真丝连衣裙由蓬蓬裙和皱褶上衣组成，搭配超长筒靴和黑色兔耳朵。

路易斯·哥登
Louise Goldin

    路易斯·哥登（1979—　　）具备一种叛逆的针织天赋，能应用复杂的设计与多种工艺，使其针织品与众不同。出生于伦敦的哥登是当代针织品设计领域的先锋，推动了这一时尚风格的普及流行。哥登在中央圣马丁艺术与设计学院学习了七年。其间，她对针织工艺做了一些新的尝试，其2005年的毕业设计上就有所体现。毕业后，她赴巴西任特蕾莎·桑托斯的设计总监。她在特蕾莎·桑托斯的两年间，继续巩固自己的技术与创意上的专业技能。2007年，她回到伦敦，推出自己的首场时装秀，而伦敦塞尔福里奇百货则购下此次时装秀上的所有服装。

    2008年，哥登在伦敦时装周上首次独自出场。她善于发掘利用细针和粗针针织面料的特性，通过立体剪裁和褶皱来打造未来主义的多层服装。她还使用电脑辅助针织技术来设计穗带、镶边和其他装饰。2010年，哥登与苏格兰羊绒及针织品制造商巴兰缇妮合作，推出约40件针织品，设计师将传统的精巧工艺与其标志性的超短紧身针织连衣裙及透明镶钻上衣相结合。此外，哥登还与英国顶店合作，推出未来主义铆钉鞋展。2010年，她因其品牌投资，被英国时装协会授予时装先锋奖。

◀ 2010年春夏时装周，这件服装采用色调淡雅的针织面料，同时将包豪斯的几何建筑风格应用到了人体上。

2008

彩色机器针织楔形衣片拼接成一件短款喇叭背心裙。

在各种针织方法中，哥登发掘利用了挂毯的针织对称性，将纵向的纱线嵌入生动的颜色和图案，展现了精湛的技术和精心复杂的设计。丰富的色板中包含了一些不协调的色调，如猩红色和品红色。设计所用的图案、质地和衣片的条纹，使得这件裙装增添了几分凌乱和生气。透明的塑料腰带和彩色乳胶发带这类饰品，则增强了这一系列服装的光怪陆离感。

2007

哥登的奢华运动套系，选用合身的镶框式神奇女侠装扮，配以荷叶边修饰，体现了大胆的身体意识与强化的运动风格。

透明针织衫是本次春夏时装秀的主打，通常以几何图案更具动感的外形来展现，再以紧密的扭结和针织镶边装饰。在这一系列的其他服装中，哥登利用了针织品更柔美的一面，采用褶裥和花边来展现女性特质。不同重量、不同弹性的面料进行交织，整体合身，如同控制身体上肌肉的背带。其他服装则借鉴竞技体育盛装，如独创的带纹网眼弹力打底裤。粉色与黑色相间的几何图案选择，也暗示了与装饰风艺术的联系。

2010

哥登的这场秀视觉阴郁，激光枪款式，哥特风显著。

本次秋冬时装周上，哥登大胆尝试，将黑色与海军蓝针织衫设计成复杂缝合的连衣裙款式，其外观更像氯丁橡胶质地的潜水服，而绝非晚会礼服。露出一点明亮色系的短裤，点缀着整体深色调的服装，其灵感源于《大都会》（1927）和《华式451度》（1966）这两部科幻电影。哥登创造了一种未来主义风格的武术服。

马克·雅各布

Marc Jacobs

  设计师马克·雅各布（1963— ）出生于纽约，1992年因其为美国运动品牌派瑞·艾磊仕独创的摇滚风格时装而名声大噪。尽管这次时装秀在商业上并未获得成功，但复古风的碎花连衣裙与马丁靴的搭配，外观似法兰绒的印花真丝衬衣都成为流行元素，也预示着20世纪80年代成熟的过分装扮会逐渐被淘汰。这次时装秀证实了雅各布是一位梦想设计师，也加速了他创立自有品牌的进程：1993年，马克·雅各布国际公司成立。

  雅各布从帕森斯设计学院毕业不久，就于1986年推出自己的首场时装秀。1987年，雅各布凭借其不羁的手法与多种资源的借用，获得美国时装设计师协会颁发的最佳新人奖，他也是该届奖项中最年轻的获奖者。1997年，路易·威登任命雅各布为成衣系列的艺术总监。在雅各布的领导下，路易·威登推广了一系列时尚手包，其中包括2001年雅各布和纽约艺术家设计师斯蒂芬·斯普劳斯联手打造的涂鸦包。

  "马克·雅各布之马克"（Marc by Marc Jacobs）系列于2001年推出，作为副线，在2015年秋冬系列后停产。2013年，在担任创意总监16年之后，雅各布离开了路易·威登。2019年，该设计师推出了平民同名品牌"The Marc Jacobs"，其作品包括彩色橄榄球套头衫和灯芯绒长裤等，并以"Marc Jacobs"为名继续其成衣系列。

◀ 2020年春夏系列，参考了20世纪70年代的天鹅绒喇叭裤和宽檐帽。

"马克·雅各布之马克"这场秀使得男式腰带和彩色牛仔布成为流行元素。

效仿男式腰带的条纹弹性腰带，配以苹果形或梨形塑料带扣在这一系列服装中反复出现，配套的服装是松石绿无袖牛仔夹克和褶皱针织短裙。本系列的时装穿着方便，色彩清澈明亮——糖果色条纹衬衣搭配修身中裤，低腰七分牛仔裤与简单上衣搭配——都是年轻人的装扮。夹克、背心和印花裙通过鲜明的色彩对比形成层次；横向条纹连衣裙，腰部通过弹性腰带来收紧。

这场开创性的摇滚风格时装秀，打造了以精巧工艺为基础的时尚。

本场秀上，长流苏皮裙和条纹露肩针织衫搭配，设计师将法兰绒、牛仔布这类廉价面料与牛仔靴、圆球流苏边及踝长裙，以及手绘服装结合在一起。系扣连衣裙与钟裤搭配，20世纪50年代风格的条纹棉布蛋糕裙，搭配腰部打结的牛仔夹克，再以斯泰森毡帽装饰。

本系列的雪纺绸蛋糕裙、军装、内衣外穿，都体现了多种荷叶边压褶的应用。

这件连衣裙几乎布满了贝壳状的荷叶边抽褶，柔和的彩虹色间或泛着珍珠色泽。这种手法在彩虹色长裙和连体衣上也有应用。闺房内衣外穿的套系：肉色衬衣的纽扣端端正正地扣到颈部，下半部分扎在高腰裤袜内，外穿蓝色绸缎文胸和短灯笼裤，灯笼裤的正面增加了一片经过弹性处理的衣片；半针织短灯笼裤，搭配剪裁利落的开襟羊毛衫，饰以圆形褶边；裤袜的高腰部分也露在中长金属丝花呢裙外，玫瑰粉和松石绿绸缎在臀部点缀。

马切萨

Marchesa

　　马切萨·路易莎·卡萨提是20世纪末的社交名媛，其声名狼藉，以蛇蝎美人著称。马切萨以其名字命名，通过精巧装饰的礼服、紧身的版型、奢华的面料，成功地将其同名人物的颓废风格传递到现代观众面前。

　　出生于英国的乔治娜·查普曼（1976—　　）和凯伦·克雷格（1976—　　）于2004年推出了她们的高端时尚品牌。这对设计二人组在伦敦的雀儿喜艺术与设计学院学习时相遇。查普曼2001年毕业于温布尔登艺术学院，在进入高端时尚行业前，她曾是一名戏剧服装设计师。克雷格2000年毕业于布莱顿艺术学院，对印花和刺绣设计有着深入的研究，特别是复古纺织品和亚洲纺织品。两位设计师一起设计了一系列光鲜夺目的礼服，各种面料的精巧应用更是突显了礼服的成熟魅力，在好莱坞的顶尖盛会上散发优雅魅力。这两位设计师对装饰的定义非常广泛，从雪纺绸拼接的玫瑰花到多层绢网绣球，从激光切割玻璃纱瀑布到密集的镂空蕾丝。

　　查普曼与好莱坞电影大亨哈维·韦恩斯坦结为连理，因此有更多机会接触到好莱坞明星，如斯嘉丽·约翰逊、安妮·海瑟薇、西耶娜·米勒。2004年，价格相对较低的子品牌"夜马切萨"问世，除常规礼服外，手包和婚礼礼服也是其主打产品。马切萨的总部设在纽约，在美国的尼曼百货、波道夫·古德曼精品店，以及英国的哈洛德百货设有专柜。

◀ 2011年，这件露肩晚礼服的灵感源于新艺术运动，用黑色贴花镶边装饰。

一丝不苟的手工工艺，标志性的夸张效果，受到造型师瑞秋·佐伊的青睐，她在为社会名流设计造型时，首选马切萨。

　　猩红色的大摆圆形压褶露肩礼服，配以焰火褶皱装饰——这种工艺在整场秀中都有应用，荷叶边褶皱晚礼服是本次主打。一件露肩紧身礼服，巧妙地利用多层欧根纱圆形荷叶边来营造模糊的空间感。此次展出的还有：白色紧身全长连衣裙上，饰以黑色盔甲状亮丝刺绣；抹胸紧身连衣裙，配以鸵鸟羽毛与纺织玫瑰装饰；钉珠连衣裙，外搭亮片无尾礼服；烟灰色和浅绿色搭配的单肩礼服，裙摆从高腰处落至脚边，形成一个圆圈。

浪漫风格的晚礼服成为此品牌在纽约的首场时装秀的主打，色调以黑色、白色、粉色和浅黄绿色为主。

　　紧身的短款酒会礼服，饰以浅粉色褶皱面料做成的玫瑰花，泛着金属色泽。这种标志性的手法在本场春夏时装周上反复使用：有时是短款真丝塔夫绸蛋糕裙肩上，一个绽放的亮粉色玫瑰，有时是全长浅灰色雪纺绸女神礼服上，细小的花朵围成的裹胸。

精巧复杂的装饰突显了世纪末红毯的光芒。

　　夸张的巨大圆形压褶和激光切割的蕾丝花边如瀑布般围绕在身体四周，其夸张效果通过质地偏硬的面料来体现。秀场上的绸缎抹胸连衣裙，S形的版型，突显出女性的胸部和臀部。此外，剪裁利落的黑色夹克，搭配透明蕾丝连体衣，用网状黑玉钉珠与脚踝处的精致纽扣翻边点缀。同样的网状效果还以莱茵石在淡黄色真丝雪纺上体现。乳白色的薄纱礼服，紧身上衣部分配以手绘图案，下摆如同油酥千层糕。

玛格丽特·霍威尔

Margaret Howell

　　玛格丽特·霍威尔（1946—　　）自称是时尚界的圈外人，其同名品牌是英国品牌的典范，以其耐用性、一丝不苟的工艺和传统面料的应用取胜。玛格丽特·霍威尔常用的传统面料包括哈里斯粗花呢、爱尔兰亚麻、府绸、羊绒、海岛棉等，这些面料为人字呢短外套、V领针织衫、前双褶裤装这类女装增添了几分阳刚气息，而薄雪纺过膝连衣裙或衬衣的褶边领又平衡了这种硬朗的感觉。霍威尔同时也设计标准的英国基本款男装，如连帽式粗呢厚外套。

　　该品牌在伦敦东南部的餐桌上萌芽，于1972年由霍威尔与其当时的丈夫保罗·伦肖创立，问世之初就获得很好的反响。1977年，她与零售企业家约瑟夫·埃泰德吉合资，在伦敦南摩尔顿街开设第一家男装店。随后，1980年，其首家全资玛格丽特·霍威尔服装店在圣克里斯多福广场开业。紧接其后的是一段扩张时期，在曼哈顿和东京也开设了独立的专卖店。

　　这对夫妻在1987年离婚。同年，伦肖离开了玛格丽特·霍威尔公司。1990年，在山姆·苏格尔和理查德·克雷格（现任董事及总经理）的帮助下，公司进行了重组。2002年，伦敦威格莫尔街上的旗舰店开业，设计师可在此陈列展示21世纪中期的现代设计，如艾奈斯特·拉斯和厄科的家具，同时也能举办一些特殊场合的展览。2007年，霍威尔被授予英国二等勋位爵士，以表彰她对时尚业的贡献。

◀ 素雅的2019年秋冬系列，由传统面料制成的经典作品。

2001

严谨的军装风格是本次秋冬时装周的主打。

没有颠覆，也没有嘲弄，霍威尔只是用传统的面料和精巧的工艺，来展现剪裁利落的简单版型：过膝一步裙，搭配两粒扣外套；白色腰带与白色对襟羊毛外套相呼应；黑色华达呢经典款风衣，扣至颈部。衬衣上的肩章和尖顶帽这些配饰，都体现出了贯穿始终的军装风格。

2011

经典白色衬衣、雨衣、牛仔、卡其裤和白色T恤是本次春夏时装周的主打。

朴素的牛角双排扣外套没有任何多余的修饰，完美地体现了本场秀的特色：朴素、搭配得体。剪裁至腰上的帆布白衬衣，搭配卷边牛仔裤，脚穿棕褐色乐福鞋。剪裁简单的白色比基尼和白色及膝喇叭裙搭配，外搭过臀帆布连帽大衣，以扭花麻绳点缀。轻盈的亚麻针织衫以腰部和袖口的深螺纹修饰；淡琥珀色海岛棉POLO衫立领，泛着珍珠色泽，下配刀形褶裥短裙；水手蓝和白色条纹相间的衬衣面料，制成一字形领口的及膝连衣裙，穿着舒适，用臀部的横向口袋加以点缀修饰。

2008

本次春夏时装周上，节制和清晰是经典休闲男装的主体风格。

本系列以蓝色调为主：从法式工作服衍生出的棉西服，到屠夫条纹衬衣，再到剪裁讲究的松石绿或海军蓝短裤，而苹果绿棉质长裤和美利奴羊毛V领针织衫搭配，让人眼前一亮。宽松的海岛棉条纹针织衫，卜配卡其裤，外搭美利奴羊毛开衫。宽松的衬衣和短裤搭配，外搭帕卡短外衣。西装以穿着舒适为主：黑色两粒扣短外套，或三粒扣轻盈光亮的马海毛修身长外套。

马里奥·施瓦博

Marios Schwab

　　马里奥·施瓦博（1978—　　　）从柏林的国际时装学校ESMOD毕业后，于2003年至伦敦的中央圣马丁艺术与设计学院继续其硕士研究生的学习。这位希腊与澳大利亚混血的设计师，受到多种文化的影响，在2005年推出自己品牌的短款紧身雕刻连衣裙时，几乎以一己之力复兴了20世纪80年代流行的贴身连衣裙。

　　施华洛世奇在举办2008年的T台宝石秀时，与施瓦博结为合作伙伴。随后，施瓦博在一系列设计中，都用到施华洛世奇水晶，其中包括2010年纽约时装周，施瓦博首次为美国知名品牌候司顿的设计。候司顿的垂坠真丝针织品怀旧优雅，施瓦博也将自己所特有的设计元素融入其中。在施华洛世奇和候司顿的总裁及创意总监莎拉·杰西卡·帕克的支持下，施瓦博的这场秀上模仿了传记电影《超麂皮：寻找候司顿》中的场景，为该影片在2010年3月的翠贝卡电影节上亮相做了铺垫。

　　2012年，施瓦博从候司顿离开，继续在伦敦时装周上展示其同名品牌。他在2006年的英国时尚大奖中获得"最佳设计新人"称号，又于2007年获得"瑞士纺织奖"。作为注重形体意识的服装设计师，随着其作品的不断推进，2018年，施瓦博推出了迷人的泳装和度假服系列"在岛上"。

◀ 2011年时装周上，皮革和内衣、蕾丝和刺花，展现出不同风格的成衣设计：骑车服、哥特式和闺房酒会礼服。

2006

内衣是这一系列的主题：简洁的丝滑质地连衣裙，五金胸托作装饰。

金属插件和平行的明线，展现出人体的解剖结构。本系列仅选用黑白红三色。紧身衣的外表细节，既正式又具装饰性。古希腊风格的褶皱织物、腰带和吊带这类装饰虽与主体风格不同，但通过金属制品的点缀，倒也整体和谐。无论是蕾丝贴边还是金属弯片，每一个装饰的布置都是精心设计，通过诠释或暗示女性的身段，来展现诱人魅力。

2010

本次秀场上展示的紧身裙装加入了提洛尔的传统裙装元素。

紧身连衣裙比例的调整，色彩的精心运用，使得地方风格的连衣裙展现出现代感。端庄的褶皱紧身短款连衣裙，饰以方形领和腰间白提花针织装饰。炭黑和深海军蓝的长袖短款外套，鸡心状的下摆剪裁，预示着罗登呢面料的流行。不同层次间的简单几何形状的应用，最终以水晶装饰物所展示巴洛克式的奢华收尾。

2008

一件针织层叠紧身衣，利用穿孔和暴露来体现本次秋冬时装周的主题。

施瓦博通过服装上的不同类型的穿孔来发掘体现各种可能性：他用都铎式的浆纱来将内层面料收集在一起，或用激光切割金银丝巴洛克印花作为对比层。长款紧身连衣裙，腰部的剪裁，露出内着的牛仔裤荷包，体现出其实用性。本系列展出的服装处有：全身镶满小晶的特制连衣裙，膝盖上下剪裁出窗户形状；三种类型的双排扣大衣：全新版型的超长大衣、阴郁的渐变金属覆膜大衣，以及波莱罗短款上衣。

马克·法斯特

Mark Fast

　　新晋设计师马克·法斯特（1980—　　）在2009年的伦敦时装展上，因以几位丰满模特展示自己设计的针织品，而获得媒体地毯式的报道。他迅速登上各大媒体头条，并受到称赞：其裙装突出女性曲线，并在技术上做出大胆尝试。

　　法斯特于2008年毕业于英国中央圣马丁艺术与设计学院，获得时装硕士学位，其首场针织品时装秀，因精湛的技术而名声大噪。复杂的结构几乎毫无缝合线，仅通过细节的微小调整，即演变成具有弹性的服装类型。通过这种方式，法斯特将一代设计师的蕾丝试验推至顶点，展现女性的迷人身段。在赢得顶店2010年新生代计划后，通过增加生产线，法斯特款式也迅速进入大众市场。

　　这位出生于加拿大的设计师现已与意大利成衣品牌品高结成天作之合。由彼得罗·内格拉和克里斯蒂娜·卢碧妮创立于20世纪80年代的品高，看中了法斯特设计的工业流程内的手工艺性元素，两者合作推出了20世纪80年代流行的迪斯科炫目夸张的着装，以及50多种相应风格的时装配饰，其中包括手包、首饰、鞋履等。法斯特合作的其他项目还有为保拉·阿尼苏、克里斯提·鲁布托、施华洛世奇、阿尔多·里斯、马维及澳大利亚国际羊毛局设计的三个季节的针织衫。法斯特也成立了副线品牌"Faster by Mark Fast"，将其标志性刺绣作品融入袜类和其他低价系列中。蒂尔达·斯文顿、格蕾丝·琼斯和蕾哈娜等名人都穿着他设计的复杂而又精致的连衣裙。

◀ 2011年，法斯特描绘了一幅蜷卷蛰伏的蝶蛹变成羽翼丰满的蝴蝶的图景。

2008

多层次的稀疏针织服装，配以层叠的色彩，包身的版型，又不失优雅。

九套全部为针织套装，是法斯特在伦敦时装周上首场秀，当时他还是学生。这一系列的核心是利用碎片针织品的伸缩性，使服装结构发生变化，在没有支撑和剪裁，或几乎无缝骨的情况下也能完美地贴合身形，而蕾丝则是设计师精巧技术的装饰副产品。通过单个针织单元的饱满色调展现条纹的色彩效果，给轻哥特式的气场增添了几分阴郁美。

2011

马克·法斯特签约意大利成衣品牌品高后，为该品牌设计的2011年春夏时装秀。

马克·法斯特为品高设计的连帽连衣裙，镶满水晶，非常适合20世纪80年代的酒吧风格。两年的合作合约，生产了50套胶囊系列，其中法斯特所使用的生产工艺，相比其自有品牌，手工工艺的比例更少。纤维织物是本场的焦点：平绒针织紧身衣，金银线浮纺和光滑的金属纤维针织紧身衣，成为舞池中浮夸的服装。每套服装都搭配高跟镀金短靴、大量水晶和宝石手镯等配饰。

2010

都铎式剪裁的衣袖，灰褐色的网状针织与皮肤的层叠，展现出白色的基底层。

法斯特针织服装的软结构工艺，技巧精湛，并延伸出新的时尚效果。除了他熟练的碎片针织法，本场秀上还展示了一系列的时装工艺：窄版衣片用重纱线扭织链接，以形成一系列的镶边圈结。这些圈结再用链条串起，勾勒出女性的婀娜身段，其装饰效果类似抽纱法。另一特色则是在针织服装的袖口或领口，用方形多面大水晶或肋骨周的网孔来修饰。

玛尼

Marni

　　特殊的色彩组合，鲜明的分层印花，和谐精致的搭配，以及手工工艺的细节，是意大利品牌玛尼的特色。服装间的相互作用，通常在一件关键性的服装上突显，特别强调腰间的曲线。玛尼是米兰斯微皮草公司的延伸品牌，该公司由普里莫·卡斯蒂格里奥尼创立于1970年，并于20世纪80年代成为行业内首屈一指的公司，由卡斯蒂格里奥尼的儿子詹尼继承并出任总裁。在善待动物组织（PETA）反皮草活动的高峰时期，詹尼的妻子孔苏埃洛推进了公司从单一的皮草制造的转型，并推出新品牌玛尼。玛尼和其他奢侈品牌的服装一样，皮草只是成衣的配件。

　　1994年，孔苏埃洛·卡斯蒂格里奥尼推出了玛尼的首场时装秀。该品牌定位成功，并被行业刊物誉为奢华的嬉皮士，其客户群体更年轻，比传统的中产阶级皮草消费者的身份意识更淡薄。波西米亚的别致风格，尤其是由树脂与纺织品制成的夸张饰品，成为流行主导。孔苏埃洛是智利与瑞士混血，加上与意大利人的婚姻，使她融合了多种文化的灵感。

　　2013年，该品牌被出售给了迪赛创始人伦佐·罗索名下的意大利OTB时装集团（Only The Brave）。孔苏埃洛于四年后离任，自2016年10月起，设计师弗朗西斯科·里索掌管该品牌。

◀ 2019年秋冬系列，弗朗西斯科·里索推出的撞色防水面料系列。

1999
柔和多层次的版型和标志性的古怪细节。

櫻桃印花绸裙装，搭配素雅的盖袖T恤，外套一件透明蝉翼纱印花背心——这种多层搭配贯穿整场秀。过膝长裙内着真丝裤装，上配雪纺绸背心，外搭鲜艳的松石绿夹克。夸张大T恤搭配宽松包裹的短裙，展现了天真少女的感性，和稳固的凉鞋等形成差异。

2008
一场工艺精巧的时装秀：大理石花纹和扎染印花、鲜明的几何形状，以及表面的纹理与高科技的面料形成对比。

塌肩宽松直筒连衣裙，衣袖宽大，明亮的松石绿、芥末黄色圆圈，覆盖于大理石花纹印花帆布之上。此外，垂直扎染的无袖部分渲染镶有宝石的紧身上衣或朴素上衣，使得印花的效果更为突出。服装的版型都很简单：四四方方的无锁边夹克，下配喇叭短裤，内搭朴素的T恤。光滑高科技面料所制成的束腰外衣和宽肩细包边及膝连衣裙，展现出该品牌对印花的热衷。而其知名的夸张配饰更是随处可见：古怪的大块几何形状树脂项链、树莓粉色与黄绿色条纹宽手带等。

2005
本场秀上，剪裁随意的夹克和宽松版型的外套是主打，垂褶晚礼服让人眼前一亮。

浅翡翠绿色的晚礼服，不对称的领口，配上同样不对称的项链，由大小不一的橘色和棕色圆圈树脂串起。其他饰品则更为柔和：纺织胸花点缀着剪裁随意的夹克，布花系成及腰长的项链，或卷成细皮带上的装饰。柔和的白垩绿色调、蘑菇花或白色复古风印花，展现出外套花纹的流动性，内搭宝蓝色紧身上装，下配宽松随意的裤装，使得质地和色彩都层次分明。

马丁·马吉拉

Martin Margiela

　　反偶像设计师马丁·马吉拉（1957—　　）特立独行，通过解构时装设计技巧、展现服装的基础结构、展露缝合线来挑战传统时尚观念，表现出对细节的一丝不苟。马吉拉将粗糙的亚麻布剪裁成紧身上衣，其效果类似于裁缝的假人模特，或将针织短裤重新做成毛衣，其前卫风格打破了艺术表现与时尚之间的常规，颠覆了传统的服装手法。虽然如此，马吉拉也有一些经典优雅的服装设计，但通常也会被他的解构尝试所掩盖。

　　这位比利时出生的设计师毕业于安特卫普皇家艺术学院，与安特卫普六君子并称。马吉拉1979年毕业后，当了五年的自由设计师，然后一直为让·保罗·高缇耶工作至1987年。他于1988年创立了自己的品牌。

　　内敛的马吉拉一直都拒绝媒体的采访或拍照，出于对他的尊敬，其70人的强大团队都尽量避免公开场合，他们与巴黎总部的沟通也都通过邮件进行。2009年，马吉拉离开该品牌，由一支不知名的创意团队接替其工作继续制作，直到2014年，约翰·加利亚诺将其高概念、高时尚的美学理念引入该品牌的高级定制系列"Maison Margiela Artisanal"。

◀ 2019年，炭黑色人字呢连衣裙上勾勒出彩色印花。

2001 马吉拉对服装结构的技巧与思路提出质疑。

皮手套重组成贴合身形束腰的上衣，长度至腰部，腰带与水平方向的口袋缝合在一起，下半身是褶皱落地长裙。在本场春夏时装秀上，设计幻想随处可见，所体现的身体比例也再度获得赞誉。夸张大夹克，解构的塌肩风衣，都体现出顽皮的比例扭曲。

2008 模特们身着裸色和黑色的横条状紧身衣，突显身形，在黑色背景幕的衬托下，身体仿佛脱节一般。

紧身衣长度刚至大腿根部，和配套的手带对齐，并展现出胯部下方的线条。弹性紧身衣形成的横条，将身体横向分割。紧身衣圈、露趾高筒靴、撕破的长裤都是束缚的元素，而匿名公司制作的眼镜，外形似眼罩，更是加强了束缚意识的表达。裸色紧身衣长度刚过臀部。未来主义的翅膀状上装或夹克，通过强缩绒或绸缎面料来塑形，有时通过褶皱的雪纺绸来使衣角柔和，搭配的二层皮长裤上，有正面向下扩散的横条。夹克和短裙上随处散落的亮片形成了幻觉的光影效果。

2006 马吉拉一如既往地反对时尚概念和转瞬即逝的流行趋势。

单肩白色真丝风衣演绎成长度及踝的吊带晚礼服，臀部附近是一片扩散开来的染色，由半块冰染料融化形成。其他款式中，宝石状的彩色冰块将颜色渗到服装上：松石绿色的项链，在白色丝绸上留下一条印迹；粉色耳坠的颜料滴到露背领上。树莓粉色无领单肩连衣裙，衣扣也不对称。硬币形状的印花连衣裙与互补图案的打底裤相配，充分展现了正面与反面的概念。

玛丽·卡特兰佐

Mary Katrantzou

　　希腊出生的设计师玛丽·卡特兰佐（1983—　　）是定位印花的大师。2003年，她前往美国罗德岛设计学院学习建筑，随后转学至英国伦敦的中央圣马丁艺术与设计学院，并在那里获得了纺织品设计学士学位和硕士学位。在卡特兰佐的毕业展上，她将结构化廓形上的印花发挥到了极限，随即产生了巨大的影响，并为她赢得了全球性关注和一系列奖项。卡特兰佐在完善其标志性美学和使用错综复杂的错纹印花的同时，进一步扩大了纺织面料的使用范围，例如针织、提花编织、刺绣和数字工艺，同时始终注重形状和极致的装饰。

　　玛丽·卡特兰佐与珑骧、盟可睐和阿迪达斯经典三叶草开展过合作。此外，她还与英国当代艺术中心的艺术家巴勃罗·布朗斯坦一起，为纽约芭蕾舞团和巴黎歌剧院设计服装，其作品已在纽约大都会艺术博物馆展出。卡特兰佐斩获了众多奖项，包括英国时装协会的六季"新生代奖"赞助（从2009年春夏系列至2011年秋冬系列）、2015年英国时装协会与《时尚》杂志联合设立的设计师时尚基金（包括为期12个月的指导和20万英镑的资助），以及2015年英国时尚新人奖。2018年，达拉斯当代艺术馆推出了包括190件作品的回顾展"玛丽，印花皇后"，以庆祝卡特兰佐的首次个展和品牌成立十周年。

◀ 2018年秋冬系列，充满历史
折中主义的"室内生活"。

2017 受希腊艺术启发，一系列眼花缭乱的印花。

短版修身收腰外衣上印有旋涡状方格，给人一种中心位置逐渐变小、比例错视的感觉——带土黄色调的黑衣米诺斯女祭司的轮廓，搭配大腿窄而下摆宽的长裤，让人联想到20世纪60年代迷幻的图案，以及欧普艺术家布里奇特·赖利和维克托·瓦萨雷里的画作。

2019 秋冬系列，灵感来自泥土、空气、水火的花式半定制高级时装。

本系列以精选的博物馆级精品为特色，华丽的条纹带帽大衣在过肩处饰有超大翻领。完全由鸵鸟毛或圆形薄纱褶边组成的外套，从头到脚都是彩虹色，从深蓝色的模糊条纹到淡黄色的柠檬色。带装饰的飘逸A字形衬衫裙上印有自然界图案，搭配带有同样相称图案的紧身裤。带蓝色调印花亮片的紧身衣及至小腿，呈现出水的样子。

2019 为纪念该品牌成立十周年推出的周年纪念秀，展示了春夏两季最受喜爱的单品。

浅金色夹克上带有伊丽莎白女王风格的刺绣，外搭一件带轮状衣领的透明外套。透明色也用于充气夹克，里面装满人造珊瑚和海藻，内搭点缀有绣花的白色薄纱连衣裙。本系列其他服饰中，飘逸的连衣裙上印有异国情调的邮票图像，并在邮票网格上形成了微珠绣花的模拟穿孔。引用图案的拼图在及至小腿的紧身连衣裙上呈现泡沫包装的外观，搭配一条标有"FRAGILE"（易碎）的带子。筒裙从紧身胸衣直落到地面，并在锯齿状边缘饰有绣花饰珠。

马修·亚当斯·多兰
Matthew Adams Dolan

　　纽约设计师马修·亚当斯·多兰（1988—　　）充分彰显了美国工服和运动服的特点，尤其是他对牛仔布的巧妙改造，是21世纪现代美国风格的代表。多兰出生于美国马萨诸塞州丹佛斯，就读于日本乡村的高中，然后在瑞士的洛桑大学学习法国、瑞士的文学和翻译。前往澳大利亚后，他从悉尼科技大学取得了时装和纺织设计一等荣誉学位，在那里参观了澳大利亚国家美术馆，并观看了维维安·韦斯特伍德的回顾展，这对他的职业选择至关重要。回到美国后，多兰于2014年毕业于帕森斯设计学院，完成了时装设计与社会的艺术硕士学业。

　　当流行歌手蕾哈娜身着多兰巧妙剪裁的露肩牛仔夹克时，这位设计师也就获得了人们的认可和关注。从那以后，他开始为蕾哈娜的品牌"Fenty by Puma"担任特约设计师，并于2016年推出首个春夏时装系列。多兰特别关注牛仔布及其传统和历史，从美国西部的早期实用服装，到20世纪50年代"垮掉的一代"和20世纪90年代"嘻哈文化"的牛仔裤和夹克。他的系列设计中隐含着对美国现代风格的认可，从20世纪50年代的克莱尔·麦卡德尔和邦妮·卡辛开始，一直到20世纪70年代的"预科生时代"（preppy era，又名预科生风格，指的是来自像哈佛、普林斯顿、耶鲁这样重量级历史名校的学生着装风格）。

　　格纹、阔腿裤、超大号大下摆（女式）大衣和他定义的超大号牛仔外套都是现代经典。

◀ 2019年春夏系列，宽大的外套搭配拖地牛仔裤。

2018 春夏系列，精巧的剪裁抵消了面料的大体积。

常见的蓝白条纹都市衬衫，带有白色衣领和法式袖口，下身搭配带箱型褶裥和翻盖袋的硬挺的卡其色华达呢迷你裙，显得衬衫宽松大方。宽松的衬衫贯穿整个系列，外搭带宽大的弯袖子的中长西装外套，或是宽松的阔腿裤。斜纹针织用于淡粉色短身毛衣、大号两件套服装，或是带侧系带的前扣式迷你裙。

2019 宽松连衣裙借鉴了工作服细节。

宝蓝色落肩衬衫，面缝门襟上饰有金属饰钉，衣领是宽松随意的20世纪70年代的风格，搭配同样的宽松画家裤，裤子的皮带环上增加了一个多功能包后，尤显实用性。双排扣收腰运动西装外套，男装采用牛仔布，女装则采用明亮的橙黄色或红色。女式牛仔布采用腰间系腰带的露肩宽大衬衫样式。

2018 秋冬系列，有所变化的代表性牛仔和"预科生风格"经典款。

双排扣的黑色牛仔布女式轻外套——全裙式修身大衣——叠穿在红色格子呢衬衫上，衬衫袖口长于外套，同样的廓形也用于牛仔外套内搭黄色衬衫上。粉色和紫色的大号针织衫，配以格纹长裤和短版苏格兰裙，给人以活泼的感觉，让人联想到电影《爱情故事》中的女主角饰演者艾丽·麦古奥，身着粉红色格纹短外套和大下摆女式大衣。柔和的海军格纹三件套装，背心马甲搭配易剪裁的缎面衬衫和黑色直筒牛仔裤，给人以混搭的感觉。

马修·威廉森

Matthew Williamson

　　鲜明的色彩与保守的印花并存，是马修·威廉森（1971——　　）设计的必备元素。1997年，他首次携其"电子天使"系列在伦敦时装周上登台。这场秀上，凯特·莫斯、杰德·贾格尔、海莲娜·克莉丝汀森等名模为威廉森展现了各种色彩亮丽的服装。秀场上的服装，结构松散，具有流动性，品红色、橘色、淡紫色和松石绿色等多种颜色在极简主义的单一色调年代顿时大热，受到各大时尚传媒的大力推崇。威廉森一直保持着和一流模特及演员的合作。2003年，他与自己的灵感女神，同时也是好友的西耶娜·米勒掀起了一股波西米亚风。

　　威廉森从小就立志成为一名设计师，是中央圣马丁艺术与设计学院年纪最小的毕业生之一。毕业后，他在英国商业街连锁零售品牌摩诗恩工作两年，积累了宝贵的商业管理经验，也为创立自己的品牌做好了准备。1997年，威廉森在约瑟夫·韦罗萨的帮助下，成立了自己的奢侈时装工作室。

　　他的审美观成功地转化为与瑞典H&M公司高调合作推出的蝴蝶系列。其生产线的长期经营与扩张，使得产品进入商业街和英国德本汉姆百货公司。2004年伦敦旗舰店开张，备受赞誉。此外，在纽约和迪拜，也有马修·威廉森时装专卖店。威廉森在设计一系列手包时，还曾与珠宝品牌宝格丽合作。

◀ 大理石花纹的短款宽袍酒会礼服是威廉森2010年的设计，展现出精致、时尚、优雅的气质。

1997

威廉森的首场秀，展示了一系列荧光拼色女装。

　　双色连衣裙选取色谱中的互补色，形成视觉冲击。松石绿色堆领修身上衣与亮粉色斜裁高腰裙连成一体，长度于膝上，轻佻诱人。这是威廉森的首场秀，主题为"电子天使"，共11套服装，T台上的展示时间仅7分钟。

2004

威廉森采纳了灵感女神西耶娜·米勒的意见，设计出孔雀印花连衣裙。

　　本场春夏时装秀上，孔雀印花贯穿始终：无论是曳地长裙还是利落的棉夹克，或是短款土耳其长衫，以及威廉森最具特色的真丝雪纺绸，均飘逸灵动。卷边牛仔裤的口袋边用迷你小彩球装饰，并配以镶嵌珠宝的拖鞋。全白套装上的荧光粉细腰带，则起到了画龙点睛的作用。

2002

威廉森在纽约的首场秀，在单件印花雪纺绸和亮片晚礼服中融入美式学院条纹元素。

　　多色渐变色条纹毛衣，将针织品引入威廉森式的印花与设计。松石绿色苏格兰褶皱短裙和超短条纹西装，展现了浓郁的美式学院风；镶边外套连衣裙，则是威廉森标志性的波西米亚风。本系列服装结合了以上两种风格元素。马海毛松紧领口无袖连衣裙，拉拉队的彩球装饰点缀裙边，与修身版牛仔裤搭配。20世纪80年代风格的超大天鹅绒无袖连衣裙，双面提花针织裙带从肩部落下。设计师最爱的粉色通常与明亮的松石绿色搭配。晚礼服则秉承威廉森一贯的风格，将印花雪纺绸衣片缝制为一体，从头顶褶皱缠绕至身体四周，外形似纱丽。精致的直筒落地连衣裙，裙摆剪裁随意，并配以手工钉珠装饰。

马蒂·博万

Matty Bovan

马蒂·博万（1990—　　　）个性怪异而创造力非凡，作为典型的英国人，他的设计展现了一种任性而无政府主义的美学，这是自20世纪70年代朋克运动或80年代新浪漫主义（Blitz-kids，又名New Romanticism）狂浪不羁的装扮中，从未出现过的。博万出生于约克，也在那里工作至今，他在中央圣马丁艺术与设计学院完成了学士和硕士学位，主修针织服装专业。2015年的毕业展为他赢得了欧莱雅专业创意奖，同年还获得路易·威登集团毕业生奖和10000欧元的奖金，并因此出任路易·威登集团尼古拉·盖斯奇埃尔领导下的一年期初级设计师。

在伦敦"东区时尚"待了三个时装季之后，博万于2018年推出了首次个人展。他对工艺流程和"自己动手"折中主义的专注在其个人风格中体现得尤为明显：千变万化的妆容和色彩变化的发型，以及面料和色彩的混搭。自毕业以来，博万与造型师、《爱》杂志编辑、创意顾问凯蒂·格兰德，以及女帽设计师斯蒂芬·琼斯紧密合作。此外，他再次获得了英国时装协会挖掘新秀计划"新生代奖"的两场时装秀支持（2020年春夏和秋冬时装秀）。2019年，博万与蔻驰的斯图尔特·维弗斯合作，经过几个时装季的锻造，推出了一系列独特定制的蔻驰徽标印花手袋，上面还饰有博万的艺术作品。同年，博万开设了他的第一家电子商务企业，推广限量版、筛网印花的T恤和运动衫，以及系列贴纸和徽章。

◀ 2019年秋冬系列，解构式短裙、衬衫和连衣裙上印有不相匹配的利伯蒂花卉印花和拉绒格纹。

2018

在与伦敦"东区时尚"合作三个时装季后，博万举办了首次个人时装秀。

解构的裤子，外面饰有缎面蝴蝶结，腰带大致呈锯齿状，搭配印有两个横长方形的苹果绿和浅黄褐色提花针织上衣。千鸟格格纹用在及踝漂白牛仔大衣和简裙套装上。斯蒂芬·琼斯也设计过氢气球头饰，以搭配系列舞会礼服，所有舞会礼服都带有圆形裙摆，这些裙摆围有宽松梯形的编织物，或是由啤酒垫定型，颇具该设计师风格。

2019

秋冬系列，包裹的克丽诺琳衬裙和提花毛衣。

解构的刺绣提花毛衣，脖子处缝有粗缝线迹，肩膀处形成可替代袖孔，搭配及至小腿中部的半身裙，褶皱缝至臀部，并用护符般的苏格兰裙别针固定在侧面。该系列服饰被描述为"英格兰的颂歌"，是中世纪巫术的一种怪异表现，其特色是提花短裙，展示了小魔鬼、人造毛皮碎片和护符珠宝。粗糙的手工缝制也用于原本完美剪裁的夹克上。

2019

春夏系列，纹理丰富、图案形象、层次感强的裙衬系列。

层次丰富的衬裙，心形领紧身上衣，微微发亮的条纹面料从腰间和臀部垂落，还悬挂着松散的垂线。同样的轮廓也用在黄色、白色和黑色裙撑上，上面印有色彩丰富的钩针花，带有一团松散的线。三角形胸罩内衣外穿在T恤和连身裤或者反身的裤子上。基思·哈林风格的图案印在各种修身的平针织连衣裙和提花和服毛衣上。博万还与斯蒂芬·琼斯合作推出了玫瑰花架和厨房水槽盖头饰。

麦丝玛拉

Max Mara

　　低调的服装风格、一丝不苟的生产理念和奢华的面料，传递了意大利品牌麦丝玛拉高品质经典时尚的价值观。驼色双排扣外套，海狸毛和羊绒混纺，名为"101801"，是完美展示经典冬装外套的发烧单品。麦丝玛拉工作室，由意大利裔设计师阿希尔·马拉莫迪（1927—2005）正式创立于1951年。19世纪末，阿希尔·马拉莫迪的曾祖母梅琳娜·丽娜蒂曾在雷焦艾米利亚的中心地区经营一家奢侈时装品店，时尚热情已然成为其家族传承的气质。马拉莫迪的创业视野源于预见设计精良的成衣，高质量大批量地生产，不受季节变化的影响。马拉莫迪首次设计的系列服装包括驼色外套和天竺葵红色西装，均融合了未来生产的理念。

　　麦丝玛拉也曾请卡尔·拉格菲尔德、让-夏尔·德卡斯泰尔巴雅克、纳西索·罗德里格斯等知名设计师为其设计，但他们的设计并未突出各自的个性特征，从而保持了品牌严格的外观一致性。麦丝玛拉共有35条不同的生产线，而旗下的女装仍是公司的核心业务。旗下品牌还包括：Sportmax、SportmaxCode、Weekend Max Mara（休闲风格，比主牌便宜）、S Max Mara、Max Mara Studio、Max Mara Elegante，以及为体形偏胖的女士设计的梅琳娜·丽娜蒂，后者也是此领域内为数不多的成功时尚品牌。2005年，创始人去世，该公司仍然由家族持有，创始人的儿子里奇·马拉摩提为现任总裁。

◀ 2011年春夏时装周，干净利落的几何外形，削减的颜色将其分割成多片。

1996

本次春夏时装周上展示的灰白色的亚麻和棉质地单品，轮廓清晰，风格清新。

简洁利落的贝壳形状上装，搭配剪裁随意的短裙，和20世纪60年代中期杰奎琳·肯尼迪的着装风格相似：A字形短裙，搭配淡紫色或淡黄色七分袖单排扣短外套。衬衫式连衣裙，其口袋和卷边袖展现出运动风。修身版牛仔裤，搭配的抹胸上衣在透明雪纺绸内若隐若现；驼色阔腿裤，搭配合身的淡紫色衬衣，则显得更为正式。

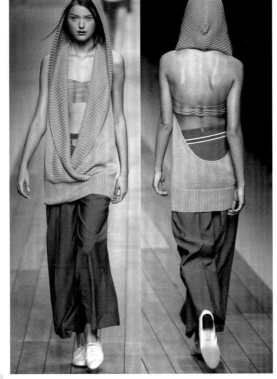

2010

奢华的外套与西服，选用羊绒面料缝制。

经典的驼色外套，尤其是由设计师安娜·玛丽·贝雷塔在1981年设计的101801外套，总是会让人想到麦丝玛拉品牌。这款外套自那时起，就一直是意大利品牌的经典象征。本次秋冬时装周上，这款改版大衣，以腰带替代纽扣，但仍然保留了原版的基本剪裁、宽大的插肩袖和领部的明线。

2006

长款毛衣裙、阔腿裤和简单针织品是这一系列的主打，风格简单随意，以自然色调为主，同时加以更为鲜明的色彩点缀。

深领带帽宽边毛衣，下配高腰阔腿裤，再搭上别致的布洛克平底鞋。这身运动装打扮，朴素舒适。此外，细横条修身套头毛衣裙，上半身通常是背心或松紧领口衣片。无肩带直筒连衣裙由翠绿色、树莓粉、钴蓝色等明亮色块拼接而成。在这场极简主义的秀场上，明亮色调的绣花束是唯一的装饰——穿过毛衣的包边或衣肩，或在白色过膝长裙上形成斜条纹。连体衣分为两种风格：一种是灰色亚麻工作服，未经修饰；另一种则是时尚连体衣，有钴蓝色褶皱吊带连体衣，以及棕色和米黄色相间的背心连体衣。

密海姆-克希霍夫

Meadham Kirchhoff

设计组合"密海姆-克希霍夫"的作品，展现了在新哥特式的中性风格和浪漫奢华风格之间的切换。当时尚媒体刚刚习惯他们的阴郁色调、雕刻般的硬朗皮草、男子气概的表达时，这对毕业于中央圣马丁艺术与设计学院的设计师画风一转，推出的系列作品兼具娇媚甜美风与媚俗惊悚电影中栩栩如牛的玩具娃娃特质。棉花糖色的连衣裙，融入了郝维辛小姐式的颓废风，搭配涂鸦短夹克、特大号的印花T恤和松垮的袜子。还有灵感源自《一千零一夜》的服装系列：层层褶皱的面纱，加以浓郁色彩的穗边、流苏和绒球修饰，头顶配以冕状头饰点缀，具有迷幻新娘的意味，更适合闺房风格而非街头风格。

这对设计搭档的女装设计中体现的两性风格的转换反映出他们各自的背景：艾德沃德·密海姆（1979—   ）接受的是女装设计的训练，而出生于法国的本杰明·克希霍夫（1978—   ）走的则是男装设计的路线。他们在2002年首次合作的是本杰明·克希霍夫同名品牌的男装设计，直到2006年，他们才联手推出自己的女装品牌。

在2010年春夏时装周上，密海姆-克希霍夫的单色调抑郁外观，提炼成为英国商业街连锁店顶店的胶囊系列，包括T恤、短裙、连衣裙、夹克等。这对设计师组合以其不可预知的设计产出知名。

◀ 2008年，利用鲜明的对比来展现朴素的奢华，无论是色调还是版型，都是绝对的中性风。

2007 本场春夏时装秀上，多种色彩和面料的混搭丰富了时装的层次。颜色包括蓝黑色、野李黑、宝蓝，以及金盏花图案等；面料则用到蜡光绸、绸缎、绢网、牛仔等。

　　造型硬朗的超短连衣裙采用多种面料、多种色彩搭配，展现出混搭主题，并贯穿整场春夏时装秀。褶边通常在大腿中部，有时是平褶，有时是蝴蝶结；腰线通常在高腰和自然腰部之间。此次展出的服装还有背后有蝴蝶结装饰的高腰衬衫式连衣裙，以及蜡光绸A字形的连帽褶边风衣。做旧修身铆钉牛仔上衣、短裙和连衣裙，都露出肩胛骨部分。一些服装用虚拟穿孔修饰：用富有弹性的经纱针织网缠绕在蜡光绸和哑光紧身衣外，以突显身体的线条。黄褐色皮鞋上的蕾丝缎带、深蓝色和黄色衣片上的褶皱花边，展现了西部牛仔风和竞技风。

2011 绚丽多层的时装借用电影和音乐元素，如雏菊链锯乐队的《粉红花》MV和达里奥·阿基多1977年的惊悚电影《阴风阵阵》。

　　一件亮片上装，衣袖刻意裁短，将锁边绣转变为浮纹缝骨，与薄纱衣片交错层叠，再配以饱和色调的雪纺绸蕾丝荷叶边。本场秀讲述了一则故事：成熟的王室公主在人工彩色花园中漫步，身着精美蕾丝真丝绉缎礼服，细抽褶将从腰而下的剑褶收紧在一起，衣袖上用缎带修饰，梦幻糖果色碎片布条在颈部和腕部缠绕。但纳西尔·马兹哈设计的粗糙打底裤，细小的芭蕾舞鞋，以及花冠上的玻璃饰物破坏了王室气质。在其他套装中，卡其色工作服也压抑了洋娃娃般的甜美。紧随颜色艳丽的涂鸦口号"宝贝！""靓妞！"之后，是黑白配色的管家服。重工刺绣的鞋子贯穿全场。

迈克尔·哈珀
Michael Halpern

  美籍伦敦设计师迈克尔·哈珀（1987— ）的设计作品中常带有闪闪发光的亮片，体现了其迪斯科美学。在第一个系列作品登场之前，他就是时尚界的"社交明星"。哈珀2010年毕业于纽约帕森斯设计学院，之后相继担任孟德尔和奥斯卡·德拉伦塔的设计助理，然后前往伦敦中央圣马丁艺术与设计学院攻读硕士学位。2016年年初，他在伦敦时装周上展示了自己的毕业作品集。经多娜泰拉·范思哲发掘，他受邀成为该工作室的时装顾问。在那里，他开发了同名系列"Halpern"，并于2017年秋冬时装季首次亮相。其灵感来自他母亲在20世纪70年代纽约"54号工作室"的故事，该品牌通过在紧身胸衣、短至大腿的迷你连衣裙、高腰裤和夸张的披盖上大量使用亮片和全身印花，彰显出毫不掩饰的眼花缭乱和顶级魅力。

  哈珀为奢侈品电商颇特女士网和伦敦零售商布朗斯设计了独家的胶囊线，并与克里斯提·鲁布托合作了个性鞋履，包括带有该品牌浮雕盖里登鞋跟的斑马纹印花过膝长靴。2018年，哈珀为英国高街品牌顶店打造了具有该品牌标志性外观的28件单品，这使得他能够以价格合理的商品吸引年轻的受众群体。2017年12月，他在英国时尚大奖中获得了英国新兴女装奖。

◀ 2018年春夏系列，闪闪发光的亮片展现了极致的魅力。

2018 春夏系列，哈珀发布了迪斯科风格单品首秀。

前拉链夹克饰有两色蛇皮亮片，宽松的袖子长及肘部，内搭一条及至小腿的超高开叉条纹连衣裙。歌手雪儿身着鲍勃·麦基设计的服饰、歌舞女郎和蹦迪天堂"54号工作室"（通过20世纪30年代的屏幕），这些都给哈珀带来了灵感和启发，使得该系列的高级成衣系列结合了老式的魅力。鸡尾酒会礼服的紧身衣身上增加了宝石色褶皱，可制成超大蝴蝶结，或用于夸张肩膀。

2019 20世纪60年代的反主流文化与花哨的亮片相结合。

吊带裙的一半是银色亮片，另一半则是格纹面料，延伸在肩膀形成装饰结，并垂落在背后形成不对称拖尾。同样的设计也用在了裤装上，阔腿裤采用对比色面料剪裁。20世纪60年代以"比短更短"的迷你连衣裙为代表，其中一些是皮尔·卡丹风格的剪裁，以及压花平绒塔尼克衫及其相搭的裤子。宽松的横条纹亮片橄榄球衫也展现了轻松的魅力。

2018 秋冬日装重新融入了20世纪80年代的"权威穿着"风格以及这个年代的支付结算电子化特点。

亮橙色丝硬缎像是古罗马的托加宽外袍一样，披在宝石红亮片上衣上。这样的织物披搭穿整个系列，附在铁灰色夹克的肩缝上，然后在腰部收紧，或是从紧身胸衣的前部垂下。不对称也是本系列的主题，例如大小不一的袖子。动物和爬行动物图案的亮片、大号蝴蝶结、夸张的肩膀和蓬蓬裙的使用率很高，尽显20世纪80年代最后一次出现的极致魅力，当时的时尚精英们开始投资欧洲时装。

迈克·高仕

Michael Kors

　　迈克·高仕（1959—　　）自1981年创立迈克·高仕品牌以来，一直致力于为美国人提供衣柜必需品，奢华的便装是其产品定位。他矜持简朴但不失精致的风格，使其品牌持续获得成功。2009年3月，米歇尔·奥巴马为自己首个官方形象选择了一件黑色直筒连衣裙。由他设计的衬衫式连衣裙、圆翻领超大毛衣、超大针织衫等都是柔和的中性色调，并选用真丝、羊绒和麂皮绒这类奢华面料，而这迎合了当代时尚界的极简主义风格。

　　高仕出生于纽约长岛，原名卡尔·安德森。在早年积累了一定时尚设计经验后，他在纽约时装学院继续学习。1997年，他被任命为法国时尚品牌思琳旗下成衣女装的首席设计师兼创意总监。他为此品牌设计的服装低调优雅，并推出一系列配套饰品，推动了此品牌的复兴。2003年10月，高仕离开思琳，集中精力推广自己的品牌，并在2002年推出男装系列。

　　实际上，迈克·高仕旗下有三个品牌，每个品牌针对不同目标市场。包括主品牌迈克·高仕，以及两个副线品牌："KORS by Michael Kors"和"MICHAEL Michael Kors"。2017年，该公司收购了伦敦制鞋商周仰杰，2018年又收购了意大利品牌范思哲，三个品牌共同组成了名为卡普里控股的新公司。2018年，迈克·高仕关闭了一百多家商店，试图将自身重新定位为更豪华的品牌。

◀ 2019年春夏系列，带迷幻色彩的佩斯利图案的连衣裙，外搭清爽挺括的格子夹克，颜色匹配，轮廓有型。

1994

高仕将经典的美国便装色彩，融入其泳装系列。

在获得特拉维夫特鲁洛泳装的许可协议后，迈克·高仕将其主产品的随意风格融入设计师主导的泳装零售市场——这源于他与客户直接交流所积累的专业经验。对质地的关注，反映出他的整体设计的气质：风格简单、品质上乘。他设计的泳衣通常是高腰剪裁紧身衣，用雕刻线条配以和谐的细节来展现自然体型：如曲线条纹或颈部的蕾丝边。

2008

利落的版型、奢华的面料，展现了棕榈滩的夏日风情，灵感源自20世纪50年代空中飞人的着装风格。

白色网球情侣装：女装用柠檬黄过肩和肩带修饰；男装则以带帽上装短裤，外搭经典藏蓝色羊绒西装外套，其色彩组合也体现出厚实的板球毛衣特征。柠檬黄、黄绿色、橘色宽横条针织连衣裙，长短款都有，也有超短款搭配紧身短裤，每套服装都配以对应条纹的太阳帽。此外，阔腿裤、带细腰带的紧身毛衣、简洁利落的短裙则适合更为正式的场合。

2000

闪亮的金银丝面料，配以皮草装饰，展现出极简主义低调奢华的魅力。

红宝石色的硬缎连衣裙，柔和的抽褶高领，低腰部位搭配莱茵石腰带，再配以黑貂披肩。本场秀是高仕展现高端低调奢华的练习：细长版型的及踝羊绒毛衣裙，真丝领巾塞进领口。简洁的针织衫以毛领装饰，搭配印花A字裙，再镶以多排珍珠。此次时装秀上展出的服装还有：闪亮的金银线织物，体现出极简主义的身材轮廓；铅笔短裙，搭配金色素面上衣；白色斜裁硬缎连衣裙，细肩带和堆堆领是亮点。

米索尼

Missoni

　　意大利品牌米索尼所设计的独一无二的针织品，是其辨认标识。在长达半个世纪的时间里，彩色横条针织品都是其主打产品。米索尼是最早推出针织品的品牌之一，其改变了针织品粗糙手工的形象，在20世纪70年代更是将其魅力推向台前。1953年，奥塔维奥·泰·米索尼（1921—2013）和罗莎塔·米索尼（1931—　　）在意大利加拉拉泰家中的地下室创立了一个小工作室，工具只有三台针织机，专门为米兰的文艺复兴百货生产品牌服装。

　　在传奇时尚编辑安娜·皮亚姬和《阿里安娜》杂志的帮助下，米索尼的业务蓬勃发展。罗莎塔在一次去纽约的途中，结识了法国前卫造型师艾曼纽尔·卡恩，二人在1966年合作推出首场全新的T台秀。1967年，米索尼应邀参加佛罗伦萨皮蒂宫的时装秀，此时米索尼的名声已确立。本场秀中，精美的针织品在灯光下有意无意地显现出模特的肌肤，引起轰动。

　　随着米索尼公司名声日长，这对夫妻创始人于1969年在苏米拉戈为其品牌开设了一家工厂。1970年，纽约布鲁明戴尔百货开设米索尼专柜；1976年，米索尼在米兰开设首家精品店。此后，米索尼专卖店遍布全世界。

　　1997年，安吉拉·米索尼出任创意总监，米索尼品牌再次复兴。安吉拉在其时尚产品中注重印花面料的使用，而罗莎塔则关注品牌打造。

◀ 2020年，带曲折形图案的茧型外套由招牌拉舍尔经编针织物制成。

2003

庆祝米索尼标志性的条纹和Z字形针织品诞生50周年，怀旧风是这一系列主题。

彩虹条纹挂脖上装，下配同花色裤装，搭配的头巾上是其标志性的火焰图案，这套服装的灵感源于意大利未来主义的棱角艺术。米索尼是首个推出结构化针织夹克的品牌，它在针织皮毛的使用上进行创新，制造出一种花呢效果的针织面料，兼具针织服装的特质。泰·米索尼信奉包豪斯建筑学派，他认为不应区分建筑、美术、工业设计的创意，从而保持了设计、技术和灵感源的一致性。

1996

针织结构的多样性在本场春夏时装秀上尽情展现。

这件露脐装体现了米索尼品牌标志性的段染技术：单色印染涵盖了几何重建的"平稳期"和不规则图案的"风暴层"。在前拉链连衣裤和简洁的嵌花修身毛衣的搭配中，也体现了上述技术的应用。印花则包括20世纪70年代风格的光滑印花棉质裤装上的喷印大花朵和挂脖全长舞会礼服上的印花。这是罗莎塔退休前的秀展，此后，米索尼品牌重新调整。

2005

米索尼在标志性图案中增添了印花，充满纯真年代风格。

本场秀上20世纪30年代风格的褶边晚礼服系列尽显女性魅力。短款真丝针织开衫搭配及踝印花雪纺绸连衣裙是其中一套。这一系列的服装保留了该品牌标志性的针法，但融合了更柔和的手法——拉舍尔经编的芭蕾舞上装，搭配柠檬黄褶边短裙；锯齿形火焰图案在夹克或20世纪70年代风格的喇叭裤上都有体现，通过钩针编织的短项链和透明的雪纺绸上装，融入嬉皮士风格。

缪缪

Miu Miu

　　前卫品牌缪缪以其顽皮的细节，以及在装饰和面料上的尝试著称。镜面碎片、特殊面料组合都是其特色。缪西娅·普拉达（1949—　　）于1992年创立缪缪，作为普拉达旗下的中档产品线，该品牌名称是缪西娅小时候的昵称。该品牌的目标客户是较为喜欢冒险的年轻人。

　　波西米亚风的服装、马鞍包、羊皮夹克、木底鞋和靴子，其拼缝和钩针编织的工艺精巧，从一开始就与优雅成熟的普拉达品牌形成差异。经由年轻的时尚偶像科洛·塞维尼的演绎，由前卫摄影师科琳·戴伊和尤尔根·泰勒拍摄的摄影套系，进一步确立了其品牌定位。设计师将刻板与隐约的性感结合起来，用连衣裙搭配短袜和雕塑般的鞋子等奇异的细节，颠覆了传统的保守风格。缪缪的成功，促使普拉达集团在20世纪90年代的规模和经营范围都有大幅扩张。1996年，缪缪分别在巴黎、米兰和纽约苏荷区开设专卖店。此后，该品牌在全世界范围内陆续开设了40多家专卖店。

　　起初，缪缪和普拉达都在米兰参加时装秀，但缪缪在2006年转战巴黎，以突显两个品牌的不同审美观。2010年，缪缪掀起时尚界史无前例的风暴，该品牌的一件连衣裙——橘色和浅紫色超短连衣裙，上半身饰有皮革贴花——同时登上英国的《时尚》《世界时装之苑》和美国的《W》三本顶级时尚杂志的封面，成为当年秋冬季的必备单品。

◀ 2020年，衬衫裙和外套上带有另类且异想天开的印花。

1996

纯真年代的着装风格，颠覆了时尚女性的外观。

鲜艳的橘红色、经典苏格兰式的活褶短裙，搭配胭脂粉衬衣，扣至颈部。这一系列服装融入了端庄的风格，通过貌似刻板的着装，展现前卫而低调的时尚风格，这种风格在尤尔根·泰勒的摄影广告系列中也有体现，颇具创意。刻板朴素是本场秀的主题：提花针织大衣内搭过膝衬裙，加以缎带蝴蝶结修饰；男性风格的裤装与素色衬衣搭配。

2010

由20世纪60年代花朵风延伸而来的荷叶边和花瓣边。

钟型羊毛连衣裙给人以距离感；毛毡和金属制成的层叠荷叶边下摆，上镶雏菊状珠宝；裸色假衣领，以花束状系于颈上。整个秋冬时装系列廓型柔和，立体雏菊重复出现，装饰蕾丝花边，或做成花型珠宝装饰在鞋包上。

2005

怀旧风格的贴花，以领口和腰带上的珠宝点缀，将20世纪70年代风格的印花和怪异的色彩设计抽象化。

漫画般的比例、复古的几何结构，在束腰宽松上装和不对称的短裤上体现，让人想起20世纪70年代早期的室内装饰和小古董。这种回忆在对襟外套、及膝短裤和端庄的A字形外套上继续。墙纸式的印花通常是简单的图案，仅重复一两次，旨在通过挂脖内衣和无袖上装的转换突显紧身上装的版型。芥末黄、卡其色和棕色等柔和的色调运用在剪裁简单的A字形外套、开襟明纽连衣裙、泰国真丝塔夫绸铅笔裙中，偶尔点缀紫色、金色和翠绿色珠宝，进而突出服装本身的色彩。浅薄荷绿、黄褐色、海军蓝拼色麂皮连衣裙，腰间用彩色圆盘串起的腰带装饰。宝蓝色宽松直筒半裙和灰色POLO衫、高腰华夫格针织毛衣裙搭配，打造较为柔和的线条。

莫莉·哥达德

Molly Goddard

出生于伦敦的设计师莫莉·哥达德（1998—　　）于2014年创立了自己的品牌，追求前卫、幻想和霓虹色彩，并因其强大的派对作品很快就受到关注和认可。哥达德毕业于中央圣马丁艺术与设计学院，她的设计出自伦敦东区的一间小工作室，在那里，她用出乎意料的方式，使用了高强度工艺，例如缩裙和抽褶，通常一条连衣裙就用到数十米的布料。英国广播公司惊悚剧《杀死伊芙》中，主角维拉内尔身着哥达德设计的一条粉色薄纱连衣裙。歌手蕾哈娜选用了哥达德设计的四款时髦服饰。这些都使得这位设计师备受关注。其作品早期的轻巧性最近也兼顾了实用性——乡村风雪纺罩衫，搭配长裤、细条纹西服和手工针织品。

哥达德最近所获荣誉包括在2016年英国时尚大奖中获得英国新兴人才奖，入围2017年路易·威登奖和2018年英国时装协会时尚设计师基金。2018年，哥达德推出她的第一本书，其中照片由蒂姆·沃克拍摄，并由长期合作者爱丽丝·哥达德设计服装发型等。同年，她受邀参加英国维多利亚与艾尔伯特博物馆举办的年度时装秀"运动中的时尚"。2019年，她被纽约大都会艺术博物馆聘为设计师，为其慈善舞会和"营地"主题展设计作品。

◀ 2019年秋冬系列，粉红色薄纱连衣裙，上身和臀部有层次丰富的抽褶。

2019 秋冬系列，前卫时髦的褶边装饰。

褶边从侧面固定的外套高领处垂下来。很少见有如此薄纱做成的腰带，没有褶皱装饰。本系列还重新构想了以19世纪传统农民的长罩衫为基础的粉色和叶绿色连衣裙。彩色条纹的袜套搭配量身定制的外套、长裙和多色菱纹毛衣，而罗纹贴片开衫则搭配带衬垫短裙。

2017 蕾哈娜出席自己的彩妆品牌"Fenty Beauty"在夏菲尼高百货的发布会。

淡紫色真丝雪纺迷你连衣裙，抹胸紧身胸衣由褶皱边形成，裙摆上则有较深的荷叶边。

2019 春夏系列，带有花朵印花和方格花布褶边。

20世纪50年代，法国性感女星碧姬·芭铎使得方格花布流行了起来，也让其在便于穿着的假日服装中具有持久的内在吸引力。

莫斯基诺

Moschino

　　喜欢戏谑嘲讽时尚传统的意大利设计师弗兰科·莫斯基诺（1950—1994）被媒体誉为"时尚界的坏男孩"。他用颠覆性的眼光来看时尚界，同时又发掘自己想要讥讽的时尚法则。

　　1991年，莫斯基诺设计的红色西裤，将文字"腰间的金钱"绣于腰身部分。他在1988年至1989年的广告活动中，展示了饰有微型泰迪熊的连衣裙和帽子，通过视觉双关来展现自己的智慧——这位设计师习惯将时尚作为表达自己想法的载体。

　　莫斯基诺出生于伦巴第的一个小村庄，1967年至米兰美术学院求学。1971年毕业后，他在范思哲当了几年插画师。1977年，他应邀出任意大利品牌卡德特的设计师。1983年，他离开卡德特，创办了自己的品牌，并参加了米兰时装秀。1986年，他第一次推出自有品牌的男装。1988年，其品牌带有讽刺意味的"Cheap and Chic"（意为廉价的时尚）系列问世，虽然其价格低于其主线品牌，但仍定位在高端市场。

　　1994年，莫斯基诺英年早逝，享年44岁，公司由其友人罗塞拉·贾蒂尼接管。罗塞拉自1981年起就与莫斯基诺合作，她延续了品牌的风格，但选用了一些更为保守的方法，如错视效果和超现实主义手法。莫斯基诺现已被艾菲集团收购。2013年，美国设计师杰瑞米·斯科特被任命为创意总监，恢复了该品牌诙谐风趣而又叛逆另类的审美观。

◄ 2020年，亮片装饰的筒型裙
　向20世纪90年代的游戏节目
　《强棒出击》致敬。

1996

心形和花朵装饰，将权贵时尚和西班牙风格融合，这种文化上的混合，展现了秋冬衣柜的多样性。

蕾丝两件套搭配立体心形锁式项链（本系列中这一元素反复出现），下落的腰带位于正中的位置。低调浪漫的女性主义通过一系列变化多端的款式体现出来：腰背部装饰有红玫瑰的荷叶边小黑裙、地毯图案的皮风衣、英式乡村雏菊刺绣裹裙外搭灰色法兰绒针织短外套等。此外，还有花色真丝克米兹束腰外衣，搭配纱丽裤装。

1988

看似随意的军装，展现莫斯基诺的随意风格。

在浮夸放纵的年代，莫斯基诺使用丰富的色彩搭配和奢华的面料来体现超现实主义效果。他的灵感源泉丰富，经常出乎人意料，如泰迪熊塑像外套（2011年秋冬时装秀再次推出此款，领部改为可拆卸衣领），配以刀叉形状的饰扣；又如1994年，他将36C的文胸改制成一条连衣裙和一条短裙。

1997

本场秀上的奢华服装，风格多样，将毫不相干的地理主题相互融合，增添神秘色彩。

艺术大师以花朵来阐释短暂的美丽，一开场便是黑色套装，配以玫瑰花环头饰。从泰姬陵图像三拼画印花礼服，到覆满玻璃纸反向花束的紧身连衣裙，其装饰面料被赋予叙述的重要性。本场秀上，丰富的面料的使用，将东西方文化的碰撞充分体现：西裤套装和斯泰森毡帽伪装成砖墙；虔诚的佛像印花衣片，用锁缝线缝制成坚固的和服。服装上还印有东京、得克萨斯，或两地旅游区园艺工人和花朵的照片。

2001

西班牙风格是本次春夏时装秀的主题；莫斯基诺标志性的黑白红斑点和红条也是其重要元素。

由杂志封面拼接成印花的弗拉门戈一次性晚礼服，肩上的褶皱和裙上的多层装饰也都是用杂志封面制成。女学生制服是本场秀的另一道风景：窄领带、白衬衣和黑色西服搭配，配套的前扣巴斯克衫或背心，突显了胸部的线条，又颠覆了学生形象。此外，乡村风格的露肩衬衣，配以丝带串起的马德拉刺绣装饰；松紧领口上衣，搭配黑白竖条纹休闲裤，小腿部位有一圈褶皱装饰。

1999

借用电影《佐罗的面具》（1999）中佐罗的面具和"Z"字标记，是此次秋冬时装周上的主旋律。

故事以清晰的远景开场，模特们身着剑术服套装：绗缝紧身上装、紧身长裤和必备的佐罗面具。有裂痕的印花头巾也是本场秀上反复出现的元素，但从不与黑色套装搭配。系列黑色套装配以修剪过的簇状薄纱镶边，或意大利宪兵制服上的圆钮扣修饰。黑色礼服款式多样，有剪裁成短款的，有流苏边修饰的，有分层的，有斜裁的，还有轻薄的钩针编织款。黑白拼色套装中，配有大量的监狱裤装；朴素正统的全套服装，也做出重度撕裂的效果。撕裂的上装，搭配黑色长连衣裙，镶嵌树叶状水晶或饰以网格编织物；故意磨损的服装展现擦伤效果。

2002

这场热情洋溢的时装秀由文森特·戴尔设计，锋利的剪裁和雪纺绸的应用是其特色。

一件印有"时尚是相对的"文字的超大T恤，延续了莫斯基诺对时尚法则的颠覆。此外，还有用文字强调牛仔工作服拼接的缩褶裙。设计师用嘲讽的手法表达了对香奈儿的敬意，服装上以法语写着："莫斯基诺不是一种风格，而是模仿拼凑！"严肃的海军蓝长礼服大衣和饰以不对称纽扣的西裤搭配，与解构的抽褶和垂褶连衣裙形成鲜明对比。

2004 一场调皮的时装秀，既有轻佻的连衣裙，又有香奈儿风格的套装。

紫色小圆领郁金香公主外套，端庄典雅，展现出20世纪50年代的腼腆感觉。优雅的粗花呢套装也在此次秋冬时装秀上登台：铅笔裙搭配对襟短外套，外套用镶边贴袋和颈部挺括的蝴蝶结点缀装饰。皮草披肩落在一侧肩上，以衬托鲜艳的印花连衣裙和黑色真丝上装。

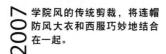

2007 学院风的传统剪裁，将连帽防风大衣和西服巧妙地结合在一起。

修身两粒扣短外套，饰以黑色天鹅绒翻驳领，内搭印花T恤，其图案是假衬衣和领带，下配修身黑色牛仔裤，腰间用银色皮带点缀。

2011 本场时装秀融合了多种时尚元素：斑点、条纹、荷叶边，以及墨西哥式贴花。

黑白红三色针织套装：红白相间的短外套内搭同色系巴斯克衫，下配黑白相间的花苞裙，饰以横条纹荷叶边。

迈宝瑞

Mulberry

　　英国皮草公司迈宝瑞在设计众人渴求的新潮手提包的同时，还保留了传统的手工技巧和原料。2010年，该品牌的升级版艾里珊手提袋（以《时尚》封面女郎艾里珊·钟的名字命名），成为一款畅销包。

　　迈宝瑞品牌由罗杰·索尔（1950—　　　）创立于1971年，主要销售手工制蛇皮项链和皮带。前期获得成功后，罗杰在巴斯市的奇尔康普顿逐步开始使用传统马具的制作工艺来制造麂皮包和牛皮包。萨默塞特郡仍是迈宝瑞公司的大本营，而技术娴熟的工匠则在1989年开设的生产工厂卢克瑞制造季节性产品。

　　迈宝瑞曾与各种风格的手提包设计师合作，推出多种创意产品。2002年至2004年，尼古拉斯·奈特利任设计总监，负责"Bayswater"、"Roxanne"和"Elgin"系列。原意大利奢侈品公司宝缇嘉创意团队成员斯图尔特·维弗斯2004年至2007年在迈宝瑞任职。他设计的作品包括"Maggie"、"Mabel"、"Roxanne"手提袋、"Calder"手提袋和"Emmy"系列。英国设计师卢埃拉设计的吉赛尔（Gisele）系列（以世界上现身价最高的模特名命名），是一款大手提包，外表用多层皮带包裹，并饰以双心标志，掀起了2002年的IT包风潮。

　　西班牙裔设计师约翰尼·可卡曾是思琳的设计总监，受菲比·菲洛领导，负责该品牌所有最成功的手袋。2015年，他被任命为迈宝瑞创意总监，负责成衣、皮革制品和配饰系列。

◀ 2017年秋冬系列，约翰尼·可卡推出的经典英国品牌绗缝斗篷大衣。

1997

经典的英式剪裁花呢大衣，饰以天鹅绒领，由罗杰·索尔设计。

迈宝瑞是最早的英式品牌之一，创造了英式时尚——通过定制设计，体现对传统价值的表达。1991年该公司增加家居系列后，这种传统延伸到室内装饰产品中。多种创意的交融，大量重织锦在服装上的使用、金银线穗边，都传达出其时尚理念。

2010

纯真年代是本场春夏时装秀的主题，由艾玛·希尔设计。与服装搭配的双搭带艾里珊包是时尚必备品。

裸粉色麂皮收褶裙，以一对宽大的滚边口袋装饰，搭配舒适的外套，饰以相同的口袋。内搭的多色印花上装，大圆领下饰以扁平的大蝴蝶结，略带嘉年华风格，整套套装展现了少女的温柔。此外，柔软的麂皮单件连衣裙，饰以怪异风格的旋转木马头印花，也同样透着几分柔美。天蓝色紧身低腰牛仔裤，搭配奶黄色或裸色饰有前口袋的束带牛仔夹克，其中裸色夹克的束带为黑色。牛仔热裤的口袋上饰以蝴蝶结；印花连体衣搭配松紧裤，使人们步入20世纪70年代青少年的梦境。

2009

这场富有活力的春夏男女装展是艾玛·希尔的处女秀。

紧身牛仔裤搭配驼色双排扣短皮夹克，无领束腰、缩褶衣袖、搭配的流苏围巾增添了几分学生风味的精致。此次展出的还有高腰裙、剪裁随意的缩褶裙和超短皮夹克。橘色宽松直筒超短连衣裙和较为正式的套裙，都加入猎装式褶皱、臀部偏上部位的宽松口袋，以及镀金钮扣等时尚元素。畅销的"Bayswater"包的各种衍生版本也和各式服装搭配登台。

纳西索·罗德里格斯
Narciso Rodriguez

　　当纳西索·罗德里格斯（1961—　　）1996年为小约翰·F.肯尼迪的妻子卡洛琳·贝塞特设计婚纱时，他还是一位不太知名的设计师。斜裁白色紧身连衣裙，简洁的线条，时髦而又低调，展现了罗德里格斯在复杂的服装设计上的天赋。罗德里格斯出生于新泽西，是古巴移民的后代。他在帕森斯设计学院接受正规教育后，以唐娜·卡兰的设计师身份开启了自己的职业生涯。随后，他跳槽至卡尔文·克莱恩，1995年出任TSE的设计总监，同时兼任巴黎切瑞蒂的设计总监。在切瑞蒂任职期间，他凭借设计的婚纱登上了头条。

　　1997年，罗德里格斯和意大利制造商艾菲集团合作推出自有品牌，并于1998年首次在米兰春夏时装周上登台亮相。简单的建筑线条、浓郁的色彩和奢华的面料融合在一起，形成设计师自有的风格。对服装体量的调整和精湛的剪裁技术取代了花哨的细节与装饰。

　　罗德里格斯于1997年获得《时尚》杂志与美国VH1电视台合办的"时尚大奖"的最佳时尚设计新人奖，以及美国时装设计师协会颁发的女装最佳新人奖；2003年获得美国时装设计师协会颁发的年度女装设计师奖。2018年，罗德里格斯获得美国时装设计师协会杰弗里·比尼终身成就奖。

◀ 2011年，真丝绸无袖宽松长袍，由淡紫色、钴蓝色和红宝石色拼接印染而成。

1998

流线型的亮片服装，颜色包括咖啡色、浅绿色、粉红色和淡黄色。

流畅的时尚线条没有多余的修饰，由细针针织真丝单面布制成的露背领罗纹紧身上衣，搭配金银线针织铅笔裙。罗德里格斯的自有品牌通常都在巴尼斯纽约精品店和尼曼等高端百货设有专柜。设计师也为罗意威设计全套女士成衣系列。罗意威是1846年在马德里创立的西班牙奢侈品牌，1997年1月被路易·威登集团收购。

2009

忍者风格的印花捆绑式连衣裙突显身体曲线，其灵感源于荒木经惟的绑带元素摄影作品。

在胸部和臀部十字交叉的绑带，将翡翠绿色、碧玉色和柠檬色相间的贴花马赛克图案分割，形成这件紧身酒会礼服的构造。此外，耸肩袖拉链外套搭配黑白横条打底裤或绑带短裙，也体现了这一系列的武术元素。极简主义的和服上装和铅笔裙搭配。焦橘色饰以对角线拉链口袋的宽松直筒连衣裙，以及黑色绸缎无袖外套都是以和服为样板。石灰绿色束腰外衣和棕色绸缎紧盖袖身连衣裙的正面都有拉链装饰，如蛇般蜿蜒向上。而且，绑带包裹的部分比露出的身体部分，更能体现绑缚效果。

2001

城市化的服装，灵巧的剪裁，展出于纽约秋冬时装周。

红褐色女式无袖羊毛外套，以黑色过肩修饰，再用黑色皮带包裹。简洁的线条，毫无多余的修饰。短款有袖外套搭配棕色或黑色前褶修身裤装。七分袖短款双排扣外套内搭褐色羊毛弹力抹胸，下配灰白色西裤。镶有施华洛世奇水晶的连衣裙和简单的垂褶中长晚礼服形成对比。

尼科尔·法伊

Nicole Farhi

　　尼科尔·法伊（1946—　　）出生于法国，其女装设计含蓄却不乏冲击力，采用丰富的肌理和低调高贵的色彩。法伊的服饰能同时满足女性的职业着装需求和生活着装需求，实现工作日到精致晚宴的无缝对接。

　　法伊毕业于法国巴黎的贝索特工作室服装设计学院。她作为受过专业训练的时尚插图师，最初为《嘉人》和《世界时装之苑》杂志设计女装款式，并负责配图说明。此后，她结识了斯蒂芬·马克斯，并为其公司设计。该公司随后推出了"FCUK"（French Connection）品牌。因20世纪70年代早期东方文化的影响，市场对东方风格的服饰需求剧增，而该品牌面料当时大多源自印度。法伊与马克斯的合作发展成友谊，当1983年"FCUK"上市时，法伊也在马克斯的支持下推出了自有品牌和首家精品店。

　　法伊的自有品牌定位于较为成熟、追求精致生活的顾客，力图能与成功的"FCUK"形成差异。1989年，法伊品牌推出男装系列，以典雅朴素的都市风、精致的细节和高品质的面料为特色。同年，她获得英国时尚大奖颁发的经典设计师奖。1991年，她获得英国设计大奖。此后，该品牌进一步多样化发展，旗下产品包括鞋履、配饰、泳装、室内装饰、晚礼服等，甚至连餐厅也加入尼科尔·法伊大家庭。尼科尔·法伊在伦敦设有几家直销店，在全球进行特许经营。2010年开门资本收购该品牌，法伊仍任创意总监。

◀2008年，女装外套和连衣裙，选用灰色和驼色的柔软面料。

1985

尼科尔·法伊为斯蒂芬·马克斯设计的20世纪80年代魅力女性的着装。

这套西服裙套装具备20世纪80年代女强人着装的基本要素：宽垫肩、镀金钮扣、富有活力的颜色。钮扣钉在外套下边缘，西服领开到此处，突出了宽肩窄臀的倒三角廓型。夸张的大耳环为整体阳刚的外形增添了几分女人味。

2011

该品牌被开门资本收购后的首场秀。

粉红色的及膝真丝雪纺连衣裙用褶裥隐藏缝合线，再加以错列裙边修饰，这种清新且富有活力的服装风格和反光面料的应用，令人想起20世纪20年代的时髦装扮。微微发亮的面料覆盖于几何图案和柔和的数字印花之上，同时，绸缎束腰上装、风衣、金银丝西服和全白套装将未来主义元素融入该场秀中。

2001

本次春夏时装秀以简单朴素的单件衣裙为主，包括斜裁条纹、一字领、透明层叠和黑色雪纺绸等时尚元素。

刀褶滑冰裙搭配黑白相间金银丝宽横条毛衣，其风格源自法式朴素的时髦。类似的搭配还有同款毛衣搭配焦橘色短裙或修身裤装，这令人想起让–吕克·戈达尔的电影《筋疲力尽》（1960）中珍·茜宝的形象。铅笔裙和A字裙在本场秀上各占一隅：铅笔裙搭配白色深V领灯笼袖宽松上衣；A字黑皮裙的裙边裁成楔形，搭配黑白斜条纹不对称露肩上装。简洁利落的淡黄色外套搭配配套的时髦超短裙，内着透明上装；白色短西裤搭配黑色皮夹克；全黑套装用半透明上装润饰。易于穿着的低腰连衣裙饰以单一的风格化印花，臀部以下以风琴褶点缀。

莲娜丽姿
Nina Ricci

　　莲娜丽姿由玛丽亚·莲娜·丽姿（1889—1970）和她的儿子罗伯特（1905—1988）于1932年创立于巴黎，其经典的轻盈雪纺绸连衣裙，打造了永恒的浪漫主义风格。玛丽亚·尼利出生于意大利都灵，1904年嫁给珠宝商路易吉·丽姿后，迁居法国。1908年，她加入拉芬工作室，任设计师，最终成为该工作室的合伙人。她在49岁时离开该工作室，并创立了自己的设计工作室。

　　此后的几十年间，该公司迅速发展。罗伯特·丽姿于1948年推出的畅销香水"比翼双飞"，完美地展现了品牌的女性化特质，至今仍是法国排名前20名的香水。香水瓶瓶塞上的两只水晶鸽子造型由知名水晶品牌莱俪制作。

　　1998年，普伊赫美容时装集团收购莲娜丽姿。此后的几年间，其设计总监也更换了多人。2006年，比利时裔设计师奥利维尔·泰斯金斯出任创意总监。他成功地将该品牌的浪漫风格与自己的前卫偏好融合在一起，将棱角分明的剪裁手法应用于轻盈的多层雪纺绸之上。泰斯金斯离开之后，彼得·考平继任，他是莲娜丽姿十年内的第五任设计师。他的第一个系列出现在2010年，随后由纪尧姆·亨利继任三年。2018年，该品牌又任命了新的创意总监，设计师二人组拉拉米·波特和莉西·赫勒布鲁格负责监督成衣系列。此前，他们在安特卫普的男装品牌赢得了德赖斯·范诺顿奖，两人也入围了2018年的路易·威登奖。

◀ 2019年秋冬系列，蓝绿色硬挺塔夫绸舞会礼服。

1996

米莱安·谢弗为莲娜丽姿设计的第二场成衣展，为该品牌重新赋予活力。

骑士风格的外套与裤装和白色皮鞭，隐隐传达出女人的主导地位，黑色PVC的铅笔裙套装也同样如此。这种搭配完全转变了这家法国服装工作室此前（在1995年春季任命谢弗为创意总监以前）的定位：服务法国中产阶级。谢弗之前在高缇耶的工作经历，已体现出他在结合反传统的剪裁和奢华晚礼服方面的造诣。硬朗的黑色西服饰以皮草衣领和配套的袖口，或搭配皮草披肩，增添了几分柔和的气质。

1947

修身全长绸缎连衣裙用黑色蕾丝装饰，展现出中世纪的魅力。

这件露肩晚礼服用黑色蕾丝手套取代衣袖，突显上身部分的水平线条。衣身部分的绸缎面料底布上饰有同样的蕾丝贴花，外形似深领口的巴斯克衫；衣裙部分是自然褶皱的绸缎伞群。这种剪裁与细节，体现出设计师的极端女性化手法，迎合战后时尚对沙漏型身材的偏爱。

2007

奥利维尔·泰斯金斯的首场秀，将剪裁技巧应用于轻盈的雪纺绸。

黑色真丝西裤套装饰以飘逸的翻领，搭配过膝长靴，展现出硬朗的轮廓。这一系列服装中，如蛛网一般轻盈的雪纺连衣裙是主打，颜色以珍珠色、灰色和白色为主，故意未包的衣边，留出面料的须边，随意飘浮。鲜明的对角线自左上盘旋而下至右下角，贯穿整场秀。表现形式丰富多样：拉链、细褶、三角布、轻薄的针织螺纹和缝合线，给人视觉上以轻盈和运动的错觉。

奥兰·凯利
Orla Kiely

出生于都柏林的设计师奥兰·凯利（1964—　　）以其与众不同的印花风格和特有的明亮色系著称。其同名品牌从最初为英国哈罗德百货供应几款帽子，发展到世界知名生活装品牌，涵盖男女式成衣、配饰、家具用品及香氛系列。凯利的印花设计，包括单片树叶及根茎外形上的变化，已成为奥兰·凯利的商标款式，且不着痕迹地融入各种应用中：从定制的墙纸到雪铁龙的DS3。

凯利从爱尔兰国立艺术与设计学院毕业后，继续至英国的皇家艺术学院深造，并于1993年获得硕士学位。1997年，奥兰·凯利与其丈夫德莫特·罗温联手推出同名品牌奥兰·凯利。同年，该品牌参展伦敦时装周，并获得首个出口订单。2000年，凯利·罗温有限责任公司成立。2004年，凯利·罗温成为上市股份有限公司。

凯利还为英国家居饰品连锁店哈比泰设计陶瓷制品和墙纸，也是多乐士设计协会成员。她为泰特现代艺术馆设计了三套胶囊系列，其中包括夏展。凯利曾两次获得英国时尚商品出口奖和英国时尚服装出口金奖；近期，她还被皇家艺术学院授予纺织品客座教授的荣誉头衔。

奥兰·凯利在日本开设了两家店，在中国香港设有一家旗舰店。2005年9月，奥兰·凯利在伦敦科文特花园的时装店开业，并在2006年升级成展厅式店面。美国的零售业务快速增长，但欧洲仍是凯利的最大出口市场。

◀ 2011年春夏时装周，纯真少女风的时装，融入"一天一个苹果"的印花。

2009 本系列服装体现了设计师在色彩、面料和图案上的巧妙应用，将20世纪60年代的款式和中世纪印花图案相结合。

印花打底裤是超短娃娃裙和中袖A字形短外套的主要过渡元素。印花超短连衣裙以白色领和多扣袖口修饰，借用20世纪60年代的简洁线条和修身版型，类似的还有深蓝绿色修身喇叭裙，以白色凸纹领、口袋和袖口修饰。海军蓝色的连体短裤搭配橘色针织衫；淡粉蓝缩绒羊毛披肩搭配松石绿和棕色相间的印花短裙。

2006 本场秋冬时装秀上，设计师用中性色和棕灰色调做底色，以突出更明亮色系的裙装。

灰绿色哑光绸缎高腰连衣裙端庄优雅。高腰线用丝带蝴蝶结固定，用微微收褶的袖口和上衣两边对称的几排细褶加以点缀。手包上的印花，笔触谨慎，体现出设计师独特的色彩应用与平和的图案应用手法。此外，松石绿色的雕刻印花短裙体现了较为强烈的色彩应用；树状印花连衣裙上用生动的渐变橘色点缀，也是设计师的设计特色之一，而该品牌所特有的单一方向的层叠树状印花，则简化为单纯的几何形状。本场秀上另一件泡泡袖连衣裙上也用了相同的印花。灰色毛衣外搭单色印花高腰背心裙，体现了该品牌典型的简单中世纪风格。

2010 简洁的版型，配以严谨的细节。

前褶双面针织短裤搭配黑色羊毛衬衫，饰以牡蛎白色假领。此外，服装都是典型的秋季色：黄褐色纹理开衫上印有多向落叶印花；焦橘色A字形外套饰以夸张的方扣，且臀部故意露出缝合线；紫罗兰色开衫上印有大叶印花，饰有淡黄色口袋和扣眼，底部则以灰色荷叶边收边。

奥斯卡·德拉伦塔

Oscar de la Renta

　　奥斯卡·德拉伦塔（1932—2014）的精致晚礼服略带拉丁风格，极富女人味，并因此在时尚界将名声持续近半个世纪——从1965年的首套成衣系列问世，到获得美国时装设计师协会1990年颁发的终身成就奖，2000年和2007年颁发的年度女装设计师。出生于圣多明各的德拉伦塔，18岁就离开多米尼加共和国，到马德里的圣费尔南多学院学习美术，此后在巴黎世家旗下马德里的服装工作室伊萨为设计师画草图。1960年，德拉伦塔至浪凡任安东尼奥·德尔·卡斯蒂洛的助理。其间，他充分发挥了自己设计浪漫晚礼服以展现女性魅力的才能。1963年，他迁居至纽约，为伊丽莎白·雅顿设计了一套高级定制系列。1965年，他成为简·德比股份有限公司的合伙人。同年，他创立了自有成衣品牌。

　　1993年，德拉伦塔出任法国高级定制服装工作室皮埃尔·巴尔曼的设计师，并因此蜚声世界。1997年，德拉伦塔推出他的首款香水，并因此款香水获得1997年香水基金会颁发的常青奖。正是他的拉弗香水使其服装突出体现了女性魅力。2001年推出的配饰、包袋、腰带、珠宝、围巾和鞋履，表现出他对多米尼加共和国本土的华丽装饰的热爱。2016年，劳拉·金和费尔南多·加西亚共同出任该品牌创意总监。

◀ 2019年春夏系列，劳拉·金和费尔南多·加西亚打造了带装饰的薄纱透视裙。

1969
德拉伦塔标志性的荷叶边，在早期的黑色酒会礼服上充分展现。

长度在膝之上的酒会礼服以多层真丝玻璃纱圆形荷叶边装饰；其戏剧服装的外形，表现出德拉伦塔在西班牙学习和在巴黎世家工作期间所受的影响。此外，还有演绎奢华嬉皮风的服装，如流苏斗篷，或用莱茵石镶有"和平"等字样的礼服背心。

2011
单色舞会礼服，紧身上衣，裙身部分饰以多种褶皱，领口则是德拉伦塔标志性的鸡心领。

自20世纪80年代起，德拉伦塔就以其奢华的服装风格闻名。罗纳德·里根总统的就职典礼预示着娱乐元素将逐步融入正式场合。此后，德拉伦塔在同期的服装系列中，继续展示其波涛般的裙装设计，进一步渲染晚礼服的光彩魅力。同时，他也设计优雅的日常着装，并以精巧的工艺取胜。本场秀上300多套服装几乎涵盖了所有的服装风格：性感的单印花及膝连衣裙；经典的海军蓝和白色搭配的运动套装；浓郁色调的酒会礼服，用不对称的褶皱修饰全身；凹凸褶皱印花连衣裙，搭配穗带装饰的轻薄针织外套，再配上缎带硬草帽——这一身打扮年轻时髦。

2010
染色皮草被用作奢华外套的面料。

小羊皮因其具延展性的特点，被大量用于装饰艺术风格的服装上。本次秋冬时装秀上的中长大衣，就是应用实例之一。宽横条黑貂皮草分别在大衣边缘、袖口和领口形成配套装饰。德拉伦塔最爱的红色，也以亮片横条的形式嵌入大衣中。本场秀以精美的便装为主，皮草是贯穿整场的特色。过膝铅笔裙外搭的中长大衣，其衣边也用皮草装饰。晚礼服则展现了奥斯卡·德拉伦塔特有设计中所展现的女性魅力。

保罗与乔
Paul & Joe

　　法国品牌保罗与乔的服装风格趋于保守，但以标新立异的印花、怪异的细节，或卡通钮扣、新奇的靴子和色彩鲜艳的袜子这类惹眼的配饰来突出其特色。保罗与乔由出生于巴黎的苏菲·欧布（1967—　　　）创立于1995年，品牌以欧布两个儿子的名字命名。

　　欧布在父母创立的品牌"车库"工作六年后，推出自己的男装系列，以展现自己对复古怀旧风格的偏爱，以及对特殊面料的见解。不少女人买欧布男装穿，欧布受此启发，在1996年推出自己的首套女装系列，其审美观与男装的类似，但增加了一些女性化的细节。

　　2001年，欧布的首家店铺开业，位于巴黎时尚的左岸区的圣教父街；同年，保罗与乔的彩妆上线。2005年，她推出小保罗与乔（Little Paul & Joe）产品线，定位为4岁至12岁的儿童服装。2008年，第二家位于蒙田大街的店铺开业。其副线保罗与乔姐妹（Paul & Joe Sister）则定位中心城区的客户，以印花上装和装饰连衣裙为特色。2008年，保罗与乔推出鞋履、包、泳装、围巾等配饰；同年，欧布开启与传奇品牌皮尔·卡丹的长期合作。本次合作中，欧布将皮尔·卡丹经典款式改造，并以保罗与乔之皮尔·卡丹的名义出售。

　　2009年，保罗与乔的厨房系列（Paul & Joe La Maison）问世。对于一直对生活方式有着强烈憧憬的保罗与乔而言，这是一次品牌的自然延伸。

◀ 2019年夏季三件套，印有各
　种花卉图案。

2001

本次春夏时装秀上，收臀裤搭配宽大的衬衣。

印花衬衣开至腰间，搭配白色收臀裤，外搭华丽的束腰短夹克，展现出嬉皮士风格的男子气概。"坏男孩"贝雷帽的花色与衬衣一致：有犬牙花纹，也有几何图案印花，或单一色彩（如猩红色无袖衬衣）。印花棉布质地的西裤，展现了"夏之恋"主题，搭配卡其色军旅风格外套。

2011

小猫印花和花朵印花及地裙，尽显女性魅力。

真丝雪纺连衣裙，满幅的牡丹印花流光溢彩，宽腰带突显了女性身段，涌动的灯笼袖在褶边袖口处戛然而止。印花短裤搭配的宽腰带和露肩褶边芭蕾舞连衣裙上，都有金属丝穗带点缀。挂脖阔腿连体衣为橘色绸缎质地，剪裁讲究，腰间惹眼的红色细皮带起到画龙点睛的作用。

2008

为巴黎时装秀准备的首套秋冬系列，斗篷、古怪的叙事印花，以及复古风格的柔和格子呢外套都是本场秀的特色。

本场秀的风格多样：蛇皮卷边短裤、荧光橘色的本土民族风系带连衣裙，内搭白色蕾丝衬衣。传统的蓝灰柔和色调格子呢，有时被做成随意的披肩，有时被制成流苏包臀裙，有时又用作便袍风格的外套。工艺精巧的格子衬衣，在驼色羊毛斗篷或圆领毛衣（卷起的袖子展现了内搭的色彩对比）内打底，下配阔腿休闲裤。印花斗篷则带有"怪兽"特色，包括带花环的独角兽和在森林中休息的鹿；其他印花还包括粉色亮片大叶植物。20世纪60年代风格的白底印花超短连衣裙，外搭男友风外套。

保罗·史密斯
Paul Smith

　　保罗·史密斯（1946—　　）既是设计师又是创意零售商、时尚企业家。他以怪异且包容的风格著称，被誉为不列颠最成功的商业设计师。1970年，保罗在家乡诺丁汉开设了自己的第一家服装店，每周营业两天；1979年，他在伦敦的时装店开业，该店也是首个设在科文特花园的店面。

　　20世纪80年代，人们的消费观发生改变，年轻的专业人员（雅皮士）的可支配收入大幅增长，保罗·史密斯把握商机，开始为这些阔佬设计男士正装，以及随身携带的物品，如记事本、钢笔等。史密斯将自己设计的西装称为"经典的演变"，应用传统的剪裁技巧，再融入细腻特殊的触感，如短外套的彩色扣眼或明亮的涡纹图案内衬。

　　1993年，史密斯推出女装系列以满足大众需求。女装系列仍延续史密斯的英式审美观，在正装中加入怪异的元素，生机勃勃的印花也是其特色之一。保罗·史密斯标志性的14色横条印花，通常应用于其服装系列中，在手包、瓷器、地毯中也有应用。

　　史密斯拒绝进入同质化的商业街，以及以建筑设计为特色的零售商场。1998年，他在西布恩馆和诺丁山开设服装店，引入了"个人空间"这一概念，这在当时尚属新潮，并通过传导"生活方式"的理念来打开市场。2000年，保罗·史密斯因其为时装行业做出的贡献被授予爵士爵位。

◀ 2019年春夏系列，阻特装（Zoot-suit，20世纪40年代流行于爵士音乐迷等人群中，上衣过膝、宽肩、裤肥大而裤口狭窄）风格的窗口格纹垂坠夹克和陀螺裤。

1989

夏季的色彩，百慕大式短裤，未着袜装，露出晒黑的足部皮肤。

本场春夏时装秀展现了经典的20世纪80年代风格男装：色彩明亮的印花宽松衬衣搭配五分裤，体现了"尽情玩耍"这一常见主题，这也是国际男装设计师经常表现的主题。和吉卜赛国王合唱团演绎的"Bamboleo"相互辉映，保罗·史密斯所特有的大胆色调生动地展现出度假风情，而在该秀上范思哲和毕伯劳斯也展现了类似的风格。长期受追捧的白色帆布系带鞋，在本场秀上与各式服装搭配。

2010

经典的乡村风格，其灵感源于骑马装。本场秀上展出的传统的粗花呢、针织品、拔染印花连衣裙，均借鉴了20世纪50年代着装风格。

真丝酒会礼服上布满盛开的玫瑰，内搭透肉的螺纹针织毛衣，伞群下摆被网眼布内衬撑起，脚穿胶鞋——乡村女孩的休闲着装。柠檬色巴斯克衫（柠檬色是乡村人的背心常见的颜色），外搭手工缝制的舒适开衫，或短款安哥拉兔毛毛衣，饰以小马宝莉的故事图案刺绣。巴斯克衫被用于多尼戈尔花呢或柔和的窗格花呢短外套的打底，下配及膝百褶裙；一条黑色宽皮带将披肩、灯笼裤、针织上衣束在一起；贝雷帽、绿色紧身裤和马靴则塑造了一种马厩庭院的美。

2005

横条纹和花苞印花相结合，展现典型的英式印花风格。

多色错列横条纹短款羊毛开衫中包含黑色横条纹，搭配花朵装饰短裙，展现花园舞会装扮风格。此外，横条纹与逼真的园林花朵印花相结合，应用于泳装、单排扣真丝短外套，以及螺纹罩衫和条纹短裤。利伯蒂塔娜细棉面料的应用，给硬朗的风衣和仿男士女衬衫增添了几分柔美气质。不对称的白绿印花的短袖紧身上衣，其衣袖部分是浅蓝色灯笼袖。

彼得·皮洛托
Peter Pilotto

  未来主义印花雪纺绸和真丝质地的精美垂褶酒会礼服，是彼得·皮洛托设计的特有元素，但他偶尔也会运用立体剪裁来弱化这一特色。这个植根于伦敦的品牌的两位设计师是皮洛托（1977— ）和其安特卫普皇家艺术学院的校友克里斯托弗·德沃斯（1980— ）。他们毕业于2004年，并于2009年推出他们的首次合作时装秀，而此前皮洛托曾独自参展。刚毕业时，皮洛托在维维安·韦斯特伍德实习；德沃斯则任维维安的私人助理。

  皮洛托是澳大利亚和意大利的混血，而德沃斯是比利时和秘鲁的混血。丰富的文化背景，使得这两位设计师拥有更多的灵感源泉。尽管印花与服装设计之间的界限并不明确，但皮洛托还是更侧重于借鉴科学和自然现象制作复杂的数字化图案；德沃斯则主要负责服装设计，运用复杂的立体剪裁、褶皱技巧，在紧身衣中融入树脂玻璃的雕刻性特征，并采用斯科特·威尔森设计的首饰加以装饰。

  2009年，这对设计师组合获得英国时尚大奖颁发的施华洛世奇潜力新人奖。2011年，他们和鞋履设计师尼可拉斯·科克伍德合作推出鞋履系列。两人在东伦敦经营着自己的工作室，并于2014年获得英国时装协会与《时尚》杂志联合设立的设计师时尚基金，2015年获得施华洛世奇集体奖。

◀ 2019年春夏系列，垂褶上衣和宽大的裙摆上，印有闪亮的抽象印花。

2008

本场春夏时装秀，展现了单一色彩的服装，配以未来主义印花。

橘色紧身连衣裙，臀部周围用复杂的褶皱和横向口袋修饰，是本场秀的一个亮点。本场秀在复杂的折叠外形（文胸式上衣和折叠裙型）和简单的连衣裙（加以管状、扭绳或蒸汽尾迹等多种未来主义印花点缀）中切换。同样的印花灵感也出现在莱卡上衣上，以及大圆领无尾礼服内搭的打底裤上。

2011

运动风是本系列的主题，具设计感的针织品得到了充分展现。

拼色乔其纱连衣裙配以开敞的插肩袖，堆领用金属项圈固定。松石绿、浅蓝和藏蓝三色贯穿全场。时尚版型的针织品利用故意歪编的辫状双色螺纹生动地展现身体线条，并搭配抽象印花塑身上装。及膝连衣裙配在摩托车夹克内。

2010

渐变金属蓝色与铁锈色的工业印花雪纺绸，镶嵌施华洛世奇水晶，褶皱包裹全身。

利用光影效果、由错视效果的锁子甲图案面料制成的及膝连衣裙，由前片延展出柔和造型的青果领，及故意扭曲露出的朴素内里。这种印花还应用于灰色缎质紧身衣，以及轻盈的表面微微泛光的褶皱半裙。尖形肩连衣裙以渐变色板印花为特色：从灰色到铁锈色到黄色，或从绿色到蓝色。这种渐变色也应用于窄青果领的对襟短外套上。钉珠上衣衬在粗花呢风格的无袖连衣裙中，下配合身裤装。银色柳钉肩带穿梭于黑色、蓝色和铁锈色印花欧根纱褶皱中，工艺复杂精巧，与黑丝对角褶边形成对比。金属扣皮带贯穿全场。

菲比·菲洛
Phoebe Philo

英国设计师菲比·菲洛（1973—　）就职于法国时尚品牌思琳，其设计尽显成熟女性魅力。她与蔻依的汉娜·麦克吉本和斯特拉·麦卡特尼这两位英国女设计师都善用更冷静、更朴素、更具极简抽象风的手法来重新定义当代时尚。这三位设计师均于20世纪90年代在中央圣马丁艺术与设计学院学习，舒适感是三人设计理念的共性。

1997年，麦卡特尼任蔻依的创意总监时，邀请校友菲洛任其助理——这是蔻依颇受争议的一项决定，因为当时两人都较为欠缺经验。2001年，菲洛继麦卡特尼之后成为蔻依的创意总监。她用菲洛标志性的高腰牛仔裤突显了蔻依标志性的少女柔美气质，一改麦卡特尼的性感剪裁设计。菲洛的设计甜美而不感性，其产品包括以细褶或丝带装饰的柔软女式衬衣、军旅风夹克，以及轻盈的真丝连衣裙，引领时尚潮流。时下大热的"锁头包"也出自菲洛的设计。

2006年，菲洛离开蔻依，用更多的时间陪伴小孩。2008年，她再度回到时尚舞台，加入思琳旗下。自2004年迈克·高仕离开后，思琳就失去其重心，外加经济衰退的大环境，重振旗鼓成为菲洛的首要任务。在该品牌任职期间，菲洛的作品反映了时代精神，因此拥有了一批狂热的追随者。2017年12月，宣布离开思琳后，她也没有再去别的时装屋工作。

◀ 2017年春夏系列，低腰棉布衬衫裙，袖子很有特色，下摆为百褶裙。

2002

菲洛为法国品牌蔻依设计的首场时装秀，颇具影响力。

柔软宽松的喇叭袖女士衬衣，臀部以下用宽松的抽绳装饰，裙边的镂空蕾丝，其效果类似装饰布垫。这种装饰在长喇叭裤的裤脚上也有应用；条纹棉罩衫的羊腿袖也用这种装饰做出褶边效果。扇形边的一粒扣白色亚麻短外套直接穿在内衣外；荷叶边超短裙搭配透明背心。

2010

奢华的极简主义是思琳本场秀的主体风格，颜色以棕褐色、米黄色、黑色为主。

剪裁利落的驼色外套饰以黑色皮衣边和口袋，下搭黑色裤装——这一系列服装都以这种风格为主。服装款式包括高领夹克、外套、背心裙，质地则以羊绒、毛圈呢和缩绒羊毛为主；其中部分服装搭配及膝半裙或修身裤装。此外，部分包臀裙、简单T恤，以及宽松双排扣外套也采用黑色皮革精心制作而成。

2004

蔻依20世纪70年代风格的一场秀：石磨水洗的丹宁高腰牛仔裤搭配粗棉衬衣，融入拼缝工艺元素和编织皮带装饰。

石磨水洗丹宁热裤，前口袋用细褶点缀，再加以双层编织腰带装饰，搭配低领条纹粗棉布衬衣——这种复古元素贯穿全场。这一系列的拼接连衣裙、前扣过膝丹宁半裙和及膝裙裤也都体现了20世纪70年代的风格。同一年代风格的服装还包括粗布工作服，躯干部分是紧身效果，脚踝处用喇叭衣片和白色花边抽绳装饰。白色亚麻五分裤搭配女士透明蕾丝衬衫，分别用背带和腰带固定。喇叭裤则搭配剪裁讲究的蕾丝短外套。复古香蕉印花应用于低领T恤和针织连衣裙上。粉色与黑色相间的横条橄榄球衫，剪裁成大袖口夏季连衣裙，或套在条纹泳装外，刚刚过臀。

皮尔·卡丹

Pierre Cardin

意大利设计师皮尔·卡丹（1922—2020）、伊曼纽尔·温加罗，以及安德烈·库雷热共同推动了20世纪60年代高级女士时装现代化的发展。1954年，卡丹设计的"泡泡裙"大受赞誉，但在1959年，他为巴黎春天百货设计成衣系列时，从高级时装从业人员中被除名，而后又被复职。1964年，他推出"太空时代"系列，进一步挑战时装界现状。卡丹设计的立体时装，棱角分明——短款塔巴德式外衣穿在紧身螺纹连体衣外——展现了他的现代主义时尚手法。

1945年，卡丹迁居巴黎，与珍妮·派奎因和艾尔莎·夏帕瑞丽共事。1947年，他加入克里斯汀·迪奥的定制女装工作室。1950年，他创立了自己的工作室，并于1953年开始自己的高级时装从业生涯。1966年，卡丹从法国高级时装协会辞职。1971年起，他开始在巴黎的卡丹空间这个自己的时装秀台展出自己的设计。整个20世纪70年代，卡丹巩固了自己时尚界的名声，由他设计的时装系列融入了流行文化和街头风格。卡丹很早就开始以倡导生活方式营销，并试图通过广泛的全球许可经营来推广品牌。然而，尽管卡丹获得了商业上的成功，但因卡丹对市场上的产品完全失去控制，该品牌最终贬值。1991年，皮尔·卡丹被联合国教科文组织授予"亲善大使"称号。

◀ 1966年的高级女士时装连衣裙采用橘色山东绸面料，加以亮片和刺绣装饰，腰部镂空点缀。

1965

皮尔·卡丹的"时尚大杂烩"系列，在1963年至1968年的"高调六零年代"大受欢迎，展现了时尚界的未来主义场景。

利用建筑中稳定的几何造型，卡丹将立体的服装结构和自然人体之间的关系合理化。在中性风格当道的年代，基本款的白衣包裹弹性稍差的打底内衣（通常是针织类），而打底内衣通常透过背心裙胸前的衣片露出——这一手法被反复应用，验证了现代主义的原则。1965年的当季主打是大块镂空设计女装，偶尔通过风格化的花朵镂空展现出与打底衫的色彩对比。有纹理的打底裤与全身搭配浑然一体。此外，特别的头盔、设计奇特的太阳镜，以及配套的鞋履也是展现卡丹理念的必备元素。20世纪60年代巴黎人的时尚外表和同时代伦敦的大众化时尚不同，前者更偏向中产阶级，更注重色调。

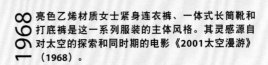

1968

亮色乙烯材质女士紧身连衣裤、一体式长筒靴和打底裤是这一系列服装的主体风格。其灵感源自对太空的探索和同时期的电影《2001太空漫游》（1968）。

1963年，卡丹最初展现其"时尚大杂烩"系列，试图将科技与时尚结合，其中包括白色针织连体衣、塔巴德式外衣搭配紧身弹力裤或直筒连衣裙。男士与女士版型相结合：中性服装仍是当时的普遍偏好。金属表面和夸张的五金也是未来主义时尚的特征，被应用于外露的拉链和皮带上。此外，卡丹还借用20世纪60年代维克托·瓦萨雷里、布里奇特·赖利等艺术家的欧普艺术手法，设计了黑白象棋棋盘印花半裙和短外套等。随着时代的发展，卡丹开始对人造纤维感兴趣，将其越来越多地应用在未来主义的版型和面料中，其中包括发明于1968年的卡迪纳，这是一种防皱的无纺布面料，能够保持复杂的几何造型。

1988 由该品牌艺术总监安德鲁·奥利维设计的高档时装系列。

花朵结构的怀旧系列，工艺精细，柔软的花瓣状披肩搭在紧身连衣裙上。引人注目的帽子预示夸张的晚装将成为流行。此外，该系列还包括无肩带蕾丝蚕丝连衣裙，其紧身延续至裙摆处，双层裙撑外加长托裙。1987年，奥利维开始负责高档时装系列。他将晚装的结构和柔软面料感性地结合在一起。奥利维与卡丹的合作长达四十余年，大获赞誉。

1973 高端嬉皮士风格的土耳其长袍选用印花雪纺绸面料，配以金线刺绣，由安德鲁·奥利维设计，于当年秋冬时装周展出。

皮尔·卡丹的太空漫游系列在整个20世纪60年代获得杰出成就，一度达到顶峰，直至1973年。异国航空旅行这种世俗生活的变化再次给这位设计师带来时尚灵感。在1973年春夏时装秀上，男士西服和前拉链短上衣的夸张塔形轮廓，还留有几丝时尚大杂烩的痕迹。此外，卡丹还拓展了多样化许可经营，他将美国国家航空航天局授权的延伸设计用于美国汽车公司"标枪"的内部模块设计中。卡丹在全球的成就获得认可，1973年获得维琴察奖，被誉为当年最具影响力的威尼斯人。

2000 该系列将简约剪裁应用于渐变蜡彩色印花或褶皱雪纺绸之上。

这一系列由塞尔吉奥·阿尔蒂里设计，重叠的正方形是其特色：露脐套装的上衣用正方形面料装饰。其他款式中，放大的黑边正方形突显出吊带连衣裙、不对称的无袖束腰连衣裙或包裙的几何层叠边。宽褶皱印花雪纺为其赋予了的元素，形成鲜明对比，此外还有极简约结构的外套和夹克搭配套裙装，并饰以扇形褶皱裙边。

亮片装饰的宝塔状连衣裙泛着珍珠光泽，内衬是窄三角衬裙——卡丹对建筑风格服装的偏爱在这件连衣裙上得到重现。这一系列通过三维形式，再现设计师对基本几何外形的应用。硬朗的弧线荷叶边或裙边，沿着身体螺旋上升，引人注目。此外，展出的服装还包括：长方形流苏塞拉普毛毯披肩，搭在直筒上衣外；优雅的黑白配色晚礼服中，两种颜色严格按对角线分割，红丝带胸花点缀于黑白对角线交会处。

夸张的长袖连衣裙长度及膝，黑白印花在人体上展现其动感。这一系列男女装，以形体变化套装为主，将建筑与服装相融合。

普拉达

Prada

　　缪西娅·普拉达（1949—　　　）凭借其持续单一的愿景，将一个制作奢侈皮箱的小店变成时尚界首屈一指的品牌，其服饰销往八十多个国家与地区。普拉达最初由缪西娅的祖父创立于1913年。学过哑剧并拥有政治学博士学位的缪西娅，继承了祖业。该品牌成功的重要转折点，是其引进黑色工业尼龙制成的"Pocono"背包，并在其上附以谨慎的小三角形商标，迎合了20世纪80年代奢侈品的时尚审美观。

　　1988年，普拉达推出首套成衣系列。1992年，其姐妹品牌缪缪问世，以缪西亚儿时的昵称命名。缪西亚非传统的设计，严谨克制，回避了绚丽的奢华，以细腻的手法展现女性魅力。缪西亚将大幅印花融入其服装设计，且很少暴露身体，其衣边的细节展现出优雅淑女的魅力。

　　普拉达通过收购、购买股份或收购竞争对手来进一步扩大其品牌业务，涉及芬迪、海尔姆特·朗、吉尔·桑达和丘奇等。2018年，缪西娅·普拉达获得英国时装协会颁发的杰出成就奖，以表彰她对全球时尚界的贡献。2019年，普拉达回到最初成功的原点，重新推出了其标志性的手提袋"Re-Nylon"系列，该手提袋采用纺织纱线公司阿加菲生产的新型再生尼龙"ECONYL@"制成。

◀ 2010年，借用20世纪50年代和60年代早期的沙漏型成衣，应用抽象印花。

1991

长衫搭配工艺精巧的短裤，部分款式附有装饰。

针织连帽外衣隐藏了合身短裤上的立体装饰；毛衣连衣裙内搭双色浮雕图案短裤。用于晒后放松的慵懒款型：及膝针织背心套在同质地的连体泳装外，搭配的凉鞋鞋带系至镶有雏菊的护颈处。

1996

连衣裙、POLO衫和半裙，其特色是20世纪50年代风格印花。

端庄的双色调衬衣式连衣裙，巧克力色的丝缎衣身与衣领、过肩和扣前襟的白色形成对比，白色凸纹布质地增添了几分商务风。该系列的前扣连衣裙、A字裙和罗纹毛衣也都是这种风格。五彩拉毛粉饰标记式的紫色印花，或棕色、灰绿色和奶油色模板印花应用于紧身连衣裙和A字半裙上，搭配有纹理的编织粗花呢上衣。

1992

摄影师史蒂文·梅塞拍摄的宣传照，引发人们对长发的偏爱。本系列展示了20世纪60年代简·诗琳普顿式的简单洋娃娃打扮。

朴素的超短外套连衣裙定下了本系列简单的基调。这一系列服装的简化细节，让人想起洋娃娃衣柜里的服装。服装的色彩也都是很清新的颜色：桃红色、桃白色、柠檬色、樱草色和漂白色。日常穿着的暗色调西装精致优雅：简单大方的上衣搭配修身超短裙，或是白色亚麻盖袖方领外套，剪裁干净，长度至大腿中部。该系列也很注重剪裁上的细微差别：小圆领西服外套，连贯的曲线分割其正前方的衣边。运动装仍是简洁的轮廓，厚实的色调。剪裁讲究的短裤和短款背心搭配纯白色或雏菊链式凉鞋。白色运动装配以白色雏菊浮雕装饰。针织服装不仅限于两件套，还有针织短裤；针织开衫可当作披肩随意搭在肩上。

1999

该系列服装在实用性和女性化之间切换。

舒适的短裤外侧印有普拉达的商标，上配无袖口袋军旅风外套，用黑色皮装饰，纺织背包也起到类似的装饰作用。此外，数码面料百褶裙搭配纽扣背心上装，及膝连衣裙与此形成鲜明对比。裙摆在高腰处飘动，缎带沿水平方向修饰衣边。

2003

本套系秋冬系列正统端庄，利用传统工艺印花及经典的棕色和绿色针织花纹。

端庄的高圆领五分袖及膝连衣裙，采用灰绿色与豆绿色相间的威廉·莫里斯式的工艺印花，外加稍许粉红色，给整件裙装带来灵动生机。另一件宝蓝色和橘色相间的衬衣也采用同花型的印花，束在宽松低腰花呢裤中——这是本套系的另一个特色，且用巧克力色和薄荷渐变色菱形花纹毛衣来增加其层次感。中性羊绒针织衫用细腰带束起，下搭印花短裙，外搭短款经典花呢外套或及膝风衣外套，有棕褐色光面皮质地的，也有奶棕色麂皮质地的，配饰则是花呢毡帽和棕色及膝长靴。紧身连衣裙和飘逸的花卉纹样真丝阔腿裤则为该系列增添几分温柔气息。

2001

本套系强调上腹部的线条，将细腻的粉蜡笔色调和谦逊的剪裁风格融合在一起。

炭黑毛圈质地短外套以相同质地的宽腰带束起，扎入粉红色活褶伞裙中。对上腹部线条的强调贯穿全场：超短款开衫露出上腹部肌肤；束腰上衣搭配流动的收褶裙；用宽腰带束起的针织运动衫；黄绿色单色印花过膝铅笔裙搭配珍珠灰POLO衫；剪裁精巧的橘色衬衣，则带来色彩上的冲击。

2016 颠覆经典裙装的尝试。

撞色方格花呢对襟外套，带有嵌线缝，前面饰有红色和蓝色垂直条纹，搭配便于穿着的铅笔裙，并附有威尔士亲王格纹花呢围裙。两个贴边横口袋为外套增添了趣味，珠光塑料网则搭在一侧肩膀上。竖条纹主题贯穿整个系列。

2007 非洲风格的印花与20世纪40年代的款型相结合，外加皮包边装饰。

奶油色宽松上衣，束在翡翠绿色高腰半裙内，用腰带固定，展出于本年度春夏时装周。

2009 男装套系包括皮质T恤和精致的针织衫，经典的剪裁是其特色。

该系列是全灰色套系，图中展示的是一件浅灰色柳钉衬衣，搭配中灰色柳钉裤。

普林
Preen

　　自负盈亏的英国品牌普林保留了中性元素，融合了凌乱的维多利亚时代美学，吸引了诸如凯特·莫斯（早期紧身牛仔裤的粉丝）、米歇尔·奥巴马，以及2016年在加拿大皇家巡回会上身着该品牌红色连衣裙的剑桥公爵夫人等著名女性。贾斯汀·桑顿和西娅·布拉加齐在1996年和1997年协助著名时装设计师海伦·斯托里推出第二人生系列之后，创立了该品牌。两人都来自马恩岛，桑顿毕业于温彻斯特艺术学院，布拉加齐则毕业于中央兰开夏大学。在位于波特贝罗绿林市场的工作室，二人组率先推出使用透视材料和分片裁剪的具有身体意识的服装。他们还经常使用束缚元素，例如受日本紧缚启发的2010年系列。最近，该品牌在飘逸的女性化印花连衣裙中融入了精致的复古元素和手工制作细节，取得了商业上的巨大成功。2008年2月，该品牌推出亲民副线品牌。

　　普林在伦敦和纽约时装秀上均获得了2015年英国时尚大奖的"公认设计师"奖。该品牌每年有六个成衣系列，也扩展到了拥有丰富室内软装饰品的"普林家居"、奢华的童装系列"普林迷你"，以及季节性的配饰和鞋类产品。2019年，该品牌应邀参加英国维多利亚与艾尔伯特博物馆在伦敦举办的年度时装秀"运动中的时尚"。

◀ 2019年秋冬系列，格纹花呢，木底鞋，搭配短款滑冰裙和针织上衣。

2004

该系列借用20世纪50年代的内衣风格，主打色是裸色、奶油色、白色和黑色。

　　一件无肩带连衣裙，其错位的不对称文胸罩杯以折纸状包裹身体。内衣系列的衣型设计是该套系的特色，包括不对称吊袜带、错位的文胸罩杯，以及错视效果的吊袜束腰带。背心式上装沿身体形状扭曲延展，搭配宽松的印花长袜，用吊带袜撑起，或搭配不对称中袖夹克。做旧的黑色光皮短款夹克搭配修身长裤。

2001

对衣袖细节的强调及不对称的剪裁是该系列的特色。

　　拼接皮草的短款塔巴德式外衣，用麂皮流苏和肩部的小绒球装饰。羊腿袖、深荷叶边和褶边衣袖是该系列的另一特色。双前褶休闲裤搭配窗格衬衣或轻柔的蕾丝上装；奶油色光皮过膝半裙的侧面，用不对称三角形布装饰，上身搭配修身女式衬衣或其他修身上装。

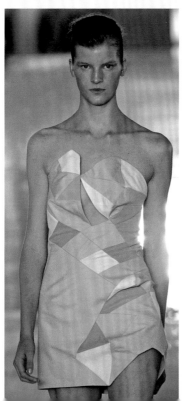

2010

君皇仕首次与女装品牌合作，将传统的剪裁与女性化的印花相结合。

　　在本次秋冬时装秀上，该套系用复杂的组合来体现身体意识：拉伸的针织高腰裙连接黑色文胸上装，肩两侧用紫色收褶衣片包裹，使文胸上下的肌肤时隐时现。黑色紧身开衫遮盖住肩部与手臂。该套系还借用彼得·萨维尔为新秩序乐团的专辑《权力、腐败与谎言》做的封面设计，花卉图案的使用为黑色工装外套硬朗、阳刚的款型增添了几分柔美，用黄色衣领点缀，内着蕾丝连衣裙和印花衬裙。短款毛衣长度刚过胸部，内着紧身胸衣，下搭黑色休闲长裤。印花连衣裙的镂空剪裁正好露出身体正面皮肤和背面的文胸吊带。

普林格
Pringle of Scotland

　　普林格由罗伯特·普林格创立于1815年，是世界上历史最悠久的奢侈品牌之一。现由前卫影星蒂尔达·斯文顿代言，这增添了该品牌的当代特色。

　　该品牌在19世纪主要制造袜类和内衣，20世纪30年代推出由好莱坞明星格蕾丝·凯利和奥黛丽·赫本穿着的标志性两件套。此后，便开始涉足外衣制作。普林格还发明了嵌花设计，其菱形图案成为20世纪20年代的高尔夫服装的流行元素。20世纪50年代，普林格在为莱德杯高尔夫球赛设计时又再次运用该图案，这标志着该公司开拓了男士针织外套的范畴。而后，20世纪80年代，该公司还与职业高尔夫球手尼克·佛度建立了合作关系。

　　1958年，奄奄一息的普林格被香港肇丰纺织有限公司收购，更名为普林格有限公司，并通过一系列转型举措，再度成为高端时尚品牌。2005年至2011年，克莱尔·怀特·凯勒任创意总监，助力普林格复兴。

　　弗兰·斯特林格领导的普林格当代创意管理团队，秉承品牌传统，重振了1949年创刊的品牌宣传杂志《公告牌》，并与2019年春夏时装系列同时推出，里面记载了该品牌的大量档案，其中包括20世纪70年代和80年代的花卉嵌花，以及各种两件套、高尔夫毛衣和菱形针织衫。

◀ 2019年，用拼色苏格兰格子呢重新制成了分层毛衣，搭配苏格兰紧身格子呢绒裤。

2003 传统的菱形方格、苏格兰风情的连衣裙，以及当代风格的嵌花针织品是本套系的特色。

该品牌标志性的菱形方格（其灵感源于苏格兰花物格长筒袜，起初是将梭织衣物剪裁缝纫后，与苏格兰方格呢短裙搭配穿着）被应用于经典款风衣、夸张的大毛衣、剪裁随意的背心。黑色或白色的苏格兰方格呢连衣裙外套，肩线倾斜，腰部用双扣腰带固定活褶，内着朴素的平纹针织上装和紧身半裙。简单构造的毛衣连衣裙、披肩、背心，配以柔和的粉色和蓝色玫瑰图案针织嵌花。

1964 时髦的"希金斯"开衫，芥末黄色羊绒质地，模仿电影《窈窕淑女》（1964）中的希金斯教授的穿着。

针织服装成为男士时尚商品而非实用产品，源于战后人们对服装设计感的要求增强，且休闲和运动着装频率的增加。正面饰有菱形方格图案的V领毛衣，配以带商标的POLO衫，成为经典搭配；20世纪60年代，高翻领毛衣中混入晴纶这类纤维，也成为男士休闲装的主流。在两次世界大战之间，国际针织行业快速发展，普林格以其针织品首屈一指的质量著称。因在款式上有欠时髦，于是聘请出生于维也纳的奥托·维兹为其设计，奥托也因此成为英国针织行业首位全职的职业设计师。

2008 该套系以茧型外套和夸张大号针织衫为主，剪裁简洁。

低腰丝绸连衣裙上衣宽松束腰，裙身收褶，全身覆满浓郁的渐变蓝色抽象扩散印花；另一件类似剪裁的上装也是同样的花色。茧型全长风衣外套的灯笼袖形成一个"卵"——这种形状在另一件藏蓝丝绸连衣裙上也有体现。该品牌标志性的梯形宽松毛衣延展成了短款连衣裙。

普罗恩萨·施罗

Proenza Schouler

　　作为高端时尚品牌，普罗恩萨·施罗将精湛的技能、传统的剪裁工艺和时尚自信的外表结合在一起。拉萨罗·赫尔南德斯（普罗恩撒，1978—　　　）和杰克·麦考卢（施罗，1978—　　　）于1998年在帕森斯设计学院求学时认识。当赫尔南德斯在迈克·高仕实习时，麦考卢在廾马克·雅各布实习，其间，两人与工厂及供应商建立了重要关系。这对设计双人组合共同设计毕业秀展，其作品被独家经营的巴尼斯纽约精品店当场买下。

　　普罗恩萨·施罗最初因其对女士紧身胸衣和紧身上装的时尚注解而大受欢迎。现该品牌的产品以剪裁讲究、面料奢华的外套为特色，如浣熊毛皮、印花光面皮、铅笔裙、撞色雪纺晚礼服等。最近，这两位设计师回归到美国校园风的审美，在其设计中融入羊角扣羊毛大衣、格子裙、苏格兰短裙等经典元素。他们设计的畅销背包PS1，订单络绎不绝，迎合了极简抽象派艺术的流行趋势。

　　2007年，华伦天奴时装集团收购了普罗恩萨·施罗45%的股份。然而，2018年，杰克·麦考卢和拉萨罗·赫尔南德斯获得私人投资家的帮助，购回了股份，收回了该品牌的全部所有权。这对设计二人组于2017年宣布退出传统的成衣系列，以适应高级定制时装市场，秀场则主要在巴黎而非纽约。

◀ 2019年春夏系列，对比鲜明的明线勾勒出帆布斜纹连衣裙的线条。

2003

普罗恩萨·施罗的首场秀在纽约T台亮相。

黑色包边修饰的紧身胸衣束进高腰金银线针织半裙内。此外，在本场春夏时装秀上，紧身胸衣通常搭配修身铅笔裙；柔软的加长鹿皮裤，配以丝带交叉装饰。阴郁的灰色、柔和的棕色、黑色和白色为该套系的特色，而金属银的应用则带来几分活力。

2009

运动风的花呢服装和标志性的绞合雪纺紧身衣是本套系的主打。

驼色和黑色拼接的外套展现了创新的剪裁工艺：双排扣、宽立领上配以拉链装饰，同时形成大衣的兜帽。花呢与皮革质地的五分裤和花苞裙搭配灰色羊毛紧身衣，外搭一件稍短的同款外套。连衣裙的绞合紧身上衣部分则完美贴合身形。

2007

该套系展现出设计师在建立并延展全套成功设计方案上所表现出的自信。

黑白锦缎连衣裙外套，配以皮毛大袖口和修饰脸形的立领，从中可以看出保罗·波烈对设计师的影响。茧型外套上20世纪20年代风格的低腰线，外加整洁的小头饰，也可看出设计风格与保罗·波烈的相关性。简单的无袖连衣裙，裙身是锦缎质地，紧身衣身饰有几排多面黑色串珠装饰，其灵感源自世纪之交的着装风格。雪纺质地的刀褶、垂褶或收褶包裹胸部；金属渐变色飘带主要以红铜色与铁锈色组合，或以烟灰蓝和深粉红组合。宽松的男友风裤装，裤腰低至胯部，上配黑色光面皮运动夹克；品牌标识代替字母，其男性化的剪裁与整场秀形成鲜明对比。此外，针织袖短款连帽粗呢厚大衣和一粒扣短款外套也与上述裤装搭配。

璞琪

Pucci

    巴尔森托侯爵艾米里奥·普奇（1914—1992）采用独特的印花和创新的轻盈面料展现其休闲服饰的设计，兼具舒适与魅力，迎合了奢华休闲风的时代需求。玛丽莲·梦露、奥黛丽·赫本、杰奎琳·肯尼迪等社会名媛都钟爱该品牌。与同时代拘谨的服装不同，普奇通过增强其面料的延展性来体现"艾米里奥造型"。他在1960年研发的有弹性的山东绸，将女性从束身衣和多层内衣中解放出来。

    普奇曾在意大利空军服役。在接受飞行员训练期间，有一次在瑞士度假，他被拍到身着自己设计的滑雪服装，该照片还登上美国时尚杂志《时尚芭莎》。普奇退役后，在时尚度假胜地卡普里的"海洋之歌"开启了自己的创业生涯，随后迁至罗马，公司总部设在佛罗伦萨。

    因市场上充斥着低廉的仿版，外加这一时期时尚界对极简主义的崇尚，璞琪时装大受冲击。尽管如此，璞琪在时尚界还是颇具影响力，它也是斯蒂芬·斯普劳斯和詹尼·范思哲的灵感源泉。艾米里奥的女儿劳德米娅·普奇现任璞琪时尚帝国的总裁。2000年起，法国奢侈品集团路易·威登收购了多数股份，此后多个创意总监被任命负责领导该品牌，其中包括克里斯蒂安·拉克鲁瓦、马修·威廉森、彼得·邓达斯和马西莫·乔尔格蒂。自最后一位2017年离开以来，成衣系列由内部团队设计，并在米兰的意大利时装秀期间推出。

◀ 2011年由彼得·邓达斯设计的土耳其式长衫，正面蕾丝镂空，饰以流苏皮草，尽显奢华的嬉皮士风。

2002

2000年上任的艺术总监胡里奥·埃斯帕达的收官之作。

本套系重温20世纪60年代的休闲服饰风格，纵向剪裁的泳装搭配相同印花的宽檐帽。其他印花还包括从头到脚零散的横条纹。束腰宽摆裙上黄黑白相间的大理石纹呈旋涡状，上身搭配文胸上衣。同样体现复古风的还有：前开叉绸缎七分裤搭配浅绿和松石绿渐变印花束腰外衣，抹胸搭配雪纺高腰哈伦裤。罗马凉鞋的绑带交叉及膝，为整套搭配。

1966

土耳其式长衫、泳装、沙滩裹巾等度假着装，采用艾米里奥·普奇所特有的印花和色系，展现奢华的休闲风。

艾米里奥·普奇独特的印花设计灵感源泉丰富，其中包括文艺复兴时期的画作、锡耶纳的派利奥赛马会徽章，以及巴厘岛土著风格的色彩。设计师将这些元素转换成抽象的表现形式：迷幻的色彩旋涡和大小各异的印花，其色彩形成鲜明对比，再配以简单的"艾米里奥"签名。普奇在色彩运用上享有盛誉，他将各种颜色生动搭配，其手法前无古人：紫红色与天竺葵色、宝石蓝色和珍珠黑色、卡其色和薰衣草色。这些千变万化的印花与防皱面料结合，使每件衣服的重量都不到250克，从而成为非常受欢迎的旅行套装。

2006

威廉森的首场秀，主要选用紫色与黑色的渐变色。

多彩的S形螺旋印花的短款束腰上衣，饰以黑色的领口和袖口，这是21世纪的新版璞琪印花。这套秋冬系列运用了紫色全色系，从丁香紫到罗兰紫，并以黑白灰为配色。此次展出的还有高腰超短裙，配以宝石腰带装饰，以及马海毛褶皱领连衣裙。

瑞格布恩

Rag & Bone

　　倡导生活时尚的品牌瑞格布恩，以英国俗语"拾荒人"（音译为"瑞格布恩"）命名，将英国传统和美国工艺相结合，打造经典时尚的运动服饰，兼具实用性和浪漫外表，色调以军旅风的饱和色为主。出生于英国的马可斯·温莱特（1975—　　）和大卫·内维尔（1977—　　）在走访已关闭的肯塔基服装厂后，于2002年创建了他们的品牌。

　　温莱特负责设计，内维尔打理业务。该品牌与传统制造商合作，其中包括布郎蔻林的马丁·格林菲尔德、博尔曼帽子公司、萨维尔街的诺顿父子，以及美国历史最悠久的纽扣制造商沃特巴里纽扣。这些供应商的产品成为这个信奉质量至上的高端休闲服饰品牌的坚强后盾。该品牌现已行销全球，旗舰店设在纽约。

　　瑞格布恩于2004年推出男装产品线；2005年品牌扩张，当年秋季推出全套女装系列。2007年秋冬系列标志着男女装中正式引入配饰系列。2006年，瑞格布恩入围美国时装设计师协会时尚基金奖；2007年，赢得施华洛世奇男装新兴设计师奖；2010年，马可斯和内维尔赢得美国时装设计师协会颁发的年度最佳男装设计师奖。2016年，内维尔和温莱特第三次获得美国时装设计师协会年度男装设计师提名。

◀ 2020年春夏系列，绗缝夹克，搭配马甲背心和易剪裁的裤子。

2006

简约风格套系，采用极简主义的剪裁。

骑马装风格的套装：花呢骑马夹克搭配米黄色马裤。米黄色是本套系的主打色，深牛仔色是配色，通常用于长度至大腿中部的束腰外衣和修身长裤。及膝铅笔裙搭配干净利落的真丝衬衣；男装则是前拉链短夹克搭配同色系或白色裤装，外搭及膝长外套。

2008

镀金纽扣和腰带作为装饰，外加军旅风的意象。

19世纪的男士骑马装风格：前下摆圆剪裁的夹克露出铁青色的短裙。本套系以灰色、卡其色和灰褐色为主，色调逐渐减弱，短裙的颜色突出显眼。在这场秋冬时装秀上，军旅主题被延伸发挥：对襟外套、小圆领褶皱衬衣、光滑的斜纹棉布前拉链夹克穿着在男士双排扣大衣外。

2007

将传统剪裁工艺应用于自然色调的面料，同时兼顾男女装的实用性，配以细领带和丝巾点缀。

窗格花纹两件套西装内搭领系扣领衬衣——这一细节在本套系的女装中反复体现。干净利落的外套，窄翻领、斜插袋、高腰钮扣、弧线前襟，男装搭配高腰裤，女装搭配及膝苏格兰方格呢半裙。这种狩猎外套的特征两性均可，质地如轻盈的开衫，穿着在修身裤装外，用腰带束起。帽子、卡其裤、机车靴为经典的剪裁增添了几分粗犷气息，配以无指手套，造就了时尚男士的实用户外工作服；同款短版女装搭配五分裤。此外，男女装均有白衬衣或牛仔衬衣外搭中性马甲。更为女性化的设计通过圆下摆的钩扣修身外套体现，内搭A字形束腰连衣裙。

拉夫与卢索
Ralph & Russo

　　奢侈品品牌拉夫与卢索拥有奢华的点缀和令人叹为观止的精湛工艺，是近一个世纪以来首个成为高级定制时装规管机构法国高级时装协会会员的英国品牌。拉夫与卢索拥有较高的知名度和稳定的客户群，如沙特王室，还负责过2017年梅根·马克尔与哈里王子的订婚礼服——一条售价56000英镑的透视刺绣上衣和薄纱裙。

　　创意总监塔玛拉·拉夫（1981—　　）是该品牌的第四代设计师，出生于悉尼，在移居伦敦之前，她曾在墨尔本的怀特豪斯设计学院学习时装。2010年，她与当时的男友、现任丈夫、澳大利亚籍首席执行官迈克尔·卢索共同创立了该品牌。创业初期，这对夫妇只有几百英镑和一台缝纫机，而现在，他们在为世界上最富有的女性做设计。为了保持品牌的独特性，拉夫与卢索仅在每个国家或地区出售每种服装的一种版本。除了提供奢华生活方式的时装预购外，2017年，该品牌还推出了专为吸引年轻潮流人群的成衣系列，该系列也着重强调了该品牌标志性的女性化轮廓、豪华面料以及细节定制。拉夫与卢索的工作室和品牌总部位于伦敦名贵的上流住宅区梅费尔，品牌在全球开设了17家商店。

◀ 2018年秋冬高级定制系列，早期好莱坞的迷人魅力，配以心形领口和飘逸的雪纺。

2018

秋冬高级定制时装，公然的性感与奢华的面料相结合。

　　单色晚礼服具有本世纪中叶的复古质感，是受欧洲贵族杰奎琳·德里贝斯启发的系列之一，欧洲贵族以其20世纪50年代和60年代的风格著称。饰有珠宝的衣领将落地披风固定，飘逸在塑形连衣裙上，真丝雪纺聚拢成细褶，形成淡紫色、粉红色和奶油色的胸罩式紧身胸衣。该系列还包括橙色、樱红色和紫色色调的宝石色浮雕丝硬缎礼服，披在紧身胸衣和短裙上，露出大腿。象牙色外套裙装也及至大腿。

2018

春夏系列，采用奢侈面料，灵感来自内衣。

　　浅蓝色雪纺礼服将孤傲冷峻的古典主义与性感的魅力相结合，腰间收窄并饰有褶边。胸前大开口，用一条缎带横穿紧身胸衣并交叉固定。圆形瀑布褶皱层叠。带喇叭袖的及踝印花真丝衬衫裙，以及带褶皱的雪纺直筒礼服，都与闺房主题息息相关。风衣被改良成了透明雪纺面料，或是纯白无袖款式。

2019

高级定制时装，灵感来自拉美电影，展现了超凡的魅力。

　　贵族紫色丝硬缎制成拖地礼服，连衣裙采用公主线设计，用两条垂直线形成缝褶。露肩式抹胸用扭结固定，袖子的阶梯状圆形褶皱从肩膀处垂落。其灵感来自20世纪40年代和50年代墨西哥电影女演员和歌手玛丽亚·费力克斯，该系列具有一系列异国情调的装饰，例如绒球、鸵羽毛和水晶串珠。

拉夫·劳伦

Ralph Lauren

　　拉夫·劳伦（1939—　　）将低调奢华融入古典风格之中，重塑了另一种复古风，其高档休闲服饰展现了美国版的英国乡村风情。多年来，劳伦套系引入多种运动元素：槌球、划船、肯尼亚探险、苏格兰狩猎，以及马球，这些也都是该品牌标识的灵感源泉。1972年推出的短袖网眼汗衫销量过百万。

　　拉夫·劳伦出生于纽约布朗克斯区的一个移民家庭，原名拉夫·鲁本·利夫希茨。劳伦的全球时尚帝国始于1967年他的首个领带店；此后，他将业务扩展至裙装；1971年，他推出其女装品牌。劳伦曾为1974年版的电影《了不起的盖茨比》设计服装，进而巩固了他作为美国历史诠释者的地位。而且，诠释美国历史也是他所有设计的主要组成部分：草原风针织衫搭配牛仔、米黄色羊绒开衫搭配白色网球服，以及藏蓝色和白色相间的横条纹水手紧身衣。1981年，劳伦推出"圣特菲"系列，采用美国西南部纳瓦霍族印第安人着装的色彩、材质和花纹。

　　拉夫·劳伦的品牌形象在不断扩大的产品线、价格等级和市场中得到了持续发展，系列包括拉夫·劳伦马球男装（Polo Ralph Lauren）、美式高端复古系列（DoubleRL）、紫标系列（Purple Label）、拉夫·劳伦女装（Lauren Ralph Lauren）和拉夫·劳伦家居系列（Ralph Lauren Home）。劳伦在2015年卸任公司首席执行官一职。2019年，因其对时尚行业慈善事业的贡献，劳伦获得了荣誉骑士勋章，成为首位获得此项英国荣誉的美国设计师。

◀ 2010年的美国黑色风暴挽歌系列，水洗撕裂的面料被染成丹宁色。

1988

嵌花针织上衣搭配格呢半裙，打造冬季草原装扮。

过膝格呢缩褶裙，荷叶裙边，内衬法兰绒裙撑，搭配厚实的图案针织衫，再加上手套、花呢袜，共同营造冬季草原风情。格纹流苏围巾、圆边帽，还有从外层服装探出花边的领口和袖口，都增强了其效果。针织品以传统针法为特色，融入费尔岛风情；格纹短夹克所运用的浓郁色调则体现了朴素的农场风。

1974

拉夫·劳伦在为罗伯特·雷德福出演的《了不起的盖茨比》设计服装时，描绘出1922年夏季爵士乐时代的优雅。

三件套西服内搭的双排扣马甲，下摆笔直，其棕色细条纹展现出怀旧时尚。西奥尼·阿尔德雷吉因电影《了不起的盖茨比》获得奥斯卡最佳服装设计奖，而拉夫·劳伦在电影中的设计则推广了自己的品牌，尤其是雷德福以一身盖茨比的着装登上男装时尚杂志《GQ》的封面后，更加深了观众对该品牌的认知。电影中展现的经典服装包括：卡其裤、真丝领带、亚麻西服、橄榄球衫，其色彩以粉红色、淡黄色、淡蓝色和米黄色为主。品牌中融入高雅的男士气概，展现了美国上层社会的着装风格，引导了学院风的潮流。

1996

修长干练的西服套装下配西裤或铅笔裙。

单排扣西服套装涵盖了所有男性化服装的剪裁设计：笔挺的衬衣领、领带、袖口和口袋里的手帕。这套中性化的秋冬系列以藏蓝色、黑色和驼色等暗色调为主，长绑领和无眉带的紧身连衣裙贯穿全场。此外，还有奢侈的特大号驼色风衣。

本次春夏时装秀上，最浅的粉蜡色展现出复古魅力。

月白色衬衣扣至颈部，搭配及膝铅笔裙，展现了劳伦对20世纪30年代运动休闲装的理解。该套系还收纳了当代风格的骑马裤和白色网球服。粉白色、银色和淡黄色不对称剪裁的绸缎连衣裙，饰以蓬松的雪纺绸盖袖，完美地展现了这个时代的魅力。及膝连衣裙以微鱼尾的裙摆点缀，外加彩色细腰带修饰腰部曲线。淡黄色运动上衣、七分裤、麻质短裤及其他夏装的剪裁都十分讲究。

2001

本套系追溯了20世纪70年代风格；棕色渐变色的都市粗花呢毛衣、超短裙和长外套的搭配是主打。

格纹超大外套内，短皮裙搭配学生最爱的黑色高领毛衣——借鉴艾丽·麦古奥在感人的浪漫电影《爱情故事》（1970）中的着装风格。劳伦在本套系中展示的还有超短裙、短版苏格兰呢裙、飘逸的全长大衣、披肩和学院风的花呢骑马上装。此外，合身的马裤、红夹克、黑色天鹅绒衣领则延续本套系的骑马风格主题。穿着舒适的衬衫式连衣裙，有的是及膝长的褐色皮革裙，有的则是及踝长的黑色羊毛裙。米黄色和棕色相间的毛衣连衣裙配以低腰腰带，增添了几分年轻都市风采。涡纹图案的天鹅绒细褶包身连衣裙则打造了晚装装扮。

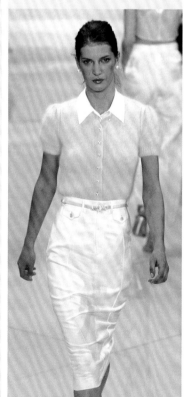

2009

狩猎风套系，选用东方元素。

本次劳伦的春夏时装套系，以20世纪70年代风格的狩猎装和马拉喀什的多褶哈伦裤为主。与众不同的是一件精美的无肩带及膝紧身连衣裙，腰两侧以横褶勾勒出身体的曲线，全身只有黑色头巾体现了该套系的主题。

2010

重新诠释的20世纪30年代学院风。

从赛艇俱乐部毛衣到报童帽，再到圆领衬衣，拉夫·劳伦借用了盖茨比时代赛舟会所特有的徽章。男装系列的剪裁、色彩和面料，重现了以往学院时代的神话，而女装系列的破旧工作服则突显了黑色风暴时期的艰辛。

2011

20世纪早期的西部大开荒风格，以蕾丝和流苏皮草装饰。

公主线紧身连衣裙，褶边盖袖，大腿中部以白色泡沫状的雪纺绸修饰。本套系注重突出美国西部风的细节，如流苏与奢华的蕾丝相结合。精致的面料与栗棕色麂皮搭配，再以印第安风格腰带和平底凉鞋装饰。包边是贯穿整场的细节，奶油色的皮草被制成合身的正装西裤，或被用于点缀夹克的衣边。

理查德·马龙
Richard Malone

  爱尔兰设计师理查德·马龙（1990— ）主要专注于裁剪和轮廓，他将质感和异想天开的图案融入到其渐进式设计中。马龙出生于爱尔兰西南部小镇韦克斯福德，这对他的审美观意义重大，其设计作品都直接受到他周围环境和日常生活的影响，从他母亲的阿哥斯制服到复古美食书的图案，这些都通过另类的色调来实现。马龙毕业于中央圣马丁艺术与设计学院，他的毕业作品是用其父亲棚子里的残留物制成的。

  这样的材料在该设计师的设计中，应用得很明显。在对可持续性的最高承诺下，马龙使用喜马拉雅地区的纱线，与印度南部泰米尔纳德邦的社区女工匠们合作，进行手工编织并自然染色。雕刻轮廓采用丝硬缎制成，该缎子取材于历史悠久的意大利制造商塔罗尼。2018年，该公司被"绿毯时尚奖"授予"最具可持续性生产者"。在他的运动装和实用服装中，常用一种尼龙回收制成的面料"ECONYL@"。马龙专注于实用性和可持续性，因此他设计的所有服装都带有口袋并且可以机洗。除了获得路易·威登奖之外，毕业后，他还获得了德意志银行时尚大奖，这使他得以推出自己的品牌，并在2015年伦敦时装周上亮相。同时，他也继续为私人客户定制作品。

◀ 2018年伦敦时装周上，用织物
填充的旋涡增强轮廓感。

2018 流苏格纹和条纹，配以雕花填充外套。

黑色、绿色和白色的千鸟格格纹背心裙，内搭飘逸的及踝连衣裙，前面带有围兜，袖子从肩部以几何褶皱垂落。羊毛毡的雕饰旋涡用在短款运动夹克上制成灯笼袖，并在臀部增加了窄版连衣裙的轮廓。羊毛采用弹性纤维编织，增强了舒适度，并应用于合腰身的夹克系列。

2019 秋冬系列，日用品和服装的重复性主题。

这款带有栗色和淡蓝色印花的短款上衣配以设计师标志性的灯笼袖，接缝外露有助于增加体积感，内搭浅蓝色连衣裙和运动裤。适合日常使用的手工制品，如格纹抹布和擦洗手套，给该系列带来不羁的感觉。量身定制的裤装和外套中，有手工针织的红色、白色和蓝色外套，由通常用于狗窝的有机棉制成。

2019 春夏系列，使用环保材料，以可持续的奢侈品为代表。

雕饰轮廓采用丝硬缎制成，连衣裙腰部合身，下摆张开，设有两个大贴袋。搭配的斗篷使用抽绳来固定领口并塑造出宽松的袖子。窄裤的深翻边恰好位于膝盖处。橄榄绿色、青铜色、浅蓝色和青绿色的丝硬缎，裁剪成一系列裙式外套，带有灯笼袖和绑带式衣领。运动风融合高级时装元素，抽绳、拉绳和束带创造出合身的运动上衣、及至小腿中的连衣裙和及踝长裙。

理查德·尼考尔

Richard Nicoll

　　理查德·尼考尔（1977—　　）将基本款和基础面料重新设计，展现不同的服装比例与搭配。他的服装设计风格源于西方，且注重结构，但并没有明显的性别特征。一件男性化无尾礼服的翻领可能会变成一件轻薄的单肩酒会礼服上固定肩带的装饰。尼考尔为了强调其重新塑形的细节，通常会将单个套系的颜色限制在单一色调的渐变色中，通过多种面料纹理和表现形式来展现其颇具趣味的对比。比如，一件轻薄的几何构造的衬衣可能会套在一件剪裁考究的绸缎文胸状上衣外，下搭平纹针织陀螺裤。

　　身为澳大利亚裔的尼考尔出生于伦敦，于2002年取得中央圣马丁艺术与设计学院的硕士学位。杜嘉班纳收购了他学生时期的全套设计。尼考尔在路易·威登与马克·雅各布合作后，于2004年推出了他自己的女装系列。

　　尼考尔设计的主题系列独具一格：剪裁、面料、不对称的垂褶造型、紧身衣、珠缀，以及内衣的应用。尼考尔偶尔也会使用强烈的色彩——有时是强烈的对比色，有时是不同色调的碰撞，从而为其设计注入新的元素，给人不同的感官冲击。尼考尔以自己的品牌赢得了成熟精巧设计的名声。2009年，他与切瑞蒂签下三季合约，亲自操刀，重新推出自己的女装品牌。2011年，尼考尔为运动品牌弗莱德·派瑞设计了"Laurel Wreath"系列。

◀ 2010年，紧身文胸上衣搭配几何形状的半裙，与整个套系的运动风格形成鲜明对比。

2004

尼考尔在其首场秋冬时装秀中，选用丝绸制成未来主义风格的连衣裙。

紫色的短裤剪裁考究，其配套的T恤外搭扭曲文胸造型的丝绸上衣。这种文胸打结的技巧贯穿整场。另一件束腰连衣裙也应用了这种技巧，塑造出盔甲般的太空服造型。本套系采用粉色与蓝色的冷色调，从樱桃色和淡紫色到覆盆子色。夸张的彩虹色耸肩短夹克、垫肩派克大衣，以及涂层宽松束腰女上衣充分体现了这种配色的特点。束腰外衣的衣边、修身裤的裤脚，以及简单夹克的袖边都以细小的褶皱修饰。

2011

本套经典风格系列，结合了活褶、花边和考究的剪裁。

浅裸色褶裥连衣裙，腰部用深粉色腰带收紧，外搭及膝长飘逸披肩，其衣领与腰带颜色相同。此外，另一件同色及膝连衣裙则融入了一些偏暖色的橘色。透明波点雪纺上装透出内着的黑色文胸；搭配的白色过膝蓬蓬裙，腰部及口袋处以黑色点缀。大圆领连衣裙则用花边修饰其衣领。复杂的前围兜衬衣搭配雪纺阔腿裤，外配百褶裙。

2007

中性风格和多层剪裁相结合：舒适的超大前围裙以黑白条纹和星星点缀。

精美的条纹衬衣裙摆上以五角星装饰点缀，腰部以腰带和腰边褶皱修饰，搭配的螺纹毛衣，其深V领露出窄衬衣领和衬衣外的白色围兜。此外，浅色条纹绸缎百褶裙腰带以下的部分灵动跳跃，内搭紧身裤的正面双缝骨修饰了身形，脚踝处以蕾丝点缀。流苏衣襟、肩章和正面的花边，都为本套系的夹克增添了西部粗犷风格。本套系以暗色系为主，唯一的一抹亮色是橙黄色的流苏项链和配套的细皮带、打底裤。在一些款式简单的T恤中，星星形状的口袋是其唯一装饰。

理查德·奎因

Richard Quinn

当伊丽莎白二世女王陛下作为嘉宾，出现在伦敦设计师理查德·奎因（1990—　　）2018年秋冬时装秀上时，这位设计师便立即获得了关注。这是女王陛下将英国设计大奖第一次授予新兴的英国时装设计师。之所以获得该殊荣，不仅因为奎因的设计和印刷技术颇具创新性和原创性，还因为他愿意与学生和其他设计师分享其在南伦敦佩克姆的专业知识和印刷工作室。英国时装协会首席执行官卡罗琳·拉什（英帝国二等勋位爵士）和新兴人才大使萨拉·摩尔（英帝国勋章获得者）向奎因授予了该奖项。

奎因从中央圣马丁艺术与设计学院的时装专业硕士毕业后，于2016年建立了自己的同名品牌。2017年9月，他与百货公司利伯蒂合作，推出了15件设计作品的T台首秀。第二年2月，他又荣登伦敦时装周，展示了自己的第一个完整系列。该品牌的美学思想呼应了20世纪80年代表演艺术家雷夫·波维瑞激进的时尚风尚，即无所不包的轮廓、隐藏的面孔、黑色乳胶紧身衣裤和多向墙纸印花，同时该品牌也为高级时装经典产品增添了颠覆性的优势。奎因版本的蓬蓬裙，梯形外套式连衣裙，羽骨紧身胸衣，带褶皱、大袖口以及大号印花的塑身衣身，同样让人想起20世纪80年代的魅力，以及像温加罗这样的女装设计师。

◀ 2018年秋冬系列，女王首次参加的时装秀，具有历史意义的伦敦时装周。

2018

伦敦时装周上多种错综复杂的英国花卉图案。

齐膝长大衣由各种图案和颜色的旋涡状印花围巾拼凑而成，这似乎符合女王陛下对印花头巾的偏爱。头巾还用于腰部束带的外套和裤子、露背连衣裙和露肩晚礼服。从头到脚布满印花图案，包括紧身衣。这些带有大量色彩和点缀的印花图案为高级定制风格的礼服带来颠覆性的优势。

2019

秋冬高级戏剧系列，工艺和技术水平都有所提升。

蓬松的梯形大衣，饰有精美的整体花卉印花，脖子上系有超大蝴蝶结，还带有大翻边袖。容量感是整个系列的主题，包括高腰蓬蓬裙和带灯笼袖的礼服。甚至迷你鸡尾酒会礼服都带有夸张的羊驼毛袖子，与紧紧包裹的身体形成对比。及至小腿的伞裙搭配乳胶紧身裤，很有英国花园派对的感觉。

2019

春夏系列，丰富的装饰带来极其新颖的魅力。

宽松的深黑色丝硬缎面晚礼服斗蓬，为缀满了红玫瑰刺绣的合身白色燕尾服提供了框架。玫瑰是整个系列的主旋律：盛开的花朵出现在拖地礼服的紧身胸衣上，裙摆上饰有成排的串珠流苏，或者在雪纺外套上饰有金色。带芭蕾舞短裙的鸡尾酒裙采用黑色雪纺层次或圆点褶边设计。各种大衣上都出现了鲜明的动物图案：一件为修身款式，一件为宽松的梯形线条，另一件为系有大蝴蝶结的高腰蓬蓬裙。

瑞克·欧文斯

Rick Owens

　　出生于美国加州的瑞克·欧文斯（1962—　　），最初在奥蒂斯艺术设计学院学习美学；此后，又选修了服装制图课程，并在当地一家运动服装公司工作。瑞克·欧文斯同名品牌于1994年在洛杉矶问世，但直到2002年欧文获得美国时装设计师协会颁发的最佳新人奖后，才逐渐享有国际声誉。该品牌以惹眼的包裹、系带装饰、垂褶针织品、做旧皮革及真丝运动衫，以及柔和的色调为特色。欧文在新哥特式的风格中融入了几分优雅。由他设计的前瀑布式开衫，使不少设计师纷纷效仿。

　　2001年，欧文与意大利经销商埃奥·博奇联合公司签署了全球分销协议，并将其产品制造迁址到意大利。2002年，他的首场女装展在纽约时装周上亮相。随后，2003年，他的首套男装系列也在纽约时装周登台。欧文在参加两次纽约时装秀后，将其工作室迁至巴黎，以便于参加巴黎时装秀。在此期间，他也开始了与设计师帕诺斯·伊雅潘尼斯的长期合作。帕诺斯几乎参与了欧文的所有时装秀。欧文为纪念第十季秀展，推出一本时装秀的回忆录，名为《我很好》。2007年，他获得库伯-休伊特国家设计奖。

　　欧文在巴黎皇家宫殿的首家店面还推出家具系列及多种服装产品线：从成衣的子品牌"Lilies"到牛仔系列的"DRKSHDW"，再到仅供巴黎皇家宫殿的皮草系列，一应俱全。

◀ 2019年春夏系列，挤压的衣领，加固的上身和充满活力的大袖口。

2002

新潮品牌在纽约的首场秀，工艺娴熟。

多层奢华面料——柔软的麂皮与光皮、真丝针织运动衫——几乎打造了修道士般的装扮，而以棕色为主的色调、头巾、大樽领、包裹得严严实实的拖地长裙，以及做旧裙边等元素更是强化了这一效果。此外，简单的包裹式外套，其颈部用大头针别住，下摆随意飘动，打造出飘逸的外形。

2008

通过创新的剪裁、塔克和褶裥展现造型的细微变化。

使用丝缎这种薄、透且挺括的面料，通过折纸般的褶裥和塔克包裹身体，塑造出蓬松的衣型。用单色的艺术印花聚酯纤维雪纺绸制成的多向层叠条纹束腰外衣，或带披肩的上装，其外层的透明面料透出内层服装的条纹。极简主义的全白或全黑套装打造出严肃的感觉。

2006

不对称的垂褶透明真丝和雪纺及踝半裙，搭配柔软的同色光皮上衣。

做旧的褶皱光皮直接包裹身体，并在臀部收紧，其下部蓬松部分打造出立体造型，配搭针织过膝紧身直筒裙，将硬朗与柔美结合在一起。平纹针织和麂皮两种面料结合，紧身衣袖仍能活动自如。本套系中还有用超大安全别针固定的麂皮夹克，下配厚羊毛或灯芯绒阔腿裤。裸色雪纺绸与灰色、淡黄色或粉色透明真丝拼接，胸部和臀部的褶皱打造出随意的内衣造型。褶边和贴花元素、柔软麂皮和欧根纱面料被应用于配套的夹克和裤装，其服装的结构（如口袋）在透明的面料下清晰可见。此外，欧根纱和真丝塔夫绸在修身外套的臀部打造出贝壳般的起伏、褶皱和纹路，搭配垂坠的真丝裤装。

罗伯特·卡沃利

Roberto Cavalli

　　罗伯特·卡沃利（1941— ）出生于意大利的佛罗伦萨，一直以自己独特的方式诠释意大利的审美观，其设计优雅而又生机勃勃。2010年，他为庆祝品牌40周年举办了盛宴。他丰富且强烈的时尚手法，包括大量使用动物印花和面料装饰，公然展现挑逗的外表。1970年，他在巴黎展出自己的首场秀；1972年，他在圣特罗佩开设了自己的首家精品店。

　　法国的里维埃拉是卡沃利出售以其创新皮草印花工艺为特色设计的绝佳地点。早在20世纪70年代初期，他就注册了专利，他还获得了爱马仕和皮尔·卡丹支付的专利费。20世纪70年代"设计师牛仔"风潮兴起时，卡沃利成功地把握住这一商机，并融入其他拼接元素，打造了一系列性感分体装。从20世纪90年代早期开始，卡沃利在其妻子（也是其商业合伙人）伊娃·杜林格的鼓励下，设计了炫目的动物印花超短连衣裙，打造时尚美女装扮。

　　卡沃利主线产品行销全球五十多个国家，旗下年轻化品牌"Just Cavalli"也于1998年问世。2002年，他在佛罗伦萨开设了自己的首家咖啡店，室内装饰为其标志性的动物印花。此后，他又在米兰开设了"Just Cavalli"咖啡店和一家精品店。2010年，卡沃利与伊蒂埃集团签订了全球独家许可经营协议，授权后者生产分销"Just Cavalli"品牌的男女装及其他服装、包袋、鞋履和配饰系列。2015年，卡沃利退休，将其业务90%的股份出售给意大利私人股权公司克莱西德拉，从而结束了42年的自有所有权。同年，彼得·邓达斯被任命为该品牌创意总监，随后的2017年至2019年，保罗·萨里奇任职于该品牌。

◀ 2019年秋冬系列，保罗·萨里奇对卡沃利标志性的动物印花进行抽象化处理，并重新着色。

1995

半透明的修身黑色晚礼服，透出内裤。

卡沃利与以米兰为根据地的范思哲和阿玛尼不同，该品牌每年都参加佛罗伦萨季节性的秀展，一直到1994年。这也表明在低调极简主义年代，该品牌被边缘化了。20世纪90年代中期，卡沃利品牌开始走文艺复兴风，而卡沃利的第二任妻子伊娃则被誉为此风格的源泉。正是在这个时期，卡沃利设计了标志性的动物印花，并将其应用于广告女郎的礼服。该品牌颇受新一代名人青睐，如麦当娜、詹尼佛·洛佩兹、克里斯蒂娜·阿奎莱拉等明星。

2007

墨西哥风情套系，跃动的色彩与流苏和抽穗剪裁相结合。

动物印花是整个套系必不可少的元素，其印花灵感源于墨西哥画家弗里达·卡罗。本套系包括：飘逸的虎纹印花土耳其长袍；胸前褶皱用淡蓝色绸缎丝带在颈部收起的衬衣，外搭夹克，再以箍状耳环和钉珠皮带点缀；钻蓝色丝绸上衣搭配翠绿色半裙；黑色流苏衣袖与弗拉门戈舞风格的荷叶半裙交相辉映；雪纺绸及地晚礼服的裙摆频频跃动。

2003

暴露且不修边幅的服装，如霓虹灯般绚丽的皮草和喷涂印花，打造了拉斯维加斯的舞女时尚。

敞开的电光蓝色鸵鸟毛外套，露出内搭的露肩深V领紧身亮片连衣裙，长至大腿，下配长靴。此外，女士紧身连衣裤上的沃霍尔风格的喷涂印花、钉珠硬衣领也都展现出其性感设计。臀部和大腿的亮片塑造牛仔裤的凌乱感觉，上着剪裁随意的羊毛外套。光皮打底裤搭配亮片超短裙；灰绿泛黑色的鸵鸟毛泡褶使内着的亮片开叉裙若隐若现。卡沃利标识性的动物印花被应用于暴露的连衣裙中，其上半身是单薄的挂脖紧身衣。

罗达特

Rodarte

美国品牌罗达特的时装秀不同于普通商业时装秀，更偏向概念化，因创始人凯特·穆里维和劳拉·穆里维的文科教育背景，其设计中融入传统文学特色。凯特专攻19世纪及20世纪的文学艺术，而劳拉则研究现代小说的发展。两人的专业背景成为这对设计双重奏的灵感源泉：从哥特式小说到桃乐丝·帕克的智慧，不一而足。罗达特首场时装秀并不被看好：她们超脱凡尘的精美艺术，如蛛网般的蕾丝和跃动的花瓣状面料，对细节的一丝不苟，甚至被一些时尚编辑评价为无法穿着。

尽管如此，该品牌却受到眼光敏锐的美国《时尚》杂志时任主编安娜·温图尔的赏识，而美国零售巨头波道夫·古德曼、巴尼百货、内曼·马库斯也是该品牌的早期支持者。直至2005年，当罗达特赢得一系列行业奖项，并与盖璞和塔吉特成功合作，业内不再有对该品牌的任何质疑。2008年，这对来自帕萨迪纳市的姐妹赢得瑞士纺织奖——这是首次非欧洲的女性设计师获得该奖项。近期，她们又与诺尔·洛克斯合作，设计了三种窗帘布和五种家具装饰面料，并以她们喜爱的作家的名字命名。比如名为"桃乐丝"的一款面料就是以桃乐丝·帕克命名。这种新型的轻盈面料，在她们2008年秋冬时装秀上就有应用：针织衫的针织纹理串起多层薄纱。2009年，米歇尔·奥巴马在美国总统办公室接见约旦王后拉尼娅时，后者身着罗达特品牌时装——她是罗达特知名度最高的客户。

◀ 2019年秋冬系列，灵感来自朱迪·嘉兰饰演的多萝西。

2010 本套系以多层拼接的粗制面料为特色，突出展现手工纺织品，其灵感源自墨西哥户外工人的着装。

宽大的毯状粗线针织上衣间或混入厚实钩针，其针织大翻领在肩上高高耸起，搭配印花垂褶半裙，露出打底的大花呢或修身裤装。此外，精美的印花多节连衣裙套在厚实朴素的紧身女胸衣外，外搭马海毛针织衫或带装饰的羊皮夹克。用色包括性感的玫瑰色、淡褐色和自然色，打造紧密的结构，通过将多种面料"挑选并混合"的手法，展现即兴着装风格。单件服装几乎都有手工装饰，如流苏、钩边，或其他镶嵌装饰。此外，还有随意拼凑的装饰：透明蕾丝打底裤、印花裤装、皮边手套。搭配的平底鞋的丝带缠绕至脚踝——此款鞋是罗达特与尼可拉斯·科克伍德联手设计的。

2008 本套系将古怪的浪漫风与宽松的图案针织衫结合，其灵感源自宫崎骏的电影《千与千寻》（2001）。

三条基本款的女神连衣裙，其灵感源自日本动漫世界：流动的雪纺面料上布满亮片，象征性的装饰染色与刺绣营造出一种迷离的氛围。穆里维姐妹的设计理念多以文学为基础。在与盖璞的日本设计之行之后，本套系更是深受东方文化的影响。其设计风格多变：既有轻薄透明的精美彩色雪纺绸衣，也有造型感强的硬质百褶裙和裙撑式灯笼裙。粉色与黑色混合的色系，穿插多种蓝色点缀。通常采用预制结构的面料——隐喻电影中的社会混乱。其他套装中还采用了毛边的编织结构和跳针针织面料。除此以外，小资风格的连衣裙则反复出现，形成呼应。

洛克山达·埃琳西克

Roksanda Ilincic

埃琳西克的设计不拘一格，其高调的丝绸礼服颇具舞台风，并融入多种古怪奢华元素，如多层绢网浮屠状衣袖，臀部或肩部用如象耳大小的弓形丝硬缎衣片装饰。半定制的服装，将硬朗的廓型与重装饰相结合，手工缝制部分则由塞尔维亚共和国的贝尔格莱德女裁缝完成，而贝尔格莱德也是埃琳西克的家乡。

埃琳西克是模特出身，最初在贝尔格莱德大学学习应用艺术与建筑，随后迁居至伦敦，并在中央圣马丁艺术与设计学院学习深造。2002年，埃琳西克推出她的自有女装品牌，此后的三季服装均由伦敦东区时尚机构赞助。在顶店新生代创业基金的帮助下，这位设计师于2006年在伦敦时装周上展出了自己设计的13件连衣裙，从此一炮走红。

此后，埃琳西克时装套系剔除了多余元素，简明利落的风格日益突显。凭借其标志性的色块和建筑轮廓，该设计师以 "occasion" 连衣裙而闻名。康沃尔公爵夫人和米歇尔·奥巴马等客户展示了该品牌在保持社交功能的同时，也能保持优雅和低调。2014年，埃琳西克在伦敦名贵的上流住宅区梅费尔开设了旗舰店。2019年，她与麦丝玛拉集团合作，为大码品牌梅琳娜·丽娜蒂设计了拼色巧妙的20件单品组成的胶囊系列。

◀ 2008年，夸张的外形与内衣搭配，面料以光滑的丝绸和塔夫绸为主。

2007

抗拒地心引力的糖果服装，古怪而华丽。

双层粉色荷叶边绸缎裙环绕头部，掩盖身躯，颠覆了身体轮廓，展现出埃琳西克的顽皮设计手法。此外，丝绸薄纱贴花大量应用于脆弱质地的及膝紧身连衣裙，或垂直贴于公主连衣裙的缝线上。带披肩的黑色连衣裙在胯部切断，搭配珍珠灰色紧身打底，头戴的礼帽以薄纱羽毛装饰。

2019

带有其标志性色彩的奢华晚礼服。

大量使用互补色的尝试，芥末黄色条纹在宝蓝色丝缎褶皱周围盘旋至下摆，腰间绑有窄带，脖子上饰有夸张的蝴蝶结。饰有深褶边的鲜橙色或金洋红色晚礼服形成了雕塑般的甲壳。日装包括拼色派克大衣，腰间配以加厚的真丝印花围巾和窄带。

2008

该秋冬系列的衣型结构，通过标志性的珠宝绸缎上扭曲的外部细节，或隐藏或突显身体的线条。

包裹式的连体衣形成紧身外壳，搭配的巧克力色与黑色横条相间的短款波列罗上衣饰以超大的灯笼袖，打造出夸张的轮廓，配套的手套则加强其效果。高领高腰的礼服裙身部分以及踝伞裙或鱼尾裙边为主。对襟外套的腰部以收褶装饰，搭配修身裤装或过膝条纹半裙。形体变化的主题在披肩茧型外套上得到延续，更在陀螺型半裙或连衣裙上得以进一步强调：臀部周围灯罩形状折叠的面料与身体间隔一段距离，突出体现形体变化。惊艳的粉色绸缎连衣裙与披肩或由肩而下的裙拖形成对比。过膝黑色连衣裙上翡翠绿色的镶嵌装饰在其正面成蛇状，蜿蜒向上。

罗兰·穆雷

Roland Mouret

　　设计师罗兰·穆雷（1962—　　）设计的流星炫彩连衣裙于2005年首次登台时，便轰动一时。20世纪40年代风格的收腰连衣裙标志着波西米亚风的完结，并成为时尚经典，几乎受到所有时尚达人的青睐，其中包括娜奥米·沃茨和卡梅隆·迪亚兹，此款连衣裙在今天依然流行。

　　穆雷是天生的设计师。他仅于1979年在巴黎时装学院接受过为期三个月的时尚培训。他整个职业生涯中所运用的剪裁技术，以及在直角上包裹面料，打造出修饰身形的垂褶连衣裙的工艺都是自学的。1998年，穆雷推出首个自有品牌。同年，他的作品首次参展伦敦时装周。2000年，他与莎丽，以及安德烈·迈耶斯建立合作关系。五年后，穆雷迁居至纽约，并在2005年的春季推出流星炫彩连衣裙。

　　流星炫彩连衣裙首次登台不到两个月，穆雷就从该公司离职，并无权将自己的姓名用于任何商业用途——这一新闻震惊了整个时尚界。此后，经过两年的空白期，穆雷为波道夫·古德曼精品店设计了一套限量套系，并亲自在这36条连衣裙上签名；他还为盖璞设计了一款限量款连衣裙。

　　2007年，他与娱乐业大亨兼辣妹合唱团的创始人西蒙·福勒共同创立了一家新公司，名为"19RM"。2010年，穆雷重新获得使用其全名的权利。该品牌时装屋位于伦敦名贵的上流住宅区梅费尔。品牌旗下产品包括眼镜、鞋子、箱包、配饰和新娘装。

◀ 2018年秋冬系列，星系礼服裁剪出雕塑元素，以搭配阔腿裤。

2005

享有盛名的流星炫彩连衣裙，版型突显身材，颇受社会名媛喜爱。

穆雷将设计彻底回归至沙漏型身材，打造出时尚连衣裙，引领了时尚的新世代潮流。刚刚过膝的长度，修身的版型，内衬体现出裙装强有力的结构，而露肩方领和耸肩袖进一步平衡并修饰腰臀的线条。此外，黑色或格纹高腰铅笔裙也是其衍生版，身后用鱼尾裙摆修饰。

2002

丝绸与雪纺绸的内衣风格系列，配以柔和的色调。

松散的短款连衣裙，腰部收紧并用丝带装饰，其长袖延展成瀑布般的褶边——这些细节特征在本次秋冬系列中反复出现。淡雅精致的主色，用巧克力棕色的绸缎。蕾丝及黑色丝绸装饰，展现出服装的闺房感觉。

2010

本套秋冬系列的特色是将褶皱衣片直接包裹身体，而无须使用印花面料。

本套系的重点是以剪裁和直角包裹的面料打造出束腰上衣、短裙和带帽外套的版型。一件别出心裁的修身连衣裙闪亮全场：树叶状的衣片成扇形散开，包裹整件连衣裙，形成渐变色圆圈。此外，穆雷回归于他最爱的浅灰色系，通过修剪、缠绕、缝褶、垂褶等手法，应用裸色、粉色和灰色的平纹针织面料，打造修身全长晚礼服。其中，灰粉色长款露背连衣裙的后背则用黑色丝带装饰；灰色印花两件套包括短款毛衣和长款开衫；有弹性的管状半裙搭配同色斑点夹克和打底裤；淡雅的紫红色打造时尚连帽无袖连衣裙。

虾

Shrimps

在秀场上最著名的皮草拥护者都避而不谈皮草的时候，英国时尚品牌"虾"的创始人兼创意总监汉娜·韦兰德（1990—　）用色彩丰富的人造皮草填补了这片空白。韦兰德曾在布里斯托尔大学学习艺术史，后于2013年毕业于伦敦时装学院表面工艺与纺织品设计专业，并于同年推出了"虾"品牌。韦兰德于2019年秋冬推出时装首秀，其品牌"虾"（韦兰德童年时期的昵称）的想法来自她在贸易展览会上发现的一长段人造皮草，于是她用此制作了少量外套，并由模特劳拉·贝利穿着其中一件出现在伦敦时装周上。随后便有了来自奢侈品电商颇特女士网创始人娜塔莉·马斯内的订单。

如今，韦兰德将她的俏皮美学延伸到印花连衣裙、针织服装和串珠包中，其中最畅销的是串珠包"Antonia"。在伊夫·圣·洛朗前配饰设计师洛特·塞尔伍德的加入之后，该品牌还扩展到其他手袋，例如人造皮草样式、串珠肩包、水桶包和加大托特包以及鞋子。2018年，韦兰德与室内家居馆哈比泰展开合作，生产带有其标志性粉色和红色色调的签名涂鸦的地毯和床上用品。同年，韦兰德将其丰富多彩而又古怪的美学带到了匡威，在运动鞋上印上了其经典印花图案，并在每只鞋的后跟上铺上了人造皮草。2017年，韦兰德的品牌"虾"入围英国时装协会与《时尚》杂志联合设立的设计师时尚基金。

◀ 2019年秋冬系列，作为人造皮草的主要代表，该团队设计了一款带有真丝缎裙的人造皮草外套。

2018

春夏系列，带有天真印花的挤奶女仆装和人造皮草宽松大衣。

甜美可爱的连衣裙及至小腿中部，与18世纪的牧羊犬连衣裙相得益彰，领口缀有白色棉质"遮胸小背心"，抽褶袖长至肘部，并绑有缎带，形成褶边袖口。这款连衣裙采用粉红色印花，饰有俏皮的海滨图片。同样的印花也用于衣领和袖孔褶皱的高腰连衣裙，袖子在顶部被剪掉。石灰绿色和白色的人造皮草大衣，印有圆形图案，下摆有拖尾。

2019

浪漫主义的连衫裙和异想天开的印花，灵感来自希腊神话和传说。

厚重的丝绸缎采用经典的打褶，制成了落地式的"女神礼服"，从胸部下方到地面呈褶皱状落下，腰部饰有小褶边。喇叭形的袖子收成袖口。本系列其他服饰中，连衣裙更具俏皮感，采用草原上小房子的波西米亚风格，由蓬蓬袖、精致的荷叶边下摆和全裙摆蕾丝制成。一些单品的印花灵感来自神话或波尔卡圆点。

2018

整个秋冬系列都可以看到俏皮而又夸张的轮廓。

齐膝长大衣和短夹克，均用奶油色的假皮草制成，并手工印有黑色、黄色和红色的卡通面孔和心形图案。短夹克搭配带细褶的玫瑰印花德沃雷天鹅绒半身裙，配以豹纹包和毛绒绒的串珠拖鞋。长大衣搭配"Antonia"串珠包。天真的心形图案和玫瑰印花出现在整个系列中：带褶饰边的背心裙和上衣；齐膝贴片连衣裙；黄色和黑色及膝外套。奇特的比例应用在带有旋涡状粉红色印花、宽松而又层次分明的及地大衣上，以及外搭红色罩衫裙的褶边宽裙裤上。

西蒙娜·罗查
Simone Rocha

　　西蒙娜·罗查（1986—　　）出生于都柏林，其父亲是国际知名设计师约翰·罗查。六个月大时，她便参加了人生第一场时装秀。她的设计充满了毫不掩饰的女人味，并充斥着情色的暗黑情趣，既浪漫又令人不安。罗查的设计将缥缈的透明感（褶边、绉纹、串珠、水晶头饰和镶有珠宝的发夹），结合哥特式的敏感性，并经常在设计中融入颠覆性的强烈叙事。罗查于2008年毕业于都柏林国家艺术与设计学院，获得时尚学士学位。随后，她又在中央圣马丁艺术与设计学院获得硕士学位，然后于2010年在伦敦泰特现代美术馆推出了她的研究生系列。2015年8月，罗查在伦敦的蒙特街开设了第一家商店。

　　2016年，罗查在英国时尚大奖中被评为年度最佳女装设计师，并于2017年2月开设了第一家位于美国纽约苏豪区的商店。这家商店的特色是其独特的家具摆设以及她认为具有启发性的艺术家作品。罗查与多佛街市场开展了全球范围内合作，为季节性开放、周年纪念活动等设计特殊装置，这些设计始终以其代表性的有机玻璃家具和手工雕塑为特色。自2018年2月以来，罗查一直担任盟可睐创意总监，隶属于吉涅斯集团。2019年秋冬系列中，她连续七个时装季位列时尚网的"十大"。

◀ 2019年春夏系列，令人难以忘怀的美丽系列，旨在探索设计师的中国传统。

2018

春夏系列，其代表性的浪漫主义和闺房装扮。

清爽的白色刺绣英式礼服由三部分裙撑构成，颇具18世纪的波兰长袍风格。与此形成鲜明对比的是，性感的丝缎形成了低腰连衣裙，肩膀和袖口饰有松软的缎带蝴蝶结，与20世纪30年代影视剧中的女神服产生了共鸣。本系列其他服饰中，对爱德华七世时代的童年想象通过白色多层连衣裙来体现，包括带褶边的大衣领、过肩和泡泡袖。手持的串珠图案也体现了该主题。

2019

与路易斯·布尔乔亚基金会合作，颇具颠覆性且精致的性感。

浅金色连衣裙，外搭胭脂红和浅粉红双层欧根纱风衣。罗伯特·赫里克诗中的"一种凌乱的美丽连衣裙"，描述了该系列覆盖上身和内衣式上衣的层次分明的透明薄纱，也同样内搭外套和礼服。该系列服饰还参考了鲍威尔和普斯伯格的电影《红菱艳》：一位在劫难逃而又爱舞如命的芭蕾舞女演员，身着粉红色雪纺连衣裙，胸罩上贴有红玫瑰。

2018

秋冬系列，带多层和饰边的解构洛可可风格。

量身定做的灰色裤装，黑色缎面的披肩状袖子，成为珠绣方格拼布的解构雪纺连衣裙的基础层。肩膀、袖口、下摆和裤子上都带有单一色调的蝴蝶结。在以单色调为主的系列服饰中，红色则显得特别突出，用于带金银线的格子呢、骑装式外衣和饰有缎带的宽腿裤，并出现在早期维多利亚式风格的斜肩外套上，搭配皮草裙。经过几个世纪的不断变化，带泡泡袖的灰白色欧根纱高腰长裙让人想起19世纪初的新古典主义，其不对称的黑玉色项链、黑色长手套和缎带领带也进一步增添了美感。

索尼亚·里基尔

Sonia Rykiel

　　索尼亚·里基尔（1930—2016）于1968年在巴黎左岸开设了她的首家同名精品店，现已成为知名法国品牌。1970年里基尔被《女性日常着装》杂志誉为"针织女王"。在该品牌创立的年代，女性比较反感拘束的定制成衣，一心寻求更年轻时尚的服装。里基尔是首个解构时尚的设计师之一，未镶的衣边和故意露出的缝骨是其特色。20世纪80年代早期，该设计师用文字装饰服装，并推出一套水钻装饰晚礼服的套系。里基尔以其机智的细节与轻松的设计手法而闻名。横条针织衫、羊毛开衫连衣裙、夸张的玫瑰针织装饰，以及明色与黑色混合的错视效果均是其特有风格。

　　1975年，里基尔的业务扩展至家居亚麻产品；1990年，她在圣日耳曼大道开设了一家旗舰店，同年，姐妹产品线"Sonia by Sonia Rykiel"问世；1993年，里基尔童装、男装、鞋履和香水系列的所有产品均在其旗舰店供应。1996年，她获得法国荣誉军团勋章军官勋位，并于2008年升级为高等骑士勋位。1998年，里基尔的30周年庆典秀展在法国国家图书馆举办。2007年，里基尔的女儿纳塔莉被任命为公司总裁。从2012年1月起，索尼亚·里基尔掌控香港第一遗产品牌（First Heritage Brands）的多数股权。如今，曾在路易·威登和普拉达工作多年的朱莉·德利班在继续弘扬索尼亚·里基尔美学。

◀ 2009年春夏时装周上，该品牌标志性的横条元素和珠宝贝雷帽打造出该品牌40周年的秀展形象。

1986

整个20世纪80年代，里基尔都在精心打造其标志性的外观设计。

相比同时代造型感较强的服装，里基尔喜欢更松散一点的版型：长款开衫饰以螺纹袖口和衣边，内搭的V领针织衫，其彩色横条宽度不一；搭配的平纹针织裤装，臀部饰以水平方向的贴布口袋。当时的休闲装都需要耸肩袖，所以在这套针织衫中也应用了维克罗垫肩。

2006

该套春夏系列的特色在于用黑色将里基尔最爱的事物——音乐、黑色、美人和埃菲尔铁塔——的法语单词印于服装之上。

印有"le beau"（美人）的一字领露肩平纹针织上衣，其腰部用珠宝装饰的皮带束起，搭配黑色软毡帽，帽檐饰以夸张大胸花——里基尔的标志性设计。红色滚边装饰的黑色外套配以紫红色、橘色和黄色的拼色衣袖，内搭宽横条梯形宽松连衣裙，其上衣部分是黑色蕾丝抹胸。其他服装上的横条则多数为细条，如明黄色运动衫过肩上的细条纹。连衣裙和外套上多有褶皱修饰。搭配的鞋履的鞋带系至脚踝，配以大量蝴蝶结装饰。运动风的宽松落肩袖黑红宽横条毛衣连衣裙，则与优雅的渐变横条雪纺连衣裙形成对比。

1998

本套春夏系列运用螺纹针织衫和印花雪纺绸打造日常的时髦着装。

故意裁短的桃红色马海毛深V领螺纹毛衣连衣裙，搭配同色礼帽。裙边用一对针织树叶装饰——同形状的装饰也应用于藏蓝色螺纹夹克上。此外，淡蓝色和粉色的外套，其重量和纹理也与桃红色针织衫相同。较为轻盈的精纹细条绞针织品则应用于女士西装，搭配嘉宝式礼帽。飘逸的印花茶会礼服营造出20世纪30年代的氛围。

索菲亚·可可萨拉齐

Sophia Kokosalaki

在2004年雅典奥运会的开幕式和闭幕式典礼上，印有索菲亚·可可萨拉齐（1972—　　　）名字的7000套服装，承载了其设计风格，可可萨拉齐也因此声名大噪。在此之前，她的才华在业内早已备受认可。

1997年，希腊文学专业毕业的可可萨拉齐开始设计一些连衣裙套系，并在当地的精品店销售。从此，她开启了时尚生涯，她也因此经历获得前往伦敦的中央圣马丁艺术与设计学院进行研究生学习的机会。至1999年，她已创建了自己的公司，并与意大利奢侈皮革品牌"鲁福研究"签订了设计合同，但在双方合作推出六套颇受欢迎的套系后，可可萨拉齐却终止了该合同。

可可萨拉齐在设计的作品中反复出现的主题源于东地中海文化——以希腊文化为主，同时也涵盖克里特岛和古埃及的装饰图案。她反复借用古希腊雅地加的民族特色展现出独特的美景。其设计从一开始就获得广泛的知名度，并不断获得赞誉。2002年，她赢得《世界时装之苑》设计师奖和艺术基金颁发的时尚奖；2004年，她被誉为新生代设计师。2006年秋至2007年春，可可萨拉齐曾任薇欧芮的创意总监。

可可萨拉齐品牌曾被勇者无畏集团控股两年，而后，又回到可可萨拉齐手中。自2009年起，可可萨拉齐一直担任迪赛黑金的设计总监。

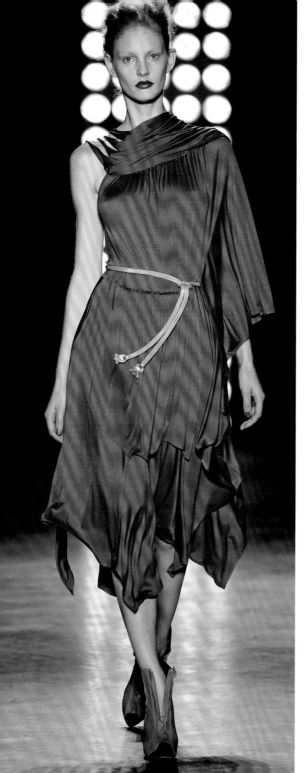

◀ 2010年，古希腊式单肩女士长外衣，融入收褶和垂褶元素，重现经典。

2004

本系列体现了设计师的希腊文化背景,利用扭结的手法,通过雪纺面料塑造身形。

　　双层贝壳粉色丝绸打造富有动感的女装:卷边短裤搭配细丝带装饰上衣,饰以浅陶土色和黄色相间的编织腰带。其他短裤则搭配奶黄色、粉色、牡蛎色和浅蓝色的褶皱雪纺绸。其中,浅蓝色是该套系的主打色。多层生绸打造文胸式上衣,套在雪纺无袖紧身打底衫外;修身连衣裙的衣身为文胸形上衣,裙身则是富有光泽的精美褶皱绸缎直筒裙;浅蓝色和陶土色的垂褶单肩上衣套在牡蛎色半裙外。施华洛世奇水晶随意分布于无袖连衣裙和透明束腰外衣之上。

2009

埃及风格套系,天青石色和金色为主打色。

　　蟒皮波列罗上衣搭配精美的垂坠收褶短裙。迷你连衣裙也引入了镀金蟒皮纹元素,同时饰以耀眼的心形亮片和柳钉。黑色紧身连衣裙上的假领,利用抽纱和钉珠工艺,展现了王室风采;低腰紧身裤搭配插肩袖露脐短夹克,其高立领则用简单的硬质圆圈固定。

2008

以亚光黑色为底色,希腊风格的细节处理和图案,打造束腰外衣、裤装和打底裤。

　　轻薄透明的欧根纱晚礼服,细节精美:华丽的洛可可式贴花从裙边垂直而上,直至颈部,营造出秋冬季的哥特式魅力。亚光黑色及膝连衣裙或全长连衣裙中的拼布镂空花体以圈状装饰颈部。衣袖始于精美褶皱的旋涡处,止于肘部向上凝结的波浪——这种服装处理效果在扭结印花连衣裙中也曾应用。银色全长斜裁丝绸连衣裙的衣身部分印有七弦竖琴图案。

斯特拉·麦卡特尼
Stella McCartney

　　设计师斯特拉·麦卡特尼（1971—　　）出生于英国，以其利落的剪裁、突显女性魅力的性感服装闻名。她是严格的素食主义者，因此其设计的所有服装均未使用皮草。麦卡特尼在克里斯蒂安·拉克鲁瓦短期实习后，在萨维尔街裁缝爱德华·塞克斯顿的工作室工作过一段时间，而后至中央圣马丁艺术与设计学院学习艺术设计。其毕业秀展由其家族友人娜奥米·坎贝尔和凯特·莫斯担任模特。

　　毕业两年后的1997年，她出任蔻依的创意总监，而蔻依因此受到时尚媒体的批评。但是，麦卡特尼以其萨维尔街的剪裁风格和复古的蕾丝衬裙很快就证明了自己在蔻依的权威地位。她在蔻依任职期间，菲比·菲洛担任其助理，并在她离任后接任创意总监一职。2001年，麦卡特尼在古驰集团的资助下，创建了自有品牌，随后推出配饰和香氛系列，而有机护肤品产品线"CARE"也于2007年问世。

　　2000年，斯特拉·麦卡特尼获得VH1电视台颁发的年度时尚设计师奖，而颁奖嘉宾正是其父亲保罗·麦卡特尼。2004年，她与阿迪达斯合作推出一条产品线。2018年，她买断了法国亿万富翁朗索瓦–昂利·皮诺的奢侈品公司开云集团，该公司同时拥有古驰和亚历山大·麦昆两大品牌。至此，斯特拉·麦卡特尼完全掌控了自己的同名时装品牌。

◀ 2019年春夏系列，前拉链连衫裤工作服，使得20世纪70年代的扎染工艺耳目一新。

1995 麦卡特尼在中央圣马丁艺术与设计学院的艺术与设计毕业秀展。

这件由娜奥米·坎贝尔演绎的两件套，彰显出麦卡特尼未来标志风格的所有元素。精巧的剪裁在这件过臀长度的外套上得以体现，正中的一粒扣释放出两边鲜明的翻边；过膝铅笔裙则打造修长的身形；内着的20世纪70年代风格真丝衬衣饰以大翻领和笔直的衣袖，展现出高雅女性魅力。凯特·莫斯展示的则是一件连衣裙，紧身胸衣式的衣身配以缩褶裙身。此套系被伦敦的东京精品店全部买下。

2010 麦卡特尼受到母亲琳达的启发，设计出牛仔与印花围裙融合的套系。

两种长度的单排扣牛仔半裙——迷你裙和及膝裙——引领了时尚潮流，从大众品牌到设计师品牌，纷纷效仿。本场秀上的牛仔裙上配蕾丝花边打底衫，外搭剪裁讲究的西装外套。简单的收褶裙、背心上衣、飘逸的白色衬衫裙和舒适的平纹针织衫则延续了设计师一贯的慵懒风格。由淡黄色、宝蓝色和火焰橘色真丝塔夫绸打造的高腰热裤和荷叶边穆袍则与该套系其他服装形成对比。

2008 利落的剪裁与荷叶边、满幅英式田园风格印花相结合。

多色印花雪纺绸连体衣，其荷叶边修饰的衣身以及细肩带均表现出设计师对20世纪70年代风格的全心投入；高腰无褶裤和斜纹棉布质地的短袖狩猎束腰夹克也是此风格的延续。此外，还有超大水洗蓝真丝衬衣和顽皮的印花连体衣。线条简明的A字裙搭配白色平纹细布女式衬衫，再配以20世纪70年代风格的坡跟鞋；针织羊毛泳装饰以多向鲨鱼图案；经典两件套则做了一些改动：毛衣延展成连体衣，再搭配轻柔的开衫，从而使套装的线条更鲜明。

189工坊

Studio One Eighty Nine

　　189工坊是由工匠和社会企业共同创立的时尚和生活方式品牌，由演员罗莎里奥·道森（1979—　　）和设计师阿布里玛·欧维雅共同创立。欧维雅曾担任宝缇嘉的全球营销和传播总监，2011年推出了"Fashion Rising"系列，以提高人们对暴力侵害妇女行为的意识。2013年与道森合作，成立了189工坊，其目的是为工匠们创造经济机会，同时为他们在加纳争取权利和教育机会。

　　该品牌在非洲制造，生产非洲风格的产品和服饰。189工坊目前在纽约和加纳的阿克拉经营商店、电子商务网站、生产设施并支持非洲和美国的各种社区主导的项目。该品牌与手工艺性社区合作，这些社区专门研究各种传统手工艺，包括蜡染和肯特编织。该品牌采用可持续的天然纤维，例如布基纳法索种植的有机棉，该棉已通过全球有机纺织品标准并获得政府认证。他们使用的许多染料都是天然的，是西非的本地植物和草药培育的，例如靛蓝和胭脂红，或者使用对环境影响小的染料。该品牌最近赢得了美国时装设计师协会雷克萨斯时尚可持续发展计划的支持。

◀ 2020年春夏系列"遗产"，
　展现出非洲风格和原材料的
　影响。

2020 手工制作的高亮色彩系列。

带三角形蜡染印花的拖地长裙使用了抗蜡染技术，风格热情活泼，上身搭配格子衬衫。该系列使用的其他工艺还包括肯特布编织和泥浆染布，这是一种传统上用发酵泥染色的手工马里棉织物，其中波格隆（马里的一种传统手工艺品）实际上指的是能产生黑色颜料的铁含量高的泥浆。该技术被应用于手工纺和手工编织的棉纺织品，也被用于漂亮的条纹西装外套、男女阔腿高腰裤以及带有分层裙摆和花边领口的及踝连衣裙。

2019 纽约时装周上，将供应链带回农民手中。

前中扣合的衬衫式连衣裙由绗织面料裁剪制成。绗织是一种在编织织物之前先对线或纱线进行抗蚀剂染色的技术。由于表面设计是在纱线中而不是在完成的布料上进行的，因此两个织物面都被图案化了。衬衫裙穿在带流苏的条纹及踝裙外，并用对比色皮带固定。绗织也用于其他服饰中，例如及膝长的风衣。蜡染布采用粉红色和黑色色调，制成易穿的裤子和衬衫，拖地长和服和方形大衣。该品牌还生产儿童服装。

2020 春夏系列，采用飘逸优美的荷叶边，剪裁舒适。

轻柔的褶皱从合身胸衣的高腰处垂落，形成四层带荷叶边饰的裙摆。整条裙子的棕榈叶印花采用多向印花和抗蜡染色技术。领口和盖袖处饰有窄褶。同样的印花也使用了靛蓝色——一种从木蓝植物中提取的深蓝色，用于宽袖上衣和宽大的拼布长裤，以及合身的衬衫和短裤。

坦波丽伦敦

Temperley London

　　坦波丽伦敦凭借其地道的英式时尚手法在全球时尚市场中占有一席之地。坦波丽伦敦在设计中折中地融入多种装饰源，并谨慎地将波西米亚风与怪异风相结合。设计师爱丽丝·坦波丽（1975—　　）与其丈夫拉斯·冯·贝尼格森于2000年的伦敦时装周推出该品牌，其特色为精美的钉珠与刺绣、嵌花针织，以及品牌所特有的印花与皮料。

　　坦波丽从中央圣马丁艺术与设计学院毕业后，在伦敦皇家艺术学院继续学习面料与印花技术。最初，她创立的是自己的同名品牌爱丽丝·坦波丽。1999年，她获得英国年度印花设计师奖；2004年，她获得《世界时装之苑》风尚大典颁发的年度新生设计师奖。2002年，第一家坦波丽精品店开设于伦敦的诺丁山。此后，三家独立精品店相继在纽约（2003）、洛杉矶（2005）、迪拜（2008）开业。她每年设计四个套系，其中包括成衣系列、婚纱系列、配饰系列和独家供应的黑标晚礼服系列。

　　2010年，坦波丽的姐妹产品线"爱丽丝"问世，每年也推出四个套系。该品牌的设计在伦敦的诺丁山完成，将英伦风融入价格适中且便于穿着的单件服装中。2009年秋冬系列，坦波丽用为期两天的在线发布会取代了传统的T台秀。

◀ 2008年，蕾丝与皮料的结合是其标志性的装饰，打造出性感外形。

2003 白俄罗斯风格的貂皮帽，再融入莱昂·巴克斯特芭蕾舞元素。

淡褐色公主舞会礼服饰以黑色钉珠和磁盘外观的镂空贴花，体现出坦波丽对单色图案的偏好。此外，黑色毛衣连衣裙饰以白色穗状钉珠，搭配的白色缩绒羊毛短款外套用黑色点缀，展现出哥萨克传统裙装的风格。带有纹理的高领毛衣，颈部收边，袖口饰以黑色包边，下搭黑色过膝荷叶边半裙。

2010 意大利即兴喜剧里的角色风格。

猩红色单肩连衣裙饰以沿衣肩落下的荷叶边，搭配的宽腰带上用慢跑的小马点缀；铜制铆钉布满裙边和颈边。五角图案嵌花针织和条纹上衣衬在紫色背心上衣和无袖连体衣内。紫色衬衫裙饰以竖条围裙，搭配灰色夹克，并配以马戏表演帽。

2007 本套秋冬系列运用轮廓分明的剪裁和大胆的色彩——钴蓝色和橘色，并融入蕾丝及镀金装饰。

钴蓝色雪纺衬衫裙饰以细微收褶袖和黑色编织衣领，上配丝绒波列罗上衣，下搭挺括的收褶包裙，黑色宽腰带穿过裙上的钉扣腰环。鸽灰色男性风马裤也饰有绸缎腰带环，在过膝处收紧，搭配黑色雪纺衬衫裙，并饰以黑色蕾丝边。端庄的外套和连衣裙饰以特大的彼得潘领，套袖沿过肩的缝骨包边；搭配的皮草围巾有固定的纽扣和口袋。紧身连衣喇叭裙选用明亮的橘色或奶黄色双层雪纺绸，饰以重工钉珠过肩，长款至脚踝；短款则搭配丝绒紧身裤。真丝罩衫连衣裙的裙边印有抽象涡纹图案印花，外搭剪裁简单的黑色外套。

塔库恩·帕尼克歌尔

Thakoon Panichgul

　　从2004年品牌创立之初，塔库恩的定位就很清晰：简洁的造型通过混合面料的纹理和色彩对比展现别具一格的风格，引人注目。设计师这种随性的设计吸引了不少粉丝，也使得该品牌被誉为低调耐用的女性品牌。2008年，米歇尔·奥巴马也成为该品牌的用户。美国《时尚》杂志的掌门人安娜·温图尔也颇为赞赏该品牌，从而使得塔库恩于2007年获得与盖璞合作的机会。

　　塔库恩·帕尼克歌尔（1974—　　）出生于泰国清莱，11岁迁居内布拉斯加州的奥马哈市。1997年在波士顿大学获得商科学位；2001年至2003年，他继续在帕森斯设计学院学习。2004年9月，塔库恩设计的第一套成衣套系问世。塔库恩凭借自己的能力，恰当地展现服装的比例与造型，成功把握市场中的发展机遇，很快就成为时尚媒体、顶尖时尚编辑和造型师的新宠。

　　除了与盖璞的合作以外，2006年，塔库恩还与玖熙合作推出了配饰产品线。2010年，他还展开了与霍根、塔吉特，以及阿洛哈的合作。2009年推出的副线品牌"塔库恩加"价格较为亲民，其产品均为由纽约设计师将塔库恩奢华的走秀款式改为较为实用耐穿的服装。

◀ 2010年，大圆领雪纺绸连衣裙选用多种款式、不同大小的印花，同时运用收褶、穿插的手法营造层次感。

2006

塔库恩的第二季时装秀继续其低调妖娆的风格。

运用错视法的绸缎连衣裙，上衣为紧身胸衣款式，裙身饰以垂直口袋，内着的打底衫与其形成鲜明对比，搭配的贝雷帽则展现出巴黎人整洁的时髦。享有专利的靴子也是本场秀的特色，搭配利落的白色收褶亚麻上衣，或袖口用雕刻的皮料装饰。裙边和衣边则以白色丝带或蕾丝装饰，为模板式的刻板服装增添了几分时髦。短袖或七分袖则着重展现朴素年轻的手腕上的精美饰品。束腰外套的方形露肩领及白色锦缎西装的柔软衣领，则延续本场秀端庄的风格。

2011

闺房风格的性感套系营造一致的故事情节。

裸色丝绸质地宽松直筒连衣裙，用束腹衣的钩眼扣带修饰。与之形成鲜明对比的是利落的白色凸纹收腰骑士夹克，露出内着的亚麻衬衣衣边。英国土舞风刺绣束腰连衣裙，很讲究地用钩眼纽扣带收腰，且镶嵌的透明猎装口袋也表现出设计心机，内着轻薄的雪纺衬裙。小枝叶印花薄纱上衣用细绑带固定；搭配的宽松白色纬缎裤装上也印有相同的印花。

2009

本套春夏系列具不真实的轻柔触感，与塔库恩惯常的美丽风格颇为不同。

柔软的印花水晶欧根纱收褶连衣裙，饰以透明多层横条和带披肩的衣领。该套系还配有靴子和高跟凉鞋，而香奈儿风格的开衫套装则以收褶雪纺代替经典花呢。拘谨的蝴蝶结衣领衬衫在哈伦裤的衬托下，多了几分生动气息。该套系的色彩以静谧的中性色为主，只有一件短款绸缎印花防尘外套是鲜艳的红宝石色，套在印有小枝叶图案的比基尼式晚装外。插肩大衣则运用收褶和生褶来弱化颈部的缝合线。风衣以透明的宽绑带为特色，而晚礼服则饰以一层褶边雪纺。

汤米·希尔费格

Tommy Hilfiger

　　汤米·希尔费格（1951—　　）以常青藤经典男装为基础，设计领尖带扣的衬衫、卡其裤和运动上衣等休闲运动服装，其红白蓝标识是典型美国青年的服装上的常见标识。希尔费格的设计主要集中在改造与更新过程上，而不是创新。其设计年轻且具亲和力，价格也亲民。

　　希尔费格的经历是展现决心与韧性的绝佳案例。20世纪70年代后期，希尔费格在美国北部创建一些管理松散的连锁精品店倒闭后，迁居至纽约，开启自由设计师的生涯。1985年，汤米·希尔费格男装品牌在莫汉·梅真尼的资助下得以问世。1988年，希尔费格买下梅真尼所有汤米·希尔费格品牌的股权，并与香港制造商曹奇峰结成同盟。1992年，该公司上市，并进入快速扩张期，每年支出2000万美元用于打造品牌知名度。1996年，希尔费格推出女装系列。该品牌当年营业额超过5亿美元。

　　希尔费格品牌的个人生活产品延伸至童装、眼镜、香水、运动装及室内装饰品。2004年，高端品牌H.希尔费格问世。此后，希尔费格被风投公司安佰深收购；而后，又被安佰深以30亿美元的价格出售给卡尔文·克莱恩的东家PVH集团。2012年，希尔费格获得了美国时装设计师协会杰弗里·比尼终身成就奖。希尔菲格继续担任该品牌首席设计师。

◀ 2019年运动休闲系列，反复使用了该品牌最喜欢的红色、白色和蓝色。

1997

该套系展现了品牌标识的重生过程；在此过程中，产品与品牌均借用了蒙德里安风格的绘画风格。

此前，希尔费格的巨额营销费用，主要用于请名模和说唱明星代言；而本阶段希尔费格开始控制营销费用，且品牌知名度也进入新层次。整个运动套系的主调就是品牌本身：商标的颜色与图案构成完整的产品结构，从而使红白蓝标识获得永恒的认知。对品牌标识的反复强调还表现在夸张的多线条上，在说唱风格男装（夸张的粗布工作服和滑雪衫）中尤为突出。

1988

旧日光辉，今朝财富：该希尔费格套系运用了典型的美国雅皮士配色。

深蓝色衬衣扎入及膝百褶裙内，外搭红色开衫；最外层天鹅绒衣领的深蓝色外套，其黄铜纽扣为服装增添了几分生动气息。20世纪80年代中期，希尔费格品牌融资营销团队（田印度设计师莫汉·梅真尼资助）所传达的理念为：通过购买希尔费格品牌所包含的"价值"来体现自己的身份与品位。

2007

希尔费格通过运用细条纹、法兰绒粗呢大衣、社团领带和牛津布衬衫等元素激发克拉克·肯特的学院色调。

该季男装及女装套系以各种形式的格子为主，经典英式男装为辅。有纹理的打底裤、利落的凸纹布围裙、角质架的眼镜，以及男装的半温莎结，均隐含着常青藤的着装风格。男装的氏族花纹格子呢多种多样，其中包括蜡染布质地的苏格兰高地警卫团格纹、斯图亚特王室格纹连衣裙及格纹裤装。炫丽的红色歌剧手套、主色调的船型高跟鞋，以及搭配的连胸围裙则展现出女性服装的华丽。日常衣柜系列通过重新设定比例和夸大细节来保持新鲜感，如短款粗呢大衣就比A字形大衣更具灵动性。

汤丽·柏琦

Tory Burch

　　美国设计师汤丽·柏琦（1966—　　）凭借她在时尚市场敏锐的商业意识和对客户的准确了解，精准地确立了其品牌定位。因个人经验与偏好，舒适时髦是她对现代服装的一贯理念，因此，她会借鉴一些现代运动服装的元素，但并不局限于此。柏琦一直保有她自己的美式时尚敏感度，她会在设计中融入波西米亚风的色彩、印花和纹理，也会在美式时装中加入一些完全不同的元素，如形象的印花、鲜明的色彩（充满生气的橘色和橄榄绿色）和民族特色的细节。该品牌产品线涵盖成衣、手包、鞋履和珠宝系列。

　　柏琦生长于费城城外的一个农场，先后在拉夫·劳伦、王薇薇和罗意威工作过。这些工作经历让她发现了价格亲民的奢华精美服装这一空白市场。汤丽·柏琦的前夫克里斯·柏琦是一位风险投资人。2004年，她在克里斯的资助下，于其曼哈顿的公寓中推出自己的第一条产品线，而克里斯至今仍是该品牌的联合主席。一年后，奥普拉·温弗瑞在节目中将柏琦誉为"时尚界的下一个大人物"，使得该品牌家喻户晓。汤丽·柏琦的精品旗舰店开设于纽约市中心，布置得更像柏琦的私人住所，而不同于传统的零售商店。2005年，该精品旗舰店获得国际时尚集团颁发的最佳零售理念新星奖。她的所有精品店均饰有橘色的亮漆门和镜面墙。2007年，柏琦成为美国时装设计师协会会员。希拉里·斯万克、卡梅隆·迪亚兹和乌玛·瑟曼等明星是该品牌的粉丝。

◀ 2019年冬季的人造皮草大衣，搭配茶歇裙，彰显了该品牌的易穿性。

2007

便于穿着的百搭套系，配以芭蕾平底鞋。

针织连衣裙搭配精美的针织开衫，内衬印花泡泡袖衬衫，打造出微妙的层次，展现淑女的正式着装风格。该套系服装还包括直筒连衣裙、收口风衣、搭配前开扣半裙的印花两件套。所有服装均搭配圆头芭蕾平底鞋，鞋头均有T字圆形浮雕标识，并以设计师母亲的名字列娃（Reva）命名。

2011

橘色调为20世纪70年代风格的裙装风格注入现代休闲服装的活力。

类似瑞士童话女主角的荷叶边紧身连衣裙，其抽象印花灵感源于豹纹，展现出成熟魅力。较为克制的装饰是本场春夏时装秀的另一特色：垂坠的双绉橘色有领衬衫搭配轻佻的及膝半裙，或前褶皮裙，或竖条纹西裤。

2010

该秋冬系列融合了斑点和窗格元素，不对称的花呢和轻柔的针织衫打造装饰精美且剪裁考究的高端休闲时装。

低腰蓝色牛仔裤搭配肩线加固的蕾丝细针针织毛衣，再配上露指手套、厚重的靴子，以及柏琦最爱的亮橘色防雨帽装饰。单面平纹针织上衣衬在金属色束腰连衣裙内，腰部用盔甲形状的腰带束起。有纹理的光皮、麂皮、羊皮，以及缩绒羊毛打造出夹克、短裤、短裙及毛衣。印有"DIVINE DIVINE DIVINE"（意为非凡）粗体字样的毛衣表现穿着者的与众不同。借鉴抽象表现主义的喷溅和涂鸦为连体裤增添几分灵动气息，外套深宝蓝色风雪大衣。平纹针织打底衫衬在富有光泽的皮草披肩或海狸皮毛马甲内。驼色七分袖外套内搭有纹理的做旧花呢上衣；同样面料的西裤则搭配短款箱型夹克。

温加罗

Ungaro

　　伊曼纽尔·温加罗（1933—　 ）是20世纪60年代高级定制时装的设计先锋，与安德烈·库雷热和帕科·拉巴纳齐名。1965年，温加罗在埃琳娜·布鲁纳·法西奥和瑞士艺术家索加·纳普的帮助下开设了自己第一家高级时装工作室。尽管温加罗此前曾师从裁缝大师巴伦西亚加，但他并未遵循时装设计的传统，而是开创了精确的剪裁与朴素的版型，与20世纪60年代的极简主义步调一致。他还将裙装剪短至前所未有的长度，并使用鲜艳的色彩。1973年，男装品牌"Ungaro Uomo"问世，十年后，他推出首款香水"Diva"。

　　20世纪80年代高级定制时装的复兴、美元体系的强大，以及成衣的高价都预示着该工作室的成功。其间，温加罗与香奈儿、迪奥、纪梵希、圣·洛朗齐名为"五大"。温加罗所特有的极女性化连衣裙，色彩鲜艳，印花生动，完美地包裹身体，又颇具垂性——迎合了当时对社交奢华穿着的需求，进而获得国际声誉，尤其受美国客户欢迎。

　　2005年，温加罗将品牌出售给互联网企业家阿西姆·阿布杜拉后退休。此后，许多设计师相继离开。2007年，哥伦比亚裔设计师伊斯特班·科塔萨尔拒绝与林赛·罗韩合作，并以两年后的离职收场。随后，颇受争议的罗韩被任命为该品牌的艺术顾问，而正是这一决策毁掉了该品牌的声誉。2010年至2011年，该公司任命英国设计师贾尔斯·迪肯为创意总监。2012年，法奥斯托·普吉立斯继任。2017年，马可·科拉格罗西上任。

◀ 2009年，伊斯特班·科塔萨尔重现了温加罗标志性的褶边紧身连衣裙。

1965

温加罗推出首套大胆创新的日常着装。

从头开始包裹整个上半身的连帽披风和配套的灯笼裤，表现出温加罗对正统时尚的抗议。设计师故意避开晚装这一高级女士时装的主要产品，在自己的首套时装中仅展现日间服装。20世纪60年代，因成衣业的发展，时装结构发生了很大的变化。

1988

"新巴洛克式"套系，迎合过度消费的20世纪80年代。

紧身连衣短裙、肩部的夸张装饰，体现出温加罗的特色——设计师在此时达到巅峰，成功地为纽约富有的社会名流设计时装。对角垂褶、裙身收褶、显眼的衣肩和羊腿型衣袖，均通过宝石色泽的真丝提花面料来展现，印花与图案混合，再配以生机勃勃的花朵。此时，20世纪80年代晚礼服开始替代商务场合的硬朗着装。

1972

复古的春夏日常着装，网球服式的饱和白色表现出几分活泼；整套服装在未来主义的家居背景下拍摄。

剪裁考究的白色连衣裙，其前中心门襟开至臀部，及膝裙的刀褶也正从此处开始。与连衣裙同材质的细腰带修饰腰线。20世纪70年代早期，时装风格受到20世纪40年代风格的影响，该套装展现出复古风，其配饰风格更突出：东方头巾、串珠装饰，以及20世纪40年代风格的系带粗跟鞋。温加罗此前的审美均剔除了现代主义风格，而该套系微收褶的衣袖、束紧的长袖口和松散的大蝴蝶结，则保有当代的朴素与实用。在时尚不断变化的时期，温加罗受反传统文化至上的理念影响，通过供给定做时尚前沿服装来保持自己在时尚界的影响。

1996 奢华的服装、华丽的面料打造惹眼的时尚盛宴。

猩红色女神全长礼服在大腿中部分层，接合处用花朵蕾丝边修饰，裙边用鹈毛装饰，再配以黄色透明披巾和手套。该套系涵盖公众活动的日常着装、酒会礼服、晚礼服，以及礼仪着装，层次感是贯穿始终的主题。花朵饱满的颜色、带有外壳的精美蕾丝，被滚边、绑带夹克和大衣这类朴素的日常着装所调和。包裹围裙与束腰外套搭配，并间隔露出衣表。

2003 世纪末闺房套系，灵感源自红磨坊。

绚丽的网纱帽向上翘起，轻盈的睡衣和桃红色绸缎斜裁长袍成套展出，剪裁紧身包身形——该套时装套系展现出"美丽年代"（译注：指第一次世界大战前，巴黎歌舞升平的年代）的奢华无度。设计师将渐变花朵茶会礼裙改裁成垂褶低领紧身上衣。深V领白色玫瑰印花连衣裙饰以真丝绢网泡泡袖，再搭配一串黑玉项链。修身短外套搭配印花哈伦裤，饰以一根香烟从红唇上落下的奇异贴花。

2001 秋冬高级定制时装套系，灵感源自当时对历史文化的过度引用。

外形类似兽皮的单肩连衣裙，随意包裹周身。动物图案通过各种形状的亮片和棕色系的伪装色在本场秀上反复出现。胯部以镶嵌装饰的宽腰带，用圆形铜扣扣紧，颈部用穗状串珠、玛瑙贝壳装饰。该套系中还融入了其他多种文化元素：全长的西顿古装、刺绣围裙，以及垂褶短袖上衣。透明的蕾丝鱼尾裙摆连衣裙，颈部用羽毛装饰；刺绣真丝和天鹅绒歌剧大衣则体现出设计师深受保罗·波烈的影响。

2006 挪威设计师彼得·邓达斯打造富有活力的优雅。

弗拉门戈舞蹈式的拖尾裙，其阶梯式收褶的荷叶滚边绸缎沿无肩带松石绿色衣身部分落下。

2011 贾尔斯·迪肯的首场秀展现出该品牌向灵动优雅的方向回归。

该套系以荷叶边与奢华装饰为特色。蕾丝衬衫领口的长领结扎入搭配的八分裤中。

2018 出自马可·科拉格罗西的超女性化鸡尾酒会礼服。

及至大腿的层叠短裙上印有大量深红色和紫色玫瑰花，背后则带有及地拖尾，同样的印花还用于宽松的连衣裤。提花面料制成了浅粉色和绿色的毛边风衣，以及带有抹胸和泡泡裙的迷你鸡尾酒裙。

华伦天奴

Valentino

　　意大利设计师瓦伦蒂诺·加拉瓦尼（1932—　　）的设计吸引眼球，细节精致，颇受追求奢华享乐的社会上流人士的喜爱。他们纷纷签约订购瓦伦蒂诺的设计，而他也因此积累了不错的国际声誉。精美绝伦的设计是他半个世纪的设计成果。其设计生涯始于他离开家乡，在巴黎艺术学院和巴黎时装业公会学校学习。在巴黎的这段时间，他曾在让·德塞给杰奎琳·德里贝斯当学徒，之后在姬龙雪工作。

　　1959年，瓦伦蒂诺回到罗马，开设了自己的工作室。次年，他将工作室搬到孔多蒂街，其事业进入新高度。瓦伦蒂诺的长期生意合作伙伴詹卡洛·贾梅蒂凭借其商业才能，推动了他们以罗马为基础的高档时装工作室的发展。1967年，推出的知名"纯白"系列和"V"品牌标志，赢得了久负盛名的内曼·马库斯奖。1969年，瓦伦蒂诺在米兰开设了自己首家成衣店；随后，在罗马开设了第二家。此后，该品牌在20世纪70至80年代迅速扩张。

　　2006年，瓦伦蒂诺被授予法国荣誉军团勋章。2007年，从事了50年设计工作的瓦伦蒂诺退休。在巴黎的告别秀上，一群身着华伦天奴特有红色的模特簇拥着这位设计师。2009年，皮耶尔·保罗·皮乔利和玛丽亚·格拉齐亚·基乌里被任命为首席设计师。2016年，在基乌里离开去迪奥后，皮乔利担任该品牌唯一的创意总监。

◀ 由玛丽亚·格拉齐亚·基乌里和皮耶尔·保罗·皮乔利共同设计的2011年春夏高级定制时装。

1970

嬉皮士的高级时装版，在罗马的君士坦丁凯旋门前拍摄。

全长大衣展现了奢侈版时装的新长度。瓦伦蒂诺在其设计中融入当代流行元素：民族风的色彩和图案，有纹理的拼接外套和波西塔诺式的绢绸设计。贴身剪裁的大衣饰以高耸肩和高腰线；同时，细腰带和简洁的高领则进一步突显其修长的版型。宽檐高顶帽这一元素表现出嬉皮士风已融入高端时尚。

1968

华伦天奴享誉盛名的"纯白"系列——带有著名"V"品牌标志的纯白春夏系列在罗马展出。

这套"纯白"系列在罗马的公寓内展示，由美国非具象艺术家塞·托姆布雷指导布置。女士套装为镶嵌珍珠的外套，套在全长连衣裙外；饰有褶边的男式衬衫，则搭配尼赫鲁式外套——男女套装风格匹配，优雅迷人。及膝A字形修身大衣，其上方两边的对称口袋上有标志性的"V"形镂空花纹；此外，该外套的另一特色是上腹部的车缝褶装饰。两种套装都配有高顶帽，配以适应蓬松的发型。直至20世纪60年代中期，瓦伦蒂诺被视为意大利高级时装无可争议的先驱，成为富豪们的御用设计师，其客户包括伊丽莎白·泰勒和马里莎·贝伦森。1968年，杰奎琳·肯尼迪与亚里士多德·奥纳西斯的婚礼上，杰奎琳就身着瓦伦蒂诺设计的白色蕾丝连衣裙。

1989

华伦天奴在巴黎的高级定制时装秀上，打造T台上的终极优雅。

德沃尔式的蕾丝披肩搭配性感的鸡心领口无肩带黑色天鹅绒晚礼服。真丝塔夫绸三角形补丁在大腿处接合，并饰以蝴蝶结，直至脚踝，打断整件连衣裙的线条连贯性。银幕女神丽塔·海华斯的同款礼服和加长的歌剧手套，重现了电影《吉尔达》（1946）里的场景。

1995 高级定制系列：黑色小礼服和剪裁考究的日常着装。

由娜奥米·坎贝尔展示的挂脖连衣裙，其裙身部分用垂褶丝硬缎装饰，配以蝴蝶结歌剧手套和黑白羽毛头饰。闺房风的酒会礼服，紧身上衣为扇形边黑色蕾丝，裙身两边的衣片上用精美的褶皱雪纺绸拼接。日常着装则主要为剪裁考究的粉色系方肩西服，扣至颈部，搭配配套的铅笔裙。

2005 贵族面料将精巧的城市风融入乡村经典之中。

双排扣羊毛大衣配以柔软的腰带装饰，也有奢侈的羊驼绒质地的同款。此外，本套系还有：厚实的阿兰花本色羊毛毛衣；翻驳领包身开衫搭配经典的格纹花呢、细条纹或灰色法兰绒。V形图案的无袖皮草马甲饰以螺纹针织高领，套在工作服外；氧化锡油布披肩则起到了保护作用。

2003 与众不同的"华伦天奴红"主题秀——享有专利与注册商标的深红色，首次以晚礼服的形式出现在设计师1959年的处女秀上。

全长修身晚礼服成衣系列，光线式斜裁散褶打造飘逸的效果。裙褶末端用双层宽丝带包边，增加裙边的宽度——这一技巧贯穿整场，在晚礼服或日常着装的长款或短款中均有应用。华伦天奴的标志红连衣裙，其腰部用塔夫绸宽腰带装饰，上衣部分用染成同色的鸵鸟羽毛制成。此外，红色礼服系列还有斜裁连衣裙，饰以亚光与光滑绸缎交叉带；细肩带直筒荷叶边连衣裙；浓郁的帕尔玛紫罗兰绸缎风衣内搭配套的短裙和蕾丝上衣；黑色与古铜金色使奢华晚礼服带来视觉冲击。

2018 成衣系列，引人注目的外形轮廓和鲜艳的色彩。

皮耶尔·保罗·皮乔利设计的系列中，华伦天奴红用在扇贝状边缘的大衣上，在稍暗红色色调的短裙开口处露出更多的扇贝形状，整个系列都贯穿了这一特征。宽松的裤子外搭舒适的带纹理外套，并带有醒目的白色印花。同样的主题也用于单肩礼服和长型毛衣连衣裙中。

2007 亚历山德拉·法奇雷蒂的首场高端定制时装秀。

这款修身西服带有方形纽扣口袋，宽立领带有丝绸缎面轮廓，中间用蝴蝶结绑起来。

2010 飘逸的连衣裙选用轻盈的面料，打造浪漫套系。

柠檬色真丝欧根纱连衣裙，多层旋涡在腰部聚拢，呈瀑布状向四周展开，波涛起伏，直至裙边。

凡妮莎·布鲁诺
Vanessa Bruno

　　凡妮莎·布鲁诺（1967—　　　）为偏爱波西米亚风的高级职业女性创造了成衣时尚，其客户凡妮莎·帕拉迪丝、夏洛特·兰普林、夏洛特·甘斯布完美诠释了其特色。布鲁诺以其锋利的剪裁、精巧的层叠手法而闻名，而她设计的配饰尤其受大众追捧。布鲁诺设计的大手提包"sac cabas"和柔软的半月形皮包（以其女儿的名字命名）是每一套系必不可少的配饰。她所特有的时尚敏感度源自其家庭背景与训练。布鲁诺的母亲是一位丹麦模特；她的父亲创立了艾曼纽尔·卡恩这一颇具影响力的品牌，该品牌也是法国20世纪60年代成衣运动的先驱。布鲁诺15岁的时候就成为了一名模特，但之后还是选择设计为自己的职业，并在巴黎的多罗蒂·比斯和米歇尔·克莱恩接受专业训练。

　　布鲁诺的设计于1996年首次在巴黎高端百货商店乐蓬马歇百货出售，并赢得一批忠实客户。与同道的法国品牌阿尼亚斯贝一样，布鲁诺的设计颇受日本人喜爱。她的首个精品店于1998年在巴黎开张；随后，在东京、澳大利亚、中国台湾、韩国和科威特都开设了分店。2010年，伦敦分店开业。她的同名品牌增设子线"Athé"，以低调休闲服饰为主，在展现流行趋势的同时，价格更为亲民。2018年，布鲁诺在安纳西、多维尔和里尔开设了三家新的精品店。

◀ 2010年的蜘蛛网套系以拘谨的蕾丝和皮袖口为特色，其灵感源自闺房印花。

2007

维多利亚时代的哥特风邂逅现代都市人，同时重现了浪漫极简主义。

剪裁严谨的短外套内露出带帽斗篷式上衣，其拼接的围巾围住肩部。该套系几乎全是单一色：从雪白色到炭灰色，偶尔闪现驼色。芭蕾交叉绑带高跟鞋为刻板的外形增添几分柔美；羊绒、绸缎和羊毛等面料的应用也起到了同样效果。伊莎多拉·邓肯式丝巾搭配保守的纽扣衬衣。许多大衣和连衣裙都在腰部配以收紧的腰带，而严格系带的和服则将此特色发挥到极致。

2011

帆布包上印有20世纪50年代风格印花，夏威夷风情的花环，增添其女性魅力。

剪裁考究的橙色短裤、镂空蕾丝上衣、纤细的连体衣、简单的夏装连衣裙，以及20世纪50年代风格的花朵家居服，都配以打眼的印花大手提包。布鲁诺还将旧粉蓝色卡沙雷尔式的印花应用于直筒连衣裙、短裤、过臀外套和精美的凉鞋，且均以配套的面料褶皱包裹装饰。惹眼的鹦鹉蓝色调刺绣T恤搭配七分裤和印花马靴。晚装则是淡紫色和红铜色的短裤套装。

2009

日间为西装短裤套装，晚间则为"54号工作室"的怪异着装；该春夏系列将20世纪70年代的垂褶细节与金属色相结合。

直筒短裤的简洁线条，与男友风的宽松耸肩夹克以及莱娅公主式的披肩形成鲜明对比。如瀑布般的白色全长露背连衣裙在腰部收紧；直筒宽松连衣裙和牛仔花边则是借用电影《2001太空漫游》（1968）中的元素。布鲁诺最爱的真丝与焦橙色、芥黄色和棕色色调融合，与太空时代的光亮金色形成鲜明对比，引人注目。黑玉色连衣裙饰以锯齿状领口，套在宽松的T恤外——外星生命与20世纪80年代的身体在文艺复兴文化中相遇，划破的连衣裙露出内里T恤的金色及拘谨的波列罗褶边包边。

王薇薇

Vera Wang

  王薇薇是奢侈婚纱礼服市场数一数二的品牌。王薇薇（1949— ）在寻找完美婚纱未果之后，创立了自己的公司。她是出生于纽约的华裔，最初规划的职业是一名专业滑冰运动员，但当她在莎拉劳伦斯学院学习时，不堪滑冰训练的重负而放弃了这一规划。1971年，她改学艺术史专业；此前，她曾到巴黎短暂停留过一段时间。王薇薇踏入时尚行业的第一份工作是《时尚》杂志编辑波莉·梅伦的助理；而后，23岁时成为资深时尚编辑。王薇薇在《时尚》杂志工作了16年；而后，1987年跳槽至拉夫·劳伦，任配饰产品设计总监。

  1989年，王薇薇嫁给商人亚瑟·贝克。她在寻找适合自己的婚纱时发现，当时大多数婚纱礼服都以较为年轻的新娘为目标客户，低调优雅的婚纱市场则是一片空白。1990年，她在纽约麦迪逊大道上高档的卡莱尔酒店展厅推出自己的品牌。王薇薇在竞争激烈的时尚婚纱市场获得的成功，源于她提升了客户的整体体验，融合了婚礼的各方面细节，营造了独一无二的奢侈场景。

  1993年，王薇薇晚礼服产品线问世。2001年10月，作为高端婚纱的权威，王薇薇出版了自己的第一本书——《王薇薇的婚礼建议》。2002年，她与联合利华化妆品国际公司签约推出了自己的首款香水；2004年，推出了同系列的男式香水。

◀ 2020年，带褶饰边的真丝雪纺，搭配法兰绒塔巴德式无袖短外衣，带来中世纪风情。

2003 该春夏系列以真丝、绸缎和蕾丝为主要元素，同时谨慎地运用透明手法展现闺房风的女性魅力。

精美的风琴褶对襟外套在腰部用裸色蕾丝丝带收紧，搭配同色半裙，其荷叶裙边散开，如雪纺卷须泡沫。此外，柔和色调印花晚礼服也应用了类似的手法：高腰线缝骨处的镶嵌蕾丝突显身材比例。该套系的裙装均以王薇薇标志性的鱼尾裙边收尾；20世纪30年代好莱坞式的优雅连衣裙也同样如此——淡黄色光滑绸缎斜裁鱼尾连衣裙，垂褶的文胸式上衣则用隐形肩带牵起。

2000 极简的装饰与干净利落的剪裁将奢侈时尚与传统相结合，是王薇薇婚纱审美的关键。

突出骨感的婚纱礼服，无肩带紧身上衣延展成圆形围裙，层叠在真丝欧根纱蓬蓬裙之上，并配以简单朴素的绢网面纱，沿礼服的线条自然垂下。王薇薇设计的婚纱礼服的版型，使新娘有了更多选择，而不再仅限于20世纪80年代千篇一律的皇冠头饰、塔夫绸和带内衬的裙装。王薇薇以其"越少越精"的理念，将无肩带紧身婚纱推向流行。而在此之前，人们认为在婚礼上露出手臂和肩膀是不得体的。王薇薇设计的直筒版型的婚纱，通常以鱼尾边和简单低调的装饰点缀，为高端时尚婚纱注入了新的优雅理念。

2006 西部大开荒风格被华丽的锦缎和马蒂斯式的色彩所驯服。

王薇薇在栗色真丝塔夫绸晚礼服中融入便服的元素，其灵感源自美国西部酒吧神秘的"寻欢作乐的女子"。波纹塔夫绸和锦缎制成羊腿袖外套和南瓜裙，搭配的皮带和粗跟凉鞋则增添了几分硬朗。解构绸缎外套散落在两肩之下，用丝带蝴蝶结收起。

范思哲

Versace

出生于意大利的詹尼·范思哲（1946—1997）以其奢华的设计风格闻名，也是超模时代的幕后推手。1993年，他曾让五大名模——克丽丝蒂、琳达、娜奥米、塔季扬娜和辛迪——同台竞技。范思哲出生于意大利的雷焦卡拉布里亚，1972年开始设计师生涯。他先后在康普利斯、珍妮和卡拉汉工作，而后于1978年创立了自己的品牌。

范思哲以美杜莎头像作为品牌标识，暗指设计师的作品中融入了经典历史元素。超级性感的连衣裙，连安全别针也与众不同——在英国名人伊丽莎白·赫莉身着这件礼服参加电影首映式后，范思哲的名字便登上了各大报纸头条。1989年，他开设了范思哲工作室。在此后的十年间，范思哲专门为富豪提供定制服装的服务。他将炫目的色彩组合应用于修身服装之上，开创时尚界的先河。1990年，范思哲在妹妹多娜泰拉身上找到灵感，推出了范瑟丝这一更为年轻化的子线品牌，并交由妹妹掌管。

1997年，詹尼·范思哲去世，多娜泰拉·范思哲接管该品牌。在她掌管后，该品牌的风格从詹尼时代的极度优雅转向较为内敛的审美，通过垂褶、收褶等处理手法，以及较少的装饰来展现。2008年，多娜泰拉·范思哲聘请克里斯托弗·凯恩，复兴了范瑟丝，随后安东尼·瓦卡雷洛和乔纳森·威廉·安德森上任。迈克尔·哈珀现为该高级时装工作室顾问。2018年9月，范思哲宣布，卡普里控股公司收购了黑石集团和范思哲100%的家族股份。

◀ 2010年，由多娜泰拉·范思哲设计的金属色皮质连衣裙，兼具动感与魅力。

1991 精巧的版型与绚丽的色彩搭配；古典风格中融入超现实主义与流行艺术。

印花色彩绚丽的超短连衣裙，外搭卷边袖超大宽松外套。该套系由健康身形的当代职业女性展示，诠释旧时的好莱坞式优雅，与当时盛行的骨感模特形成鲜明对比。范思哲的设计风格标志着垃圾摇滚风格被淘汰，同时，建立了名人与时尚的关系。连衣裙上玛丽莲·梦露和詹姆斯·迪恩的头像则表现出范思哲对名人脸孔的痴迷。

1994 较为内敛的现代高级定制时装，源自范思哲工作室推出的春夏系列。

新古典主义风格的套系以古罗马外袍、飘逸的全长女神连衣裙为主打。短款金色平纹针织连衣裙，其衣身部分为垂褶，裙身则以收褶装饰。1994年，范思哲因其安全别针连衣裙成为全球时尚媒体的焦点。在他的成衣套系中，安全别针如同珠宝配饰，反复出现，其作用主要是预防开叉的连衣裙走光。范思哲工作室推出的套系更为成熟，仅有一些低调的细小装饰，如紧身衣上的镀金狮头扣。

1992 纯正的范思哲式夸张手法将超模带入巴黎名人时装秀的王国。

由克里斯蒂·特林顿演绎的格纹花呢短外套搭配金色蕾丝芭蕾舞短裙，外套上奢华的装饰突显奢华无度的王室风。此外，金色拖地风衣外套，内衬上印有蔚蓝色、黑貂色和金色S形的徽章。琳达·伊万格丽斯塔身着焰红色喇叭裤，搭配简单的白色铆钉T恤，外套金色皮质马甲。在刺激全球性炫耀性消费的年代，范思哲品牌创造了一种堕落的氛围：一切都是金色，从流苏花边到金银线针织西服，再到蕾丝装饰，均为镀金边或金包边。

2000

詹妮弗·洛佩兹身着这件连衣裙走上红地毯时，艳惊四座，完美地展现了范思哲式的暴露性感。

透明飘逸的连衣裙仅在臀部用肤钩扣束起，展现出身体的轮廓；其上的丛林印花色彩绚丽，内搭同色系短裤，巧妙地勾勒出身体比例。此套系还有：挂脖和极简的包裹式全长连衣裙；黑色、桃红色和橄榄绿色紧身缎面裤装搭配紧身胸衣式上衣、修身麂皮外套或对角条纹无袖上衣，其性感程度也毫不逊色。同样的条纹也应用于前打结连衣裙上。

2005

里程碑式的套系，标志着该品牌设计风向的转变：将温柔气质融入性感之中。

及膝连衣裙饰以范思哲标志性的金色印花，展现出该品牌的新手法；同样表现出该品牌的内敛风格的还有：暗纹印花T恤及轻柔的垂褶包裹连衣裙，颜色则以牡蛎色、粉色、淡紫色和柠檬色等柔和色彩为主。但是，该套系还有另一种风格的服装：前开扣的绸缎衬衫裙，其衣扣开至大腿处；暴露的裸色真丝平纹针织泳装；轻佻的挂脖晚装连衣裙，延长至膝盖处，并从大腿处剪裁开；淡黄色狩猎风夹克搭配剪裁讲究的短裤。

2003

数量不多的高级定制套系，粉蜡色女神连衣裙配以工艺精巧的装饰。

带帽连衣裙的帽兜从刺绣肩带挂起，垂褶横跨胸部，而后斜裁延伸至躯干，饰以金属色刺绣。用于装饰的角巾状插片如瀑布般落至地上，衣袖延伸至手腕，如中世纪的长度。多娜泰拉回避了范思哲标志性的风格，并未在裙身的大腿处大刀阔斧，而是通过利用奢侈面料来展现一种更微妙、更低调的性感：鹳毛短外套遮盖了贝壳粉色对角线褶皱连衣裙裸露在外的部分；淡绿色连衣裙的裙身部分饰以杂乱的单条鸵鸟羽毛刺绣。

2020 回归极致魅力。

2020年春夏男装系列，增加了互补的女性着装，豹纹连衣裙被剪短至腰部，额外强调了肩部，紧身皮革连衣裙在两侧绑有紧身胸衣，力求最大程度地挑拨风情。

2006 多娜泰拉将真丝绸缎和光亮的马海毛等闪亮元素融入合身剪裁之中。

两粒扣修长版闪光绸外套内搭真丝印花衬衣和领带，下配低腰裤。灰色精纺羊毛则应用于风衣外套和超大飞行员夹克之上。被誉为"第二皮肤"的牛仔裤，其大腿处紧包，脚踝处微喇，有灰色和白色，搭配深蓝色两粒扣西服，并饰以领带。黑色皮手套则添添了几分硬朗。休闲装系列中，绸缎修身裤装饰以橡胶涂层护膝，搭配连帽毛衣和螺纹长手套。

维多利亚·贝克汉姆
Victoria Beckham

　　维多利亚·贝克汉姆具有丰富的管理经验，从流行乐明星华丽转型为红毯设计师。维多利亚设计的五个套系时装均获得行业及媒体的赞誉，并因此最终在时尚界获得良好声誉，打消外界的怀疑，证明自己就是该品牌背后的设计师。维多利亚首次涉足设计是2004年为摇滚和平品牌设计的限量版产品，名为"VB摇滚"；随后，于2006年推出太阳镜系列及牛仔品牌"dVb Style"。

　　维多利亚最初的设计理念是将剪裁考究的修身版型与极简的装饰相结合，从颈部至小腿，完美修饰身形。维多利亚的品牌由西蒙·福勒的19娱乐集团控股。随着其连衣裙系列的发展——从2008年的12件套至2011年春夏的30件套，该品牌的产品线也随之扩充；旗下产品囊括牛仔、眼镜、香水和配饰。维多利亚的设计审美从迷人的活动礼服发展为宽松休闲、反传统的日装风格，例如宽松外套和裤子，奢华面料和垂褶连衣裙。2014年，她的第一家独立商店在伦敦多佛街开业。维多利亚、维多利亚·贝克汉姆是维多利亚·贝克汉姆成衣的姊妹产品线，产品主要有牛仔服装和维多利亚T恤。2017年，维多利亚·贝克汉姆被授予大英帝国勋章，以表彰她对时尚行业的贡献。

◀ 2020年春夏系列，维多利亚·贝克汉姆采用同系配色和多层套装设计。

2009

维多利亚·贝克汉姆推出的第二个套系，包含23件立体版型连衣裙。

该秋冬系列将正式的过膝连衣裙做细微的调整，打造流线型轮廓。无肩带紧身连衣裙上衣部分向后折叠出角度，裙边呈微梯形。该连衣裙的线条被腰部周围深弧度的装饰短裙打断，再加上紧身上衣突显的胸部曲线，共同塑造出如沙漏般的身体曲线。裹胸式的衣身突出肩部线条，更进一步加强了该效果。

2011

该春夏系列以塔克和褶裥为特色，同时具有垂坠感。

采用轻盈的降落伞绸，运用垂褶、翻褶等手法打造及踝礼服，腰部用松散的衣结收起，而后在胯部散开，展现红毯式的魅力；浓郁的紫罗兰则应用于同版型的短款之上。晚装系列的双绉面料连衣裙展现了维多利亚·贝克汉姆标志性的沙漏版型，巧妙地利用曲线缝骨，并延长至脚踝。风格迥异的蛋黄色直筒连衣裙则如从身体上轻轻拂过一般。

2010

立体版型套系运用复杂和微妙的图案处理，引用20世纪30年代的漫画《至尊神探》中的人物造型，通过垂褶、缝褶、马赛克图案等手法带来几分柔和气息。

未来主义风格的连衣裙巧妙地利用臀部的箭形缝骨和后背蜿蜒而上的夸张大号拉链，来展现其轮廓；其前中心线移至侧边，形成不对称褶，并延伸至胯部，衣肩与高领连成一线；整件连衣裙被一条宽罗缎带分隔开。焦橙色皱纹呢连衣裙则与之风格迥异：长至大腿中部，腰部镂空；颈部和裙边用缝褶、翻褶装饰，衣袖与衣身一体剪裁，形成无缝合线的整体。晚装系列也有同样版型的无袖连衣裙，其袖口和领口未做包边处理。红毯系列的宝蓝色无肩带连衣裙出奇地简单：沿身体轮廓包裹，胸部以翻褶面料修饰；裸色真丝平纹拖地礼服饰以鱼尾裙摆；不对称的垂褶紧身上衣用罗缎丝带固定。

维果罗夫

Viktor & Rolf

　　维克托·霍斯廷（1969——　　　）和罗尔夫·斯诺伦（1969——　　　）于1992年在阿纳姆美术学院学习期间组成设计团队，并声称要在艺术与服装的结合点上带来巨变，随后，他们迁居巴黎。他们先是在马丁·马吉拉等品牌做实习生，而后制作自己的服装在圈内展示。1993年，他们推出自己的首次公开秀展，将已有的设计进行再制作，并于欧洲青年设计师作品展会上赢得三项奖项。然而，维果罗夫展示的作品和许多同类产品一样，仅是富于想象的华丽，与他们提出的经久耐穿的概念背道而驰。

　　在1998年巴黎时装周期间，他们推出了首场地下高级定制时装秀，成功地被媒体曝光。他们的秀展概念与品牌发展轨迹一致，炫耀其丰富的产品线：成衣系列、男装系列（名为"先生"），以及男式香水和女式香水。该品牌旗下的"Le Parfum"限量版香水不能打开也没有任何味道。他们一方面开展多种怪异试验，一方面于2006年与在24个国家开设250多家店铺的大众市场品牌"H&M"合作。

　　维果罗夫在"两个疯子"的怪癖行为下，巩固了其在全球华丽服饰设计师品牌中的地位。值得关注的是，因其设计师所具备的艺术家特质，该品牌远远超过大多数设计公司，其子线产品则更具可穿性，目前已约定多个国家的16个展会。

◀ 2010年，黑色绢网和收褶真丝打造的立体版型，选用糖衣杏仁色系。

2003

多领西服套装运用了调整色调和几何结构的手法，是该套系中值得炫耀的压轴作品。

该秋冬系列的开篇是蒂尔达·斯文顿身着赤褐色服装，在漆黑的背景下以哈姆雷特的方式独自出场。她在白色宽松衬衣的衬托下显得格外耀眼。该套系通过对已获得知名度的服装元素的复制和尺寸调节，来重新开发，有些外套由五件夹克组成。衬衣领和外套翻领向外延伸重叠；迷你外套和多扣风衣形成鲜明对比。

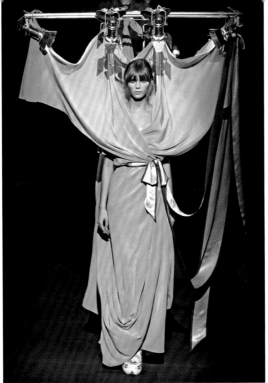

2008

单色套系使用帆布等经典正式的面料。

灰色风衣外套的正面饰以英语单词"NO"的变形体，隐喻该套系的主题：抵抗时尚行业快速变化的步伐。通过独创的服装尺寸调整手法，以及金属面料的随意运用，将帐篷式外套变成褶边窄底裙，或通过将矩形面料折叠，固定成三角衣片，打造修身半裙。

2007

除了戏剧风格以外，创意也是该品牌的一大特色，主要体现在精致的剪裁与面料上。该品牌通过对服装的拆卸和调整比例，配备至全身。

该秋冬系列中的一件连衣裙，以别针固定收褶，沿水平方向包裹身体，延长至袖口。庄重的印花在几何钉珠的修饰下多了几分生气，重工颈圈则增添了历史韵味。服装的重心通过多种方式隐含在各种版型内：完美控制的活褶如旋涡般涌向肩部；提花穗带在腰部聚集，形成精美的荷叶边装饰。服装层次和衣片的尺寸通过直筒包边来界定；平纹短袖制服利用错视法饰以银钉珠贴边。通过仔细观察可以发现面料的精巧性、一致性：衬衫的镜面色格纹也是印花连衣裙的包边；上衣的钉珠花饰与蓝白相间的木底高跟鞋相互呼应。

维维安·韦斯特伍德
Vivienne Westwood

维维安·韦斯特伍德（1941—　　）离经叛道，是20世纪70年代英国朋克运动时期的设计师。当时，社会动荡是前沿时尚的创意催化剂。韦斯特伍德出生于德比郡，曾当过老师，而后在1971年与合伙人马尔科姆·麦克拉伦在伦敦的国王路开设了一家名为"尽情摇滚"（Let it Rock）的店面。1972年，该店面更名为"人生须臾，芳华辞世"（Too Fast to Live, Too Young to Die）；而后，在1974年又更名为"性"（SEX）；最终，在1976年更名为"煽动者"（Seditionaries）。1981年，韦斯特伍德推出自己的首个服装套系，名为"海盗"，展现了她在历史复兴文化和创新剪裁技巧上的专业水平。韦斯特伍德在结束了与麦克拉伦的感情与创意合作后，迁居至意大利。1985年，她推出"迷你蓬蓬裙"，即现在泡泡裙的前身。

韦斯特伍德将17世纪至18世纪的服装版型进行改良，并在服装上使用让−安东尼·华托和弗朗索瓦·布歇的画作。1987年，她首次将内穿的紧身胸衣改版成外衣。韦斯特伍德十分敬重英国工艺传统。她设计的服装使用常年积累的制造工艺，以及展现本土风格的面料（如苏格兰格呢和约克郡粗花呢），并将严谨的结构和激进的设计融为一体。韦斯特伍德帝国由半定制的"金标"系列、"红标"成衣系列、维维安·韦斯特伍德男装及副线"英国狂"（Anglomania）组成。2006年，韦斯特伍德因其对时尚行业的贡献被授予大英帝国女爵士爵位。

◀ 2010年名为"盖亚行星"的套系，创意源自自我调节的行星。

1981 "海盗"套系开创了新浪漫主义的"文化掠夺"概念。

此时的韦斯特伍德迫切地想从20世纪70年代的朋克运动中摆脱出来,她和麦克拉伦首创融合多种元素为一体的手法,将英国17世纪至18世纪的剪裁和非洲风格的蛇纹印花融为一体。这种多元素的融合是"文化掠夺"的开端。此后,1982年,该品牌还借用阿芝特克和墨西哥图案打造了"野人"系列。

1997 "细节至上"预示着慵懒浪漫风格的流行。

该春夏系列中,韦斯特伍德着重打造沙漏廓型,借鉴法国少女风,塑造典型的轻佻女性形象。端庄简单的黑色修身平纹吊带连衣裙饰以棕褐色宽腰带,外搭花冠徽章装饰开衫。裸露的深覆盆子低领平纹礼服如围裙般缠绕腰间,分别向上、向下延伸。

1993 该套系展现了"英国狂"浪潮,即18世纪80年代法国人对英式剪裁的狂热,大量应用定制格呢、传统针织工艺,以及一些有历史渊源的面料。

格呢花样印花婚纱礼服的衣身部分是韦斯特伍德标志性的紧身胸衣,即18世纪风格的束身上衣,裙身部分由缝褶和垂褶打造出花簇装饰。设计师为该套系打造了自己的部落文化,用红色和绿松石色相间的麦卡安德里亚斯格呢展现,以她第三任丈夫兼创意搭档安德里亚斯·克隆赛勒的名字命名,并被苏格兰的劳克卡隆工厂订购。该套系的单件服装上融合了多种别具一格的格纹;各种大小和配色的格纹打造出剪裁讲究的短外套和苏格兰方格呢迷你短裙。过膝长筒袜则应用了传统的菱形格纹。菱形格纹的设计是将线形窗格覆盖于细长的双色菱形嵌花之上,于20世纪20年代首次应用于温莎公爵的服装中。配饰包括名声不太好的松糕鞋,饰以苏格兰狩猎鞋鞋带,穿于平行镂空的鞋孔之中。

2002

本套系以苏格兰本土风情的连衣裙和都铎王朝时期风格的紧身上衣和马裤为主打。

苏格兰高地风情再现：苏格兰式狩猎鞋、菱格高筒袜和苏格兰呢短裙搭配费尔岛风情的两件套。柔和色调格呢三件套搭配色调协调的衬衣和领带；朋克时代的格呢紧身裤搭配经典的斜纹棉布外套，但却打破三件套的和谐配色。紧身针织衫的衣边磨损或撕破，露出内层面料，搭配夸张的大号拉绳马裤。

2007

名为"醒醒吧，洞穴女孩"拼接套系，莎拉·杰西卡·帕克在电影《欲望都市》（2008）中穿着的婚纱就源自该套系。

该套系用做旧的针织品、窗帘、毯子和回收的服装，将印花和纹理融入服装的多个层次之中。古金色的锦缎披肩，其褶铜边与旧窗帘相呼应，搭配提花平纹针织修身半裙、纹理松散的围巾和翻边靴。超大号的格呢打造落肩无袖连衣裙和高领大衣。动物花纹印花也是宽松直筒连衣裙上的爬行图案。洞穴画则形成平纹针织连衣裙和短款白色衬衣上的涂鸦。棕色花呢套装用宽立领和高耸肩修饰，搭配短裙、衬衣和厚实的开衫，打造简洁的轮廓。

2005

展现韦斯特伍德政治态度的文字若隐若现地混迹于垂褶针织衫的层次之中。

韦斯特伍德认为美国激进主义分子里奥纳德·帕尔蒂耶受到美国联邦调查局的不公正囚禁，因此在本场秀中表明自己要求释放帕尔蒂耶的立场：白色棉布制成的大横幅，印有"宣传"的英文字样，缠绕于剪裁讲究的巧克力色外套上。晚礼服系列包括"宣传"连衣裙：咖啡色绸缎垂褶沿身体连续螺旋上升。设计师的特色格呢打造单肩无袖连衣裙；18世纪军旅风格大衣采用错视针织法。

2010

该秋冬套系中，凌乱的王室风格占据了化妆扮演游戏。

宝蓝色紧身裤套在条纹平角裤外，写有标语的T恤束入平角裤内，外搭做旧披肩。

2011

韦斯特伍德所特有的设计：创新的剪裁，融合格呢和条纹元素。

高腰滑冰裙的腰部用丝绸蝴蝶结装饰，搭配淡黄色锦缎衬衣，饰以不对称的荷叶边。

2009

韦斯特伍德继续表现她"自己动手"的主张。

该春夏系列将普通塑料薄膜升华为高级时装面料，并呈现金色、焦橙色和绿色渐变效果，打造出纽结无肩带紧身连衣裙。此外，彩色条纹真丝贴布贴于巴洛克版型的薄帘纱之上，再以亮片过肩修饰。剪裁讲究的平角裤搭配真丝塔夫绸紧身上衣，单肩以一簇面料装饰。

威尔斯·邦纳

Wales Bonner

　　格蕾丝·威尔斯·邦纳（1992—　　）于2014年毕业于中央圣马丁艺术与设计学院，她的志向是从黑人文化的角度打造一个可以与欧洲任何著名品牌媲美的品牌。于是，她以威尔斯·邦纳为名创立了自己的男装品牌，并于2018年扩展到女装。她以尼日利亚诗人和小说家本·欧克里2011年的杂文集命名自己的2019年时装秀为"新梦想时刻"（A Time for New Dreams），在伦敦的蛇形画廊展示了混合性别系列。这位多才多艺的设计师将录像带、摄影、音乐、书籍、雕塑和现场表演纳入到秀场，堪称一场兼收并蓄的奇物之旅，也体现了她对智能化、精美服饰的审美。威尔斯·邦纳的服饰展示出非凡的工艺和点缀，是在勤勉的历史研究下，一系列包括纪律和克制的个人价值观的产物。

　　2015年，威尔斯·邦纳在英国时尚大奖中被授予新兴男装设计师奖。2016年获得路易·威登集团青年设计师奖，奖励包括30万欧元和法国奢侈品集团高管为期一年的指导。2019年，玛丽亚·格拉齐亚·基乌里邀请威尔斯·邦纳与迪奥合作，为其2020年度假系列重新诠释新风貌。此后不久，威尔斯·邦纳获得英国时装协会与《时尚》杂志联合设立的设计师时尚基金。

◀ 2019年秋冬系列，皮质短夹
　克搭配人字花呢长裤。

2017

威尔斯·邦纳发布的首场单色外出服系列。

　　及至小腿中部的剑褶裙，搭配单排扣工装上衣，纽扣高至胸前。整个系列侧重细致精巧的剪裁，包括披肩和合身及膝的工装外套。此外，本系列还简单涉足了紧身针织衫。外套与清爽的白衬衫和折皱领形成对比。为纪念1930年埃塞俄比亚皇帝海尔·塞拉西的加冕典礼，该系列融合了军事徽章和土著手工艺品的细节，例如刺绣和钩针编织——带有拉斯特法里教信徒色彩的罗纹衣领的皮质黑色短外套。衬衫连衣裙从脖子到下摆均带有自盖纽扣，有种牧师的感觉，白色绣花斗篷也是如此。

2019

秋冬系列，与非洲加勒比海流离失所者的精神起源联系起来。

　　拉舍尔针织上衣搭配相配的紫橙相间的飘逸半身裙，及至小腿中部，营造出修长的轮廓。该系列的灵感来自第一所黑人大学——霍华德大学的黑人知识分子服饰，其特色是屡获殊荣的毛衣（也称为校队毛衣）的变体，象征了最杰出球员的成就。剪裁宽松，带前褶的阔腿裤和经典花呢夹克，从口袋下的襟翼和袖口内露出羽毛。宽松的阻特装（20世纪初哈莱姆黑人生活的特征），腰部收有褶裥并有所调整，露出恋物风格的羽毛胸针。宽大的粗花呢大衣的翻领上，搭配来自威尔斯·邦纳父亲及其家人出生地——牙买加的丝巾。

山本耀司

Yohji Yamamoto

　　日本设计师山本耀司（1943—　　　）创造了一种后现代主义外形的中性化服装，将禅宗式的精致表现在品质、美感和不对称平衡之上。1971年，他在东京创立了自己的产品线，通过弱化时尚的观念，进而弱化西式审美观。自1977年Y牌女装首次参加时装秀，该品牌进入快速扩张期；1979年，男装产品线问世；1981年，该品牌推出Y牌男装；同年，设计师首次参加巴黎时装秀。在随后的设计师品牌热潮中，山本耀司、川久保玲和三宅一生等品牌的设计师都推出一些价格较为亲民的产品线。山本耀司是唯一一位获得法国艺术及文学部级骑士勋章的日本时装设计师；他还获得美国时装设计师协会颁发的国际奖。这些奖项体现了该品牌在国际上的影响力。该品牌旗下现有山本耀司、山本耀司男装、山本耀司黑色系、Y牌、Y牌男装、Y-3和Y牌生活装。

　　山本耀司的公司在2009年申请破产，正值山本耀司毕业于东京文化服装学院40周年，该品牌的持久性受到了考验。该公司在英特戈洛投资集团的资助下现已稳定。

◀ 2020年春夏，巴黎男装时装周上的夹克和纹章标志，灵感来自工作服。

1999

"婚礼系列"突出庆祝仪式，象征丢弃旧服装。

山本耀司利用喜筵情节打造经典戏剧。通过转化、脱掉外层服装展现的小奇迹来引导故事发展，显露事物本质：伴娘、寡妇和新娘的父亲都隐晦地展现里衬服装，发生角色转换。轻浮的矩形绢网随印花衣片一起遗弃，只留下内着的平纹针织紧身衣和绸缎短衬裙。最后，内衣和装置裙环的衬裙交代了新娘的真身。

2010

彻底改版的工作服和制服，以藏蓝色、炭灰色和淡黄色为主色调。

无肩带深工字褶法兰绒连衣裙背面紧贴脚跟，正面长至胫骨。该套系借鉴的风格多样：主厨外套、学院风格褶铜束腰外套、粗布工作服、飞行员衬衣、水手上装、渔夫毛衣、衬衫连衣裙、橡皮布防水工作服。解构主义的创意体现在多件服装上：海军蓝风衣外套被生疏地锯开一半，制成双排扣短裙和短外套；双色连衣裙外套的肩部露出撕裂开的缝骨；双排扣长礼服饰以风格迥异的苏格兰花呢褶裙裙边。

2005

展现爱德华七世时期的风格，既有长流线型的女骑手服，也有廓型硬朗的褶铜晚礼服。

亮红色褶铜单肩连衣裙的肩部以同样面料制成的立体旋涡状装饰点缀，胸部和臀部的雪纺呈波浪状。该套系的色彩丰富，且多为阴郁的暗色调——牛津蓝、深紫褐和酷黑，形成浅绿渐变色亚麻和做旧蕾丝的背景色。少数套装的对称是为了平衡其他大部分服装的不对称，但都经过精心的设计：下垂的裙边和饱满的褶裥。及踝半透明连衣裙中，有的用一簇簇雪纺绸在肩上修饰，有的则在裙后以翅膀装饰。

伊夫·圣·洛朗

Yves Saint Laurent

　　伊夫·圣·洛朗（1936—2008）是"二战"后最具影响力的设计师之一。他通过普及成衣，将巴黎时尚引向更广泛的消费群体。他能把握时尚风向，并将其标志化。可能早有设计师推出过剪裁考究的女式西裤，但是1966年圣·洛朗的"吸烟装"让人们永久地记住了女式燕尾晚礼服。

　　圣·洛朗出生于阿尔及利亚，父母是法国人。他曾在法国高级时装协会接受训练，而后成为克里斯汀·迪奥的助理，1957年，迪奥去世后，他接任其职位。随后，他应征入伍，但因精神崩溃在军队医院度过一段时日。他在迪奥的职位也被马克·博昂取代。

　　1962年，伊夫·圣·洛朗与伴侣皮埃尔·贝尔热共同创立了同名品牌伊夫·圣·洛朗。该品牌的首个套系仅限于展现时髦魅力，直到1965年，圣·洛朗才将塞纳河左岸的放荡不羁引入高级定制时装。1966年，他在圣·洛朗左岸品牌下推出一系列价格较为亲民的服装。1999年，古驰购买了YSL品牌，由汤姆·福特设计其成衣系列。自从2002年伊夫·圣·洛朗创始人退休，及其同名高定工作室关闭以来，管理该品牌的设计师包括1998年的阿尔伯·艾尔巴茨、2004年的斯特凡诺·皮拉蒂和2012年的艾迪·斯理曼。艾迪·斯理曼因删除了公司名称中的"伊夫"而备受争议，但他也复兴了该品牌高级时装系列。2016年，安东尼·瓦卡雷洛担任创意总监。

◀ 2010年春夏时装秀，由首席设计师特凡诺·皮拉蒂设计的"实用时髦"系列。

1967

燕尾礼服成为时装的一种主要款型，为女性穿着西裤套装赋予时尚权威。

首套吸烟装在1966年的高级定制时装套系中展出；随后推出成衣版。以黑色的羊毛或天鹅绒制成的燕尾礼服搭配褶边白衬衣，颈部饰以黑色蝴蝶结和绸缎装饰带。赫尔穆特·牛顿1975年拍摄的绸缎条纹阔腿裤、标志性的黑白吸烟装经典造型打造了一种中性化形象。在随后的30年中，圣·洛朗相继推出燕尾礼服的各种延伸版本，而"吸烟装"也自此成为一切黑领带服装的代名词。

1965

"蒙德里安"套系借用画家彼埃·蒙德里安彩色几何结构。

剪裁简单的平纹针织直筒连衣裙，其线条从肩部至膝部笔直而下。圣·洛朗将其用作油画布，展现引领风格主义艺术运动的蒙德里安的作品。该套系使用的基本版型为矩形，而使用的基本色彩是原色，即红、黄、蓝三色。圣·洛朗还引用现代艺术和当代流行文化元素，并借用20世纪60年代盛行的流行艺术运动中的元素，以及安迪·沃霍尔和罗伊·利希滕斯坦的作品。

1988

秋冬时装秀上，高级定制套系选用伊夫·圣·洛朗标志性的鲜艳色系。

粉红色、金色和紫红色块拼色绸缎耸肩短外套，胸前饰以白色假马甲，再配以显示地位的镀金纽扣。前倾的帽子神气十足，接近军事化的细节与侍者制服风格相呼应，尤其是棕色半裙。此外，鲜艳的猩红色对襟夹克中，一篓羊角状外表坚硬的花朵和果实如瀑布般从肩落下，突显出内搭的深V领宝蓝连衣裙轮廓，臀部的一串带藤的葡萄与此相呼应。

1999 由阿尔伯·艾尔巴茨设计的套系将细条纹套装与珠宝色相结合，表示对圣·洛朗的敬意。

高领毛衣扎在剪裁考究的前褶西裤内，搭配的皮草带袖短披肩融入奢华风。其余的裤装多为侧开口阔腿裤，细腰带饰于自然腰线处。随后，则是桃粉色扑面而来：光面外套搭配同色系打底裤和鞋。富有光泽的绸缎晚礼服，颜色有墨蓝色、紫红色、浅黄绿色和宝蓝色，款式则有单肩、无肩带或带袖款，均以极简细节修饰。除上述色彩以外，石灰绿色也纳入该套系色板，被应用于外套中。

2004 该套系注入汤姆·福特的风格：将性感魅力与有棱有角的中性风相融合。

裸色雪纺绸从菱形焦点处落下，展现20世纪30年代好莱坞式的魅力，体现出福特在诠释圣·洛朗西裤套装的同时，融入更多女性化特质。绸缎耸肩短外套的腰部用扭曲的半腰带收起，内搭低领薄透背心，下配陀螺型裤装，于脚踝处收紧。修饰身形的绸缎半裙搭配几乎透明的三角形上装，用几串装饰球束起。

2002 伊夫·圣·洛朗的第200场秀展暨告别秀展，回顾了设计师的职业生涯，展示其标志性的服装。

1976年首次展出的"俄罗斯"套系，灵感源自莱昂·巴克斯特设计的俄罗斯芭蕾舞服装，均采用工坊工艺，其中包括勒萨热刺绣工坊。数以百计的圣·洛朗服装展现在2000名来宾面前，表现出对设计师创意的赞誉，突显他在20世纪至21世纪时装设计业界中的重要地位。该套系包含蒙德里安连衣裙、吸烟装、1968年的狩猎风格套系和同年的薄透晚礼服。1988年的"立体派"套系的图案则通过紫色和橙色等鲜艳色块并置展现。

2019

吸烟燕尾服和性感剪裁的变化。

安东尼·瓦卡雷洛进一步探索了伊夫·圣·洛朗的传统，带深翻领的深褐红色天鹅绒服务员式夹克，搭配高腰卡普里九分裤。本系列其他服饰中，皮质迷你短裤、透视上衣和大幅度裸露的连衣裙组成了性感时尚的黑色系列。燕尾服具有西方灵感的细节，搭配斯泰森毡帽（一种阔边高顶毡帽）和牛仔靴。

2006

飞行员夹克搭配双前褶西裤，由斯特凡诺·皮拉蒂设计。

20世纪40年代风格的双排扣无尾燕尾服外套，带有窄而长的收臀线条和宽缎面翻领。

2008

该套系以披肩和黑色短款连衣裙为特色，由皮拉蒂设计。

收紧的真丝褶边打造蜂窝状披肩上衣，套在黄色短款A字裙外。

面料图录

阿尔伯特·菲尔蒂

Alberta Ferretti

见48~49页

　　浪漫的垂褶、褶铜连衣裙上奢华的装饰，均为传统手工工艺，是阿尔伯特·菲尔蒂品牌的梦幻诱惑之源。其装饰包括镶嵌水晶的蕾丝、塔克、细褶、钉珠和刺绣，材质则为意大利米卡多丝绸、铂金线和亚宝石。

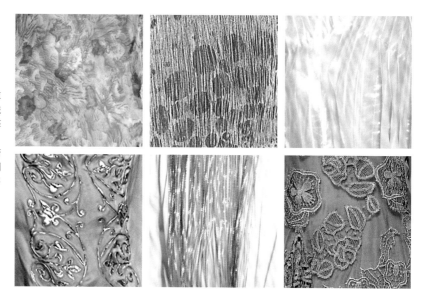

亚历山大·麦昆

Alexander McQueen

见50~53页

　　亚历山大·麦昆的戏剧性视觉表现与众不同，概念引导的时尚审美将惊悚与美一同带上T台。这位英国设计师认为，无论是天堂鸟印花还是其标志性的骷髅图案，这种表面的装饰都是一种整体元素。

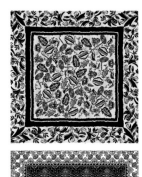

安娜苏

Anna Sui

见56~57页

美国设计师安娜苏（萧志美），将装饰艺术图案和甜美的冰霜色相结合，外加前卫的后朋克黑色来定义自己的设计风格。其结果就是波西米亚复古风与天真少女的摇滚时髦风相融合，再带有一点媚俗的感官表达，通过印花与面料纹理来展现。

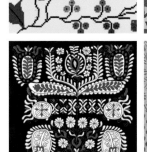

安蒂克巴蒂克

Antik Batik

见58~59页

安蒂克巴蒂克的作品基本都源自印度、巴厘岛和穆鲁的乡村工坊的手工工艺，并在其产品中融入波西米亚特色风情。对面料装饰的精巧工艺的突出强调，唤起嬉皮士旅行者挖掘宝藏的手法，同时展现出肉欲和折中主义。

阿施施

Ashish

见**64~65**页

阿施施·古普塔出生于新德里，善于使用印度手工刺绣，将服装版型中需要设计的装饰元素固化。阿施施品牌的特色在于大量使用形象化亮片装饰，将源自流行文化和时尚范本的诙谐离奇、风格各异的元素相融合。

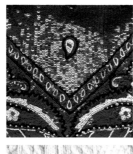

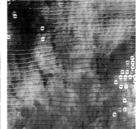

百索与布郎蔻

Basso & Brooke

见**76~77**页

布鲁诺·百索和克利斯托弗·布郎蔻选用现代印花技术，来表现万花筒式多色图案，其图案来源丰富，涵盖从童话故事到多种文化中的视觉蜉蝣。这些复杂多样的印花面料拼接成款式简单的服装，以突显其精湛的印花工艺。

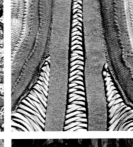

保拉·阿克苏

Bora Aksu

见82~83页

　　保拉·阿克苏出生于土耳其，他充分利用束身胸衣的制作工艺和中性色调，打造浪漫的线条，利用模糊的层次和复古的锦缎营造女性化氛围，用网眼打底裤和流动的图案装饰打造现代时尚造型。

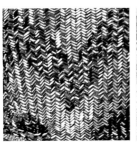

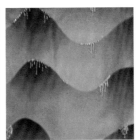

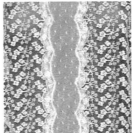

蔻依

Chloé

见102~103页

　　蔻依风格轻浮、放荡不羁的服装吸引了几代摇滚女孩。卡尔·拉格菲、斯特拉·麦卡特尼和菲比·菲洛这几任设计师着力打造飘逸的连衣裙，闺房风的面料和纯洁的花朵果实印花营造出这种朦胧的氛围。而汉娜·麦克吉本则削减不少装饰，为该品牌打造极简主义形象。

大卫·科玛

David Koma

见116~117页

　　科玛善用复杂的实验技术，例如激光裁剪，来修饰雕塑感和可控制的轮廓，偶尔也会点缀一些戏剧性的挖剪工艺。银线、圆筒形玻璃小珠子和亮片斑马条纹为纯色色调带来变化，偶尔也会用到引人注目的红色。

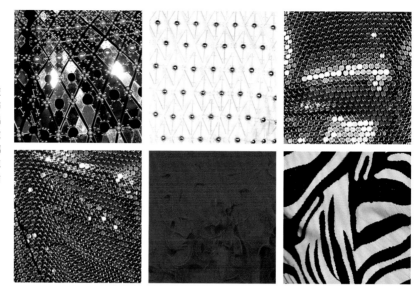

黛安娜·冯·弗斯滕伯格

Diane Von Furstenberg

见122~123页

　　图标平纹针织包身连衣裙，由根植美国的设计师黛安娜·冯·弗斯滕伯格于1973年首次设计，此后一直是当代女性衣柜里的必备时尚单品。该品牌持续更新面料品种，并以大胆的印花设计为主导，打造了全套的高端成衣产品线。

德赖斯·范诺顿

Dries Van Noten

见128~129页

德赖斯·范诺顿的审美通过使用大量色彩艳丽、表面带有纹理的复杂面料来展现。这些面料通过印花和装饰打造成宽松、垂褶、多层、雕刻等版型的服装。他的特色就在于将色彩、面料和版型相结合，打造逼真的画作作品。

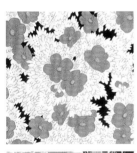

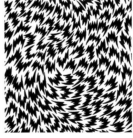

艾雷岸本

Eley Kishimoto

见130~131页

艾雷岸本品牌的时尚以碎石印花为基础，巧妙借用建筑的重复印花设计作为服装版型的补充。该品牌的服装设计感强，选用饱和色调和图案来增添服装或配饰的吸引力。他们标志性的"闪电"设计与其品牌标识具备一样的识别度。

艾尔丹姆

Erdem

见134~135页

艾尔丹姆品牌以其逼真的花朵印花和复杂的抽象印花闻名，诱人的色彩和迷人的外形相得益彰。奢华的印花均通过数码设计并印制，但是并非跟随数字化未来主义的潮流，而是通过技术去丰富视觉效果。

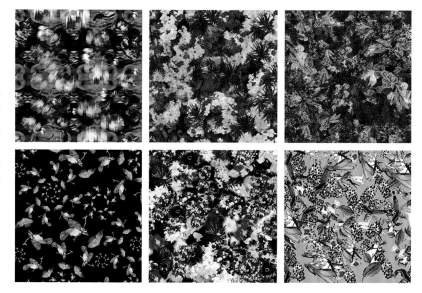

埃特罗

Etro

见136~137页

埃特罗早在成为时尚品牌以前就因其丰富的东方纺织面料而颇受业内认可。埃特罗最初是米兰的奢侈面料供应商，专供高端设计师品牌，在此过程中积累的丰富的装饰颇具视觉特色，进而将其引入奢华配饰中，完成其T台套系。

贾尔斯·迪肯

Giles Deacon

见146~147页

　　贾尔斯·迪肯使用印花设计来表现自己的特质与主观时尚手法。他选用的图像能投射出典型的英式幽默和古怪，如猴子、蜘蛛和迷幻的睡鼠——均体现了设计师出人意料的色彩组合方法。

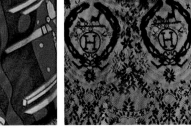

爱马仕

Hermès

见162~165页

　　爱马仕是世界上历史最悠久的品牌之一，也是全球奢侈配饰的代名词。该品牌的上等原料和一丝不苟的工艺，打造的上乘产品，不愧于祖传的身份地位。从手印丝巾到工匠皮箱，均彰显该品牌的投资价值。

霍莉·富尔顿

Holly Fulton

见166~167页

霍莉·富尔顿对20世纪30年代、60年代和80年代的图形样式和图案颇感兴趣,并由此创造了装饰艺术、流行文化和曼哈顿天际线图案的融合体。在富尔顿所处的年代,印花是时尚的主导元素,她将自己的标志性风格延伸至夸张的珠宝配饰,其中部分也是为高档时装品牌浪凡设计。

三宅一生

Issey Miyake

见174~175页

自20世纪70年代三宅一生品牌创立时起,该公司就持续生产独创的服装,以开发利用创新织品和面料的潜在效能。版型与面料的相互衬托是该设计师哲学的宗旨,尤其体现在里程碑式的"三宅褶皱"和"一块布"系列之上。

让·保罗·高缇耶

Jean Paul Gaultier

见180~183页

　　高缇耶的设计具有叙事特性，其反讽与颠覆性源自开发利用具有性别特性的服装和面料。因此，服装面料的完整类型是高缇耶款式的核心——如丝硬缎麦当娜紧身胸衣或设计师标志性的布列塔尼条纹。

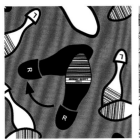
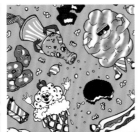

杰瑞米·斯科特

Jeremy Scott

见184~185页

　　颇受争议的原色图像印花为杰瑞米·斯科特的设计平添几分生气，其图像风格融入了后朋克风与20世纪60年代晚期的流行艺术夸张手法。此外，图像主题宽泛，涵盖小天使、快餐和老式电话，还曾顽皮地颠覆应用木刻淡底印花亚麻布这一经典法式装饰面料。

约翰·加利亚诺

John Galliano

见188~189页

约翰·加利亚诺是时尚界最擅长舞台展现的浪漫主义设计师之一，他注重外表的华丽与组成元素间的隐约呼应。这位设计师也是面料组合的行家，善于为自己的时尚套系选择最佳面料搭配。

约翰·罗查

John Rocha

见190~191页

罗查在长期职业生涯中探索试用大多数面料——花呢与绢网、羊绒与钩织品、直贡织物与天鹅绒，但其配色始终都以中性色调为主。他通过纹理、透明度和体积间的相互作用来营造戏剧性的效果——如激光切割的重叠叶片和饰有羽毛的手工针织品。

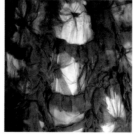

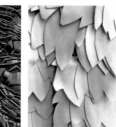
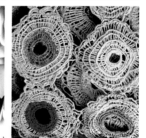

约翰·史沫特莱

John Smedley

见**192~193**页

约翰·史沫特莱品牌以其精美的美丽诺羊毛和海岛棉针织品闻名。直至20世纪90年代，时尚单品仍限制于三色条纹，约翰·史沫特莱首创几何图案嵌花针织品。

乔纳森·桑德斯

Jonathan Saunders

见**194~195**页

乔纳森·桑德斯深谙几何图形的大小与比例，运用色彩的深浅与亮度，使塑身连衣裙展现出理性的优雅。他掌控纺织品的线条与刻度，使用出人意料的素色印花来达到最佳效果。

朱利安·麦克唐纳德

Julien Macdonald

见196~197页

朱利安·麦克唐纳德通过选用绸缎、金银线织物、蜡光绸和亮片等光泽面料来吸引世俗眼光，延伸其最初的针织工艺。此外，他同时应用了毛绒绒的马海毛、丰满的浣熊毛和鸵鸟毛。近来，这位设计师又借用轻盈蕾丝薄纱这种内衣面料打造红毯时尚。

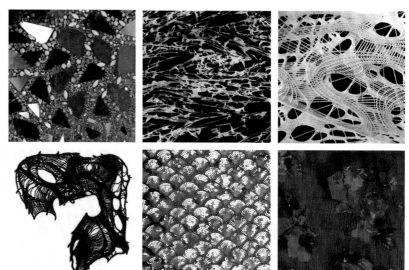

肯尼斯·伊兹

Kenneth Ize

见202~203页

肯尼斯·伊兹与手工艺品生产商合作，在非洲拉各斯的乡村作坊生产一种名为"aso oke"（约鲁巴语，意为"高级织物"）的传统手工编织面料，具有独特的格纹和条纹。这些面料与新纱线和编织图案相结合，形成微妙色彩组合，是对非洲纺织品的现代诠释。

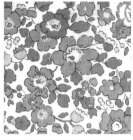
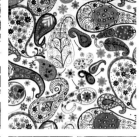
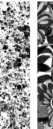

利伯蒂

Liberty

见208~209页

利伯蒂起初是进口亚洲纺织品和艺术品的经销商，同时将19世纪设计师威廉·莫里斯的创作作品通俗化。这家百货公司陈列了20世纪50年代设计师露西安娜·戴的作品、20世纪60年代至70年代新艺术运动的代表作，以及同时期的设计师伯纳德·内维尔的定向印花作品。

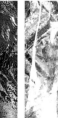

玛丽·卡特兰佐

Mary Katrantzou

见230~231页

印花大师玛丽·卡特兰佐使用现代印花技术来表现彩色图案，这些图案来源多样，比如伊丽莎白女王时代的刺绣和希腊雕塑等。错综复杂的印花设计上还饰有亮片、水晶和三维贴花。

马修·威廉森

Matthew Williamson

见234~235页

　　自1997年起，印花就成为英国设计师马修·威廉森每个套系所必不可少的元素。他大胆尝试，将精心设计的图案和浓郁的色彩相结合，并成为浪漫波西米亚风的代表，其服装的剪裁与印花已达到微妙的平衡。

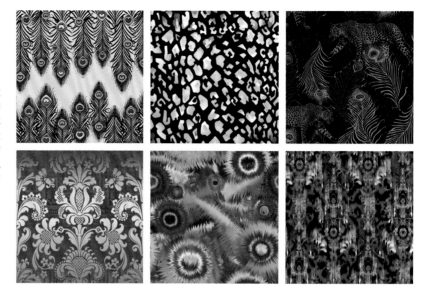

马蒂·博万

Matty Bovan

见236~237页

　　博万以其技术和美学折中主义为特色，善于利用定制和工艺流程的优点，以及采购诸如啤酒垫之类的另类藏品。混搭的利伯蒂印花，搭配解构的宽松梯形提花针织衫和手工编织花呢，两端缠结成一团纱。

米索尼

Missoni

见246~247页

　　20世纪60年代末期，处于主导地位的米索尼品牌以其独特的纺织法树立品牌化标杆。万花筒色彩与激进图案的结合方式，已成为品牌特色，主要以包裹针织品的形式来展示，并通过精湛的染色工艺和纺织结构来突显效果。

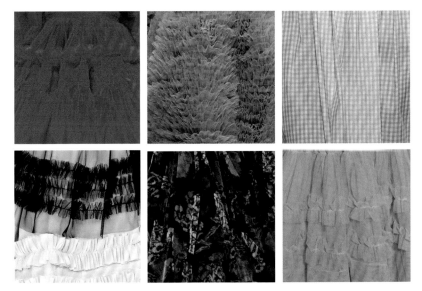

莫莉·哥达德

Molly Goddard

见250~251页

　　在日装中引入薄纱的可行性概念时，哥达德展示了一种多色薄纱，即透视的网状面料，使用了抽褶、缩褶和褶饰边，采用了奔满活力、令人震惊的粉红色、霓虹绿和天蓝色。异想天开的卡通般的手绘印花，以她偏爱的粉色和红色为衬托。

莫斯基诺

Moschino

见252~255页

　　融合智慧、生命力和视觉双关的意大利高端品牌莫斯基诺，常用文字来颠覆主流时尚概念。莫斯基诺品牌善于运用基本色块、生动醒目的图案、已过盛期的花朵和莱茵石装饰（硬币大小的波点是其最爱）。

奥兰·凯利

Orla Kiely

见264~265页

　　奥兰·凯利简单、程式化的树叶和根茎标识，展现出这位爱尔兰设计师对图案及色彩运用的天赋。程式化的图案是她服装套系、配饰和家具产品的主导元素。她融合复古的版型与单一的鲜艳色彩（尤其是橙色与绿色），展现20世纪中期的审美。

保罗与乔

Paul & Joe

见268~269页

苏菲·欧布的标志性产品线保罗与乔及副线保罗与乔姐妹，以适宜日常穿着的服装为主，剪裁简单的垂褶、褶裥连衣裙和随意的裤装是其常见产品。"巴黎人"系列以复古印花为特色，如褪色的多色涡纹图案毛织品和印花棉布，精细的装饰艺术、文字、几何图案和怪异的动物印花。

保罗·史密斯

Paul Smith

见270~271页

条纹是最讨喜也最常见的印花图案，其变化可通过比例与色彩的调整来实现。保罗·史密斯标志性的多色条纹令人过目不忘，无论是轮廓清晰的平滑直线条纹，还是融入数字化花朵设计中的条纹。此外，风俗画印花是又一特色，如风景和旗帜。

彼得·皮洛托

Peter Pilotto

见272~273页

设计师彼得·皮洛托和克里斯托弗·德沃斯使用抽象的结构印花和有纹理的结构，并通过套印工艺将服装分割成多个不对称的垂褶区域，单色渐变面料的应用进一步衬托服装版型的设计。大面积使用多色弥散，增强服装外形的流动性。

璞琪

Pucci

见290~291页

艾米里奥·普奇是20世纪最具影响力的印花设计师之一。在20世纪60年代，他设计的炫丽服装成为喷气机时代的代名词，是社会地位的象征，颇受时尚引领者和社会名媛的喜爱。他设计的抽象印花以及耀眼色彩组合的迷幻旋涡为他赢得"印花王子"的头衔。

理查德·马龙
Richard Malone
见300~301页

对几何比例的把握和对颜色深度、鲜艳度的理解，使得理查德·马龙的设计，如合身的连衣裙，有种理性的优雅。使用千鸟格图案时，他会巧妙处理线条和纹理以达到最佳效果，进而展示其独特的轮廓。

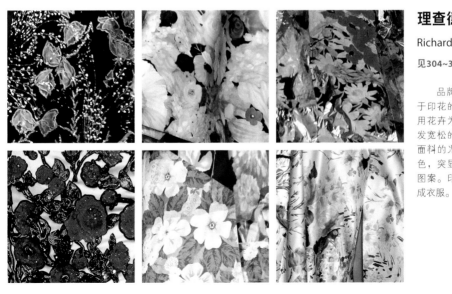

理查德·奎因
Richard Quinn
见304~305页

品牌理查德·奎因是基于印花的时尚中坚力量，善用花卉为主的数字印花来激发宽松的服装轮廓。丝硬缎面料的光泽面，加上高饱和色，突显了从头到脚的印花图案。印花头巾也可以拼制成衣服。

罗伯特·卡沃利

Roberto Cavalli

见308~309页

卡沃利设计的主旨是将动物复制于服装之上，偶尔也会复制花朵。兽皮和蛇皮通过印花、织锦和针织的方式展现于服装之上；光面皮和反皮毛混用；原始主义徽章通过拼接、贴布、锯齿和层叠等手法体现，打造颓废着装。

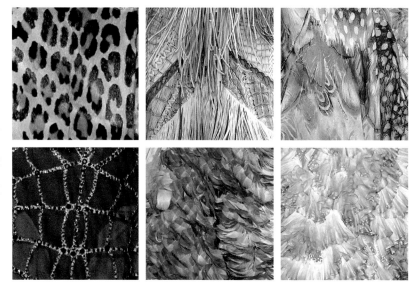

虾

Shrimps

见316~317页

虾的创始人兼设计师汉娜·韦兰德是人造皮草运动的主要代表，她将纺织品像布料一样染成鲜艳的颜色，例如橙色和柠檬绿，并在上面绘上异想天开且俏皮的卡通形象、面孔、红色心形和玫瑰。她设计的人造皮草串珠包尤为畅销。

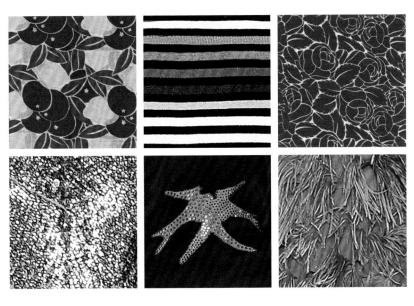

索尼亚·里基尔

Sonia Rykiel

见320~321页

享有"针织女王"之称的里基尔将套头衫改造为标志性的单品，同时首创外缝边、"无边"和"无内衬"的服装，展现其"复古"的新时尚哲学。该品牌打造黑色、条纹、蕾丝、假钻石装饰、怪异的图标与文字装饰的毛衣，迅速成为巴黎风情的使者。

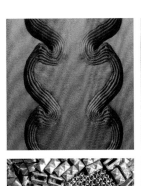

索菲亚·可可萨拉齐

Sophia Kokosalaki

见322~323页

可可萨拉齐的作品中，其固有的装饰元素展现的东地中海文化，最早源于希腊，作品同时融入克里特岛和古埃及的装饰图案。塔克和打褶雪纺塑造的旋涡、螺纹针织、钉珠及其他表面装饰展现了地方特色主题，如希腊七弦琴和贝壳。

189工坊

Studio One Eighty Nine

见326~327页

　　该品牌利用非洲传统的手工艺专长，例如靛蓝染色、絣织和蜡染工艺进行多向印刷，同时还使用了可回收的玻璃珠和牛仔布。该服装在加纳生产，以使用美国和加纳国旗中的颜色为特色。

坦波丽伦敦

Temperley London

见328~329页

　　崇尚原生态的英国设计师爱丽丝·坦波丽致力于推广伦敦风尚，将怪异的波西米亚设计与高端时装的制造手法相结合，其装饰均源自自有的钉珠、印花设计及刺绣工作室。其设计图案与鲜艳的图像及嵌花针织相结合，并选用喷溅的花朵印花和程式化的动物印花面料来突显设计效果。

汤丽·柏琦

Tory Burch

见334~335页

亲民的奢侈品牌汤丽·柏琦打造当代都市形象，用较为随意的手法打造休闲服装，展现纽约风情。其设计通过间隔使用浓郁的色彩、图像印花和调用各种形态的T字图案印花和纽扣，以及布满T字品牌标识的芭蕾舞鞋来展现。

维维安·韦斯特伍德

Vivienne Westwood

见356~359页

从非洲印花到法国洛可可式艺术，维维安·韦斯特伍德汲取多种文化之精华，将表面图案和纹理融入其17世纪至18世纪风情的连衣裙中。这种利用现有资源组合的理念，展现在结构创新的设计之中。

T台集锦

398（左）：菲利林3.1，2009年，精心搭配的粉红贝壳色女套装。

398（右）：安娜苏，2011年春夏系列，浅灰蓝色超长裙，以蕾丝镶边装饰，别具一格。

399（左）：阿玛尼，2009年春夏系列，展示了著名的现代非结构化意大利男装剪裁。

399（右）：阿施施，2011年春夏系列，豹纹、亮片和羽毛头饰展现了非凡的观赏性。

400（左）：保拉·阿克苏，2011年，"蚂蚁与紧身胸衣"系列融合了盔甲般的细节和褶边。

400（右）：宝缇嘉，2010年春夏系列，托马斯·迈尔设计的奢华运动风，折纸立体裁剪，简洁精细的细节处理。

401（左）：思琳，2010年，菲比·菲洛的第一次时装秀，展示了运动风影响的极简主义。

401（右）：蔻依，2010年，以20世纪70年代风格为主题，主要是汉娜·麦克吉本的流线型极简主义。

402（左）：克里斯托弗·凯恩，2009年，红色皮衣的鳞片状层次形成了齿状边，勾勒出身材曲线。

402（右）：德里克·林，2011年春夏系列，关注外观及合身性，运用了20世纪70年代风格的弹力面料以及极简主义。

403（左）：德赖斯·范诺顿，2008年，舒适的衬衫、纱笼裙和飘逸长裙上印有五彩印花图案。

403（右）：艾尔丹姆，2009年，手工缝制的3000朵鲜花和100颗施华洛世奇水晶形成了"纳西斯"的印花效果。

404（左）：埃特罗，2010年，精美的印花面料带来了现代女性轻松自然的嬉皮风。

404（右）：加勒斯·普，2010年秋冬系列，抛弃了球状设计，展现了优雅风范，也显示了设计师创作上的成熟。

405（左）：贾尔斯·迪肯，2010年春夏系列，朴素庄重的剪裁中加入了卡通印花以及玩具配饰。

405（右）：雨果·波士，2009年秋冬系列，"Hugo by Hugo Boss"高级男装。

406（左）：侯赛因·卡拉扬，2005年，衣领设计独特，上部包头，下部延伸到臀部。

406（右）：伊莎贝尔·玛兰，2005年，皮衣内搭印花衬衫式真丝连衣裙，腰间束有一条红色麂皮宽腰带。

407（左）：吴季刚，2011年，瀑布式的裹身裙强调了腰部线条，款式极具女人味，颜色也充满活力。

407（右）：杰瑞米·斯科特，2010年，毛衫连衣裙外观像是东拼西凑的玻璃状贴花，也像珠宝装饰的胸罩上衣。

408（左）：吉尔·桑达，2010年春夏系列，拉夫·西蒙设计，将桑达的标准降为极具技巧性的零碎布头。

408（右）：利伯蒂，2001年，艺术运动风格的裤装，选用利伯蒂纺织品制成。

409（左）：马克·雅各布，2011年，褶皱针织连体衣，饰以巨大的胸花，重温20世纪70年代的复古风。

409（右）：玛格丽特·霍威尔，2009年，高腰短裤搭配薄棉宽松衬衣。这一系列以朴素的基本款为主打。

410（左）：玛尼，2011年春夏系列，骑脚踏车兜风的装扮，粗纹图案印花展现出几分怪异。

410（右）：马丁·马吉拉，2010年秋冬系列，果敢的匿名团队颠覆了经典的剪裁手法。

411（左）：迈克·高仕，2010年秋冬系列，奢华的便装选用皮草、羊绒、马海毛，颜色以驼色、淡黄色和灰色为主。

411（右）：米索尼，2009年，借用奢华的针织品回归本源，展现图案间的互动。

412（左）：缪缪，2011春夏系列，星形亮片苏格兰式短裙，配以罗伊·利希滕斯坦式的贴花，展现出华丽的摇滚风。

412（右）：莫斯基诺，2010年，20世纪80年代风格的链环印花、温柔蝴蝶结和镀金首饰。

413（左）：迈宝瑞，2011年春夏系列，一套焦橘色裙装，搭配蒂莉包。

413（右）：莲娜丽姿，2009年，奥利维尔的告别秀；突显身段的时装版型，加以珠宝装饰，尽展女性魅力。

414（左）：奥斯卡·德拉伦塔，2011年春夏系列，纯真少女风格的轻薄多层蕾丝连衣裙，饰以黑色塔夫绸蝴蝶结。

414（右）：保罗与乔，2009春夏系列，本场服装以连体衣为主，风格随意俏皮；饰有褶边的抽褶连体衣独具一格。

415（左）：保罗·史密斯，2008年，学院风的时装秀，图中展示的是一套不对称的粉彩格纹和条纹西装。

415（右）：彼得·皮洛托，2009年，灵感源于自然史，充满生机的印花与装饰是其特色。

416（左）：普林，2011年秋冬系列，采用活泼的色调及手工刺绣的版画图案。

416（右）：菲比·菲洛，2011年，慵懒清爽的男版亚麻裤装，搭配简洁的皮上衣。

417（左）：普林格，2011年，羊毛披肩和斗篷系列，图中是一件提花针织裙。

417（右）：普罗恩萨·施罗，2010年，服装上的胶印涂鸦印花灵感源于克里斯托弗·沃尔的画作。

418（左）：瑞格布恩，2010年，传统粗花呢多层斗篷式针织衫。

418（右）：瑞克·欧文斯，2010年，不对称的女士拼接式盔甲装，柔软的垂坠面料为其增添几分柔美。

419（左）：罗伯特·卡沃利，2010年，动物皮草盛宴，部分是印花，部分是真皮草。

419（右）：罗达特，2009年春夏系列，灵感源于太空、河流汇合的景象，以及德加的芭蕾舞者。

420（左）：罗兰·穆雷，2011年，非结构化剪裁，再次使用罗兰·穆雷全名的系列。

420（右）：斯特拉·麦卡特尼，2010年，奢华的面料和极简的细节打造展现成人魅力的舒适服装。

421（左）：汤丽·柏琦，2009年，冬季奢华系列：白色皮草装饰马甲套在一件金色亮片装饰的连衣裙外。

421（右）：汤米·希尔费格，2008年，红白蓝爱国主义风格的服饰中融入了哥萨克风。

422（左）：王薇薇，2011年，细纱真丝雪纺绸打造的精美褶皱包裹着身体。

422（右）：山本耀司，2011年春夏系列，练习使用色调：腰间由帷布装饰的衬衫，搭配带有衬裙的不对称半裙。

423（左）：维多利亚·贝克汉姆，2011年。

423（右）：卡尔文·克莱恩，2011年，看似简单纯洁的礼服，颜色主要为中性色。

424（左）：艾尔丹姆，2019年秋冬系列缀饰礼服，采用了印象派色彩的花卉图案、鸡心领和垂褶袖。

424（右）：范思哲，2008年，以绸缎单品打造简单优雅的夏季时装。

425（左）：迪奥，2011年春夏系列，鲜艳的夏威夷风格连衣裙。

425（右）：让·保罗·高缇耶，2012年秋冬系列。

附录

术语解释

阿尔卑斯裙（Dirndl）：源自德国南部的一种传统连衣裙，20世纪40年代开始流行，以其臀部的水平缝骨和两个垂直口袋为辨认标识。

巴拉西厄（Barathea）：一种柔软的方平斜纹纺织面料，表面呈现紧致的螺纹。

贝莎领（Bertha collar）：一种宽圆白领，外形似披肩，常配于19世纪的低领口服装。

波洛内兹舞裙（Polonaise）：源自18世纪晚期，跳波洛内兹舞时所穿着的礼服，其版型受波兰民族服装的启发，衣身为紧身胸衣，下摆的垂褶半裙裁成圆角。

波纹丝绸（Moiré）：螺纹纺织真丝，经由滚筒挤压处理后，其螺纹延伸到不同的方向，形成"水波纹"效果。

玻璃纱（Organdy）：一种轻盈精美的白色棉织物，外表笔挺光亮，常用于袖口、衣领等细节装饰。

插肩袖（Raglan）：连接至衣领的衣袖，从腋下至领口沿对角线缝合。

长内衣（Chiton）：侧边敞开的宽松束腰外衣，由两大片矩形面料缝合而成。

衬裙（Crinoline）：穿着在圆形喇叭长裙内，起支撑作用，不易变形。

衬衫褶边（Jabot）：瀑布状的褶皱装饰，最初用于遮盖衬衣颈部的空缺部分。

抽褶（Shirr）：用活动的丝线将面料收紧成平行的条状。

绸缎（Satin）：紧密编织的真丝面料，表面光滑，具有反光效果。

低领口（Décolleté）：露出颈部和肩部的领口。

定制（Bespoke）：按需求一对一定做。

吊裆裤（Sarouel）：宽松低腰裤，逐渐变小，至脚踝处收紧。

风俗画印花（Conversational prints）：展现可识别图像的印花，如风景印花。

公主线连衣裙（Princess-seam dress）：从肩部至裙边不间断垂直缝合的连衣裙。

工作室（Atelier）：附属于高级成衣品牌的工坊，由产品技艺精湛的工匠组成。

滚边扣眼（Rouleau）：斜裁的窄条，形成碾轧的圆圈，通常用于固定纽扣。

华达呢坯布（Gaberdine）：由托马斯·博柏利在19世纪末期发明的一种耐磨面料，用于户外服装。

结拉巴长袍（Djellaba）：一种带帽宽袖长袍，北非马格里布地区的一种服装。

金银线镶边（Passementerie）：手工制作或用窄版纺织机编织的流苏、穗带、编织带，通常用于镶边装饰。

金银线织物（Lamé）：一种用金属线织成的面料，其聚光功能营造出流动的黄金和白银混合的效果。

紧身衣（Maillot）：平纹针织布连体泳装，上衣为矩形，裤腿纵向剪裁。

锦缎（Damask）：源于大马士革的一种真丝面料。由棉、亚麻或混合纱线紧密编织而成，表面呈现编织纹理，平滑光亮，饰有花朵图案。

绢网（Tulle）：一种透明织物，类似网眼结构的打造精美的六边形洞孔，质地通常为真丝、尼龙或人造丝，也被称为网、细丝网、薄纱。

库尔塔衫（Kurta）：一种宽松的及膝衬衫裙，源自亚洲的传统服装。

阔腿裤（Palazzo pants）：裤腿宽松的直筒裤装。

亮片（Paillette）：夸张的大号金属、塑料亮片装饰。

罗缎（Faille）：一种带有垂直螺纹的精美真丝面料。

女士无袖衬衫裙（Chemise）：以往曾是女式内衣，现在也用于描述宽松直筒连衣裙。

麻布（Toile）：制作高级成衣时，第一步所用到的面料，用于打造版型并测试其合身程度。

门襟（Placket）：服装加固的开口处，常见于裤装或半裙的上侧，或衣领、衣袖处。

欧根纱（Organza）：一种透明面料，比玻璃纱重、硬，不易变形，常用于塑造夸张版型。

泡泡纱（Cloqué）：带有凸起的编织纹路的棉、真丝或人造丝纤维，表面呈起泡或绗缝效果。

披肩毛毯（Serape）：源自色墨西哥的马鞍垫，色彩鲜艳。

皮条编织鞋（Huaraches）：一种墨西哥皮拖鞋。起初是一种农民穿着的拖鞋，在20世纪30年代开始变成时尚单品。

平纹针织布（Jersey）：一种具有伸缩性的柔软面料，用圆织机织成。

旗袍（Cheongsam）：一种源自中国的修身连衣裙，20世纪20年代起风靡世界。

千层酥（Millefeuille）：词源为法语，形容层次丰富。

乔其纱（Georgette）：一种通透轻薄的面料，由真丝、棉或混合纱线织成。

裙撑（Pannier）：一种椭圆形的支架，用于支撑裙边，向裙身两边延展，而前后不变。材质通常是金属、藤条或木材。

裙褶（Furbelow）：一种打褶或收褶皱边或荷叶边。

三角形布（Godet）：面积逐渐变小的衣片，插入直线缝骨中，以增加服装体积。

三角形披肩（Fichu）：一种三角形丝巾，从肩部垂直落下，在低领口服装上填充肩颈处空白。

沙滩巾（Pareo）：源自法属波利尼西亚，这种包裹式衣裤在印度被称为"sarong"，在萨摩亚被称为"lava lava"，在夏威夷被称为"kikepa"，在斐济被称为"sulu"。

山东绸（Shantung）：由榨蚕丝织成的一种质地较硬的面料，表面粗糙不平整。

烧花（Devoré）：一种类似天鹅绒的面料，通过分解面料中部分化学元素形成表面的凸起图案。

省位（Dart:）收起多余面料从而使服装更修身的一种手法。

施特劳斯（Strass）：一种人造钻石，由格奥尔格·弗里德里希·施特劳斯（1701—1773）发明。

双面横绫缎（Peau de soie）：一种柔软精美的高品质丝绸，光泽度较低。

双宫茧丝（Dupion）：一种起皱的编织面料，并线时的不规则接头打造表面的纹理。

丝硬缎（Duchesse satin）：紧密编织的丝绸，轻盈光亮，表面平滑、富有光色。

斯宾塞（Spencer）：源自18世纪90年代的无尾羊毛外套，以斯宾塞伯爵二世乔治·斯宾塞（1758—1834）命名，此后广泛应用于女士连衣裙。

苏格兰式狩猎鞋（Ghillies）：一种浅口无舌系带鞋，脚背上的线圈替代鞋孔，有时系至脚踝。

塔夫绸（Taffeta）：一种光滑的紧密编织普通真丝面料，不易变形。

提花（Jacquard）：一种在特殊织布机上织出的面料，展现精美复杂的花式设计。

天鹅绒（Velvet）：一种短割绒厚实面料，毛绒绒的表面打造暖和、柔软的触感。丝绒是一种昂贵的面料，也可用棉、人造丝或混合纤维制造。

贴布（Appliqué）：剪裁的零散面料，缝合于底布之上，用于装饰。

透纱（Gazar）：一种稀疏的轻薄真丝织物。

土耳其长外套（Dolman）：袖孔宽大的外衣，衣袖逐步缩小，至袖口处收紧，通常与衣身部分无缝接合。

网（Net）：一种透明织物，类似网眼结构的打造精美的六边形洞孔，也被称为细丝网、绢网、薄纱。

希玛纯（Himation）：古希腊宽松矩形衣钵，通常为羊毛或亚麻质地。

斜纹（Bias）：纺织物上呈45度角的对边对边直线。

胸衣（Chemisette）：维多利亚时期，塞入低领口连衣裙一片面料（通常为蕾丝），以示端庄。

袖孔（Arm scye）：衣身与衣袖的缝合边缘。

雪纺绸（Chiffon）：一种轻薄织物，常用真丝、人造丝、棉或尼龙等混合纤维织成。

压光（Ciré）：将面料经重滚筒挤压处理后，表面呈现光亮效果。

压花丝绒（Crushed velvet）：经由滚筒挤压处理的丝绒面料，呈现不规则纺织纹理。通常由真丝、棉或混合纱线制成，也可通过纺织机器织出类似压花效果。

亚麻（Linen）：一种凉爽轻盈的面料，质地稍硬，由亚麻树的纤维织成，能保持服装外形但容易起皱，所以通常需上浆。该面料常与其他面料混纺，从而更易塑形。

羊腿袖（Gigot）：19世纪30年代和90年代非常流行的一种夸张袖头，因其外形似羊腿而得名。

腰部饰裙（Peplum）：向外展开的衣片，常用于短外套或连衣裙腰间装饰。

阴影（Ombre）：词源为法语，用于描述色调的逐步加深、加强，或不同颜色的相互渗透。

印度短袖上衣（Choli）：宽松短袖女士衬衣，通常衬于纱丽内。

硬挺塔夫绸（Paper taffeta）：一种质地坚硬的真丝塔夫绸，能像纸一样折叠，也像纸一样起皱。

羽毛工匠（Plumassiers）：为时装设计师或室内设计师供应羽毛的工匠。

织锦（Brocade）：一种表面带有装饰的单面织物，最初均由真丝织成。现在用于泛指所有提花织物。

绉纱（Crepe）：密集合股纱纺织面料，表面呈鹅卵石状，适于塑造垂褶效果。

珠地布（Piqué）：一种紧密编织的棉布，呈现精美细腻的横条纹编织纹理，常用于袖口和衣领。

柞蚕丝（Tussah silk）：一种半纹樱织面料，由野生蚕丝织成，因其厚度不一，故面料表面不平整，且色彩不一。

拓展阅读

Beaton, Cecil
The Glass of Fashion: A Personal History of Fifty Years of Changing Tastes and the People Who Have Inspired Them
Weidenfeld & Nicolson, 1954

Bell, Quentin
On Human Finery
Hogarth Press, 1947

Bender, Marilyn
The Beautiful People: The Marriage of Fashion and Society in the 60s
Coward-McCann, 1967

Blum, Dilys E.
Shocking! The Art and Fashion of Elsa Schiaparelli
Yale University Press, 2003

Bolton, Andrew
Wild: Fashion Untamed
Yale University Press, 2004

Bolton, Andrew
Alexander McQueen: Savage Beauty
Yale University Press, 2011

Breward, Christopher
Fashion
Oxford University Press, 2003

Bryan, Robert E.
American Fashion Menswear
Assouline, 2009

Buruma, Anna
Liberty and Co. in the Fifties and Sixties
ACC Editions, 2008

Charles-Roux, Edmonde
Chanel and Her World
Weidenfeld & Nicolson, 1981

Chenoune, Farid
A History of Men's Fashion
Flammarion, 1993

Chenoune, Farid
Yves Saint Laurent
Editions de la Martinière, 2010

Coleridge, Nicholas
The Fashion Conspiracy: A Remarkable Journey Through the Empires of Fashion
Heinemann, 1988

Chase, Edna Woolman & Chase, Ilka
Always in Vogue
Victor Gollancz Ltd, 1954

Craik, Jennifer
The Face of Fashion: Cultural Studies in Fashion
Routledge, 1994

Dior by Dior
Weidenfeld & Nicolson, 1957

Evans, Caroline
Fashion at the Edge
Yale University Press, 2003

Fogg, Marnie
Boutique: A 1960s Cultural Phenomenon
Mitchell Beazley, 2003

Fukai, Akiko
Future Beauty: 30 Years of Japanese Fashion
Merrell, 2010

Gerschel, Stephane
Louis Vuitton: Icons
Assouline, 2006

Grosicki, Z.J.
Watson's Advanced Textile Design
Longmans, Green & Co, 1913

Hulanicki, Barbara
From A to Biba
Hutchinson, 1983

Jackson, Lesley
Twentieth-Century Pattern Design: Textile & Wallpaper Pioneers
Mitchell Beazley, 2002

Jenkyn-Jones, Sue
Fashion Design
Laurence King, 2002

Johnson, Anna
The Power of the Purse
Workman Publishing, 2002

Laver, James
Costume and Fashion: A Concise History (World of Art)
Thames & Hudson, 1969

Lee-Potter, Charlie
Sportswear in Vogue Since 1910
Condé Nast Publications, 1984

Mears, Patricia
American Beauty
Yale University Press, 2009

Merceron, Dean & Elbaz, Alber
Lanvin
Rizzoli International Publications, 2007

Milbank, Caroline Rennolds
New York Fashion: The Evolution of American Style
Harry N. Abrams, 1989

Morais, Rishard
Pierre Cardin: The Man Who Became a Label
Bantam Press, 1991

Quant, Mary
Quant by Quant
Cassell & Co, 1966

Steele, Valerie
Fifty Years of Fashion: New Look to Now
Yale University Press, 1997

Tungate, Mark
Fashion Brands: Branding Style from Armani to Zara
Kogan Page, 2005

Vercelloni, Isa Tutino
Missonologia: The World of Missoni
Electa, 1994

Walker, Myra
Balenciaga and His Legacy
Yale University Press, 2006

Wilcox, Claire
The Art and Craft of Gianni Versace
V & A Publications, 2002

Wilson, Elizabeth
Adorned in Dreams: Fashion and Modernity
Virago Press, 1985

译名对照与品牌索引（黑体字条目在本书中有专页介绍）

图片来源
PICTURE CREDITS

Acne: 30, 31; **Advertising Archive:** 22, 23, 75 br, 81 tl, 137 tr, 138 c, 141, 148 tr, 153 tl, 231 bl, 247 tl, 257 tl, 265 bc; **agnès b:** 32, 33 bl, 33 br; **Alberta Ferretti:** 36, 326 (upper: tc; tr; bl; br); **Anna Sui:** 44, 45 br, 327 (upper); **Antik Batik:** 46, 47, 327 (lower); **Ashish:** 52, 53, 328 (upper); **Basso & Brooke:** 328 (lower); **Bora Aksu:** 70, 71 tl, 71 tr, 329 (upper); **The Bridgeman Art Library:** Bibliotheque des Arts Decoratifs, Paris, France/Archives Charmet 10; **Catwalking:** 24, 25, 28, 29 bc, 29 tr, 35 bc, 35 ctr, 35 tr, 37, 39 bl, 39 br, 40 bl, 43 bc, 45 tc, 48, 49 tc, 50, 56, 59 bc, 60, 62 tc, 62 br, 63, 65 bl, 66, 67 bl, 67 br, 69 tc, 72, 73 ctl, 73 ctr, 73 br, 74, 76 tr, 77, 80, 81 tr, 84, 85 ctl, 85 ctr, 85 br, 86, 88, 89, 90, 91 tr, 92, 94 bc, 94 tr, 95, 96, 98 bc, 99 bl, 99 c, 100, 101 tc, 101 br, 104, 105 tc, 106, 110, 111 tl, 112, 113, 115 bc, 117 tc, 121 tr, 122, 123 tc, 124, 125 bc, 126, 127, 128, 129 tc, 129 br, 130, 131 tc, 131 br, 134, 135, 136, 138 bl, 138 tr, 139, 143, 145 bc, 145 tr, 146, 148 tl, 148 bc, 149 bl, 149 tc, 151 bl, 151 tc, 154, 155, 158, 159 br, 162, 164, 166, 167, 171 br, 172, 173 bc, 173 tr, 174, 175 br, 179, 180, 181 tc, 182, 183 tc, 183 br, 186 br, 187, 190, 192 br, 193, 194, 195 bc, 195 tr, 196, 197 tl, 197 bc, 201 tc, 201 br, 203, 207 br, 211 tc, 213 ctl, 213 ctr, 216, 217 tc, 217 br, 218, 219 bc, 219 tr, 221 tc, 221 br, 222, 224 bc, 225 bl, 225 r, 226, 227 tc, 228, 229 tc, 229 cbr, 229 br, 230, 231 tc, 232, 234, 235 tr, 236, 237 tc, 245, 250, 251, 252, 253, 254, 255 bc, 255 tr, 256, 257 tr, 258, 259 bl, 261 bc, 262, 263 bl, 263 tc, 264, 266, 267 r, 269 tc, 269 br, 271 bl, 271 ctr, 272, 273 tc, 273 br, 274, 275 tl, 279 bc, 281 br, 282, 283 bl, 284, 285 tc, 2850 br, 288, 289 bc, 290, 291 tr, 293 tc, 301 tl, 304, 305 bc, 305 tr, 306, 308 tc, 308 br, 309, 310, 311 br, 312, 314, 316 bl, 316 br, 317 tl, 317 c, 319 tc, 320, 322 br, 323, 326 (upper: tl; bc); 329 (lower: tl; tc; tr; bc), 330 (lower: tl; tc; tr; bc), 331 (upper), 340 (upper); 333 (lower: tl; tc; tr; bl, br), 334 (upper), 334 (lower: tl; tc; tr; bl; br), 335 (upper: tl; bl; br), 336 (upper: tl; br; bc), 339 (lower: bl; bc; br), 342 (upper: tl; tc; tr; bl; bc), 343 (upper); **Carolina Herrera:** 83 br; **Commes des Garçons:** 102, 103 br; **Corbis:** Alain Dejean/Sygma 295 bc; Austrian Archives 57 tl; Benoit Tessier/Reuters 33 tc; Bettman 15 t, 18, 248 tl; Christian Simonpietri/Sygma 19 b; Condé Nast Archive 13, 14, 19 t, 20, 21, 57 bc, 61 bl, 91 tl, 125 tl, 133 bl, 133 br, 137 bl, 142, 185 tl, 185 tr, 261 tl, 299; FATIH SARIBAS/Reuters 249 bl; Genevieve Naylor 15 b; Hulton-Deutsch Collection 11, 75 tl; Jack Burlot/Apis/Sygma 247 tr; Julio Donoso/Sygma 97 tc; MAYA VIDON/epa 2; Michel Arnaud 307 tc; Photo B.D.V. 307 bl, 307 br; Pierre Vauthey/Sygma 55 bl, 97 bl, 165 tr, 183 bl, 248 bc, 281 bl, 295 tr, 321 tr, 335 (upper: tl); Underwood & Underwood 12; WWD/Condé Nast 217 bl, 267 bl, 311 ctl, 311 ctr; **Diane von Furstenberg:** 107 tr, 330 (upper); **Dries van Noten:** 116, 117 br; **Eley Kishimoto:** 118, 119, 331 (lower); **Erdem:** 120, 121 bc, 332 (upper); **Etro:** 332 (lower: tl; tc; tr); **Fernanda Calfat:** 64, 65 tc, 65 tr; **firstVIEW:** 29 tl, 34, 35 tl, 38, 40 tr, 41, 42, 43 tl, 43 ctr, 43 tr, 49 bl, 49 br, 51 bc, 51 tr, 55 tc, 55 cbr, 55 br, 58 br, 59 tl, 59 tr, 68, 69 bl, 73 bl, 76 bl, 78, 79 tc, 79 br, 82, 83 tc, 91 bc, 97 br, 98 tl, 98 tr, 99 br, 103 tc, 105 br, 107 bc, 108, 109, 111 bc, 111 tr, 114, 115 tl, 115 ctr, 115 tr, 117 bl, 121 tl, 123 bl, 123 br, 125 tr, 131 bl, 144, 145 tl, 152, 153 bc, 153 tr, 157 bl, 157 tc, 163, 170, 171 tc, 175 bl, 175 tc, 181 br, 186 bl, 188, 195 tl, 200, 201 bl, 207 bl, 209 bl, 213 bl, 214, 215, 219 tl, 220, 221 bl, 223 bc, 223 tr, 224 tl, 224 tr, 225 tc, 229 bl, 231 br, 233 bc, 233 tr, 237 br, 239 bl, 239 tc, 248 tr, 249 r, 255 tl, 257 bc, 261 tr, 265 tr, 268, 275 cbr, 275 br, 276, 277 ctl, 277 ctr, 277 br, 279 tl, 281 tc, 289 bl, 289 tc, 291 bc, 292, 294, 296, 297, 298, 300, 301 c, 301 br, 303, 305 tl, 308 bl, 315 br, 322 tc, 330 (lower: bl; br), 334 (lower: bc); **Getty Images:** Bloomberg (lower: bc); Florian G Seefried 140; Howard Sochurek/Time & Life Pictures 147 tr; Hulton Collection 9; Keystone-France/Gamma-Keystone 17, 233 tl; Lipnitzki/Roger Viollet 147 bl; 27 Mike Marsland/WireImage; RDA 133 tc; STAFF/AFP 246, 321 bc; Stuart Ramson 211 br; TIMOTHY CLARY/AFP 273 bl; **Giles Deacon:** 333 (upper: bl; bc; br); **Giovanni Giannoni:** 208, 209 tc, 209 br; **Isabel Marant:** 156, 157 br; **J.Crew:** 160, 161; **Jeremy Scott:** 168, 169 tc, 169 br, 335 (lower); **John Galliano:** 173 tl; **John Rocha:** 336 (lower); **John Smedley:** 176, 177, 337 (upper); **Jonathan Saunders:** 178, 337 (lower); **Julien MacDonald:** 338 (upper) **Liberty Ltd.:** 189 tl, 338 (lower); **Magnum Photos:** Robert Capa/International Center of Photography 16; **Marchesa:** 198, 199 bc, 199 tr; **Marc Jacobs:** 197 tc; **Marios Schwab:** 202; **Mark Fast:** 204, 205; **Marley Lohr:** supplied courtesy of Bella Freud 69 br; **Marni:** 206, 207 tc; **Matthew Williamson:** 211 bl, 339 (upper); Dan Lecca 210; **Max Mara:** 212, 213 br; **MCV Photo:** Maria Chandoha Valentino 45 bl, 54, 58 l, 62 bl, 67 tc, 71 bc, 81 bc, 83 bl, 85 bl, 87 tr, 93 tr, 101 bl, 105 bl, 129 bl, 149 r, 150,151 br, 159 bl, 159 tc, 165 tl, 165 bc, 169 bl, 171 bl, 184, 186 tc, 189 br, 192 bl, 192 tc, 199 tl, 223 tl, 227 bl, 227 br, 260, 269 bl, 280, 291 bl, 293 bl, 302, 311 bl, 315 tc, 316 tc, 322 bl, 329 (upper: bl; bc; br), 335 (upper: tc; bc), 336 (upper: bl), 342 (upper: br), 343 (lower: bl; bc; br); **Monica Feudi:** courtesy of Yohji Yamamoto 318, 319 br; **Orla Kiely:** 235 tl, 235 bc, 340 (lower). All design, copyright and other intellectual properties in the Multi Stem Print image, the Pears Print image, the Abacus Flower Print image, the Cutlery Print image, the Rhododendron Print image and the Acorn Cup Print image displayed are the property of Orla Kiely and D J Rowan and are included with their permission. **Paul & Joe:** 238, 239 br, 341 (upper); **Paul Smith:** 240, 241, 341 (lower: tl; tc; tr; bc; br); **Peter Pilotto:** 242, 243, 342 (upper); **Peter Stigter:** 313; **Phoebe Philo:** 244; **Proenza Schouler:** 259 tc, 259 br; **Rag & Bone:** 236 br; **Rex Features:** 39 tc, 93 tl, 237 bl; ADC 107 tl; Charles Knight 285 bl; Everett Collection 132, 191 tr, 265 tl; Francis Dean 79 bl; Mark Large/Daily Mail 94 tl, 181 bl; Paramount/Everett 51 tl; **Rick Owens:** 270, 271 ctl, 271 br; **Roksanda Ilincic:** 277 bl; **Roland Mouret:** 278, 279 tr; **Rory Crichton:** 333 (upper: tl; tc; tr); **Scala:** The Metropolitan Museum of Art/Art Resource 57 tr, 103 bl, 185 bc, 321 tl; **Sonia Rykiel:** 343 (lower: tl; tc; tr); **Sophia Kokosalaki:** 283 tc, 283 br, 344 (upper); **Temperley London:** 286, 287, 344 (lower); **TopFoto:** 191 bl, The Granger Collection, NYC 87 tl, 87 bc; **Tory Burch:** 293 bc, 345 (upper: bl; bc; br); **V&A Images:** 93 bc, 315 bl; John French 61 br, 295 tl; **Vivienne Westwood:** 317 br, 345 (lower); **Yohji Yamamoto:** 319 bl

致谢

ACKNOWLEDGMENTS

作者玛尼·弗格向编辑部主任简·莱恩和出版社全体工作人员致谢！感谢德比大学的凯瑟琳·霍珀、乔·勋和约翰·安格斯查找额外的图片，感谢菲莉帕·伍德考克的法文翻译！

Marnie Fogg would like to thank Jane Laing and all at Quintessence, Catherine Hooper, Jo Hoon, John Angus of the University of Derby for additional picture research, and Dr. Philippa Woodcock for her French translations.

出版方向所有为本书慷慨提供图片的设计师致以谢意，特别感谢以下各位：艾克妮的格蕾塔·约翰森、安娜苏的玛丽莎·门泽尔、阿施施的阿什·古普塔、百索与布郎蔻的克里斯·布鲁克、贝拉·弗洛伊德的黛西和贝拉·弗洛伊德、黛安娜·冯·弗斯滕伯格的莎拉·汤普森、艾尔丹姆的摩根、杰瑞米·斯科特的帕勃罗、乔纳森·桑德斯的伊万·休斯、彼得·皮洛托的丹妮拉皮卡、普罗恩萨·施罗的劳伦、坦波丽伦敦的佩特里娜、维维安·韦斯特伍德的安妮娅·维亚切克。我们还要感谢MCV照片库的妮娜、第一视角的林赛、猫步的祖、科比斯的朱内斯、盖蒂图库的哈雷、雷克斯图片社的斯蒂芬、广告档案的丽贝卡、顶图的马克、V&A图库的菲奥娜、斯卡拉档案库的艾米丽、马格南照片社的乔纳森，感谢乔·沃尔顿查找图片和克里斯·泰勒修复图片。

Quintessence would like to thank all the designers who generously provided images for this book, with special thanks to: Greta Johnsén at Acne, Marisa Menzel at Anna Sui, Ashish Gupta at Ashish, Chris Brooke at Basso & Brooke, Daisy and Bella Freud at Bella Freud, Sarah Thompson at Diane von Furstenberg, Morgan at Erdem, Pablo at Jeremy Scott, Ivan Hughes at Jonathan Saunders, Daniella Pickup at Peter Pilotto, Lauren at Proenza Schouler, Petrina at Temperley, Ania Wiacek at Vivienne Westwood. We would also like to thank Nina at MCV Photo, Lyndsay at FirstView, Zoë at Catwalking, Junez at Corbis, Hayley at Getty Images, Stephen at Rex Features, Rebecca at Advertising Archive, Mark at TopFoto, Fiona at V&A Images, Emily at Scala Archives, Jonathan at Magnum Photos; Jo Walton for picture research; and Chris Taylor for image retouching.

作者玛尼·弗格将本书献给帕姆·海明斯！

The author would like to dedicate this book to Pam Hemmings.